信 息 技 术 人 才 培 养 系 列 教 材

HTML5+CSS3

网页设计基础与实战

微课版

千锋教育 | 策划 翟宝峰 邓明亮 | 主编 陈一鸣 龚雪亮 | 副主编

人 民 邮 电 出 版 社

北 京

图书在版编目（CIP）数据

HTML5+CSS3网页设计基础与实战 : 微课版 / 翟宝峰, 邓明亮主编. -- 北京 : 人民邮电出版社, 2024.10
信息技术人才培养系列教材
ISBN 978-7-115-63174-9

Ⅰ. ①H… Ⅱ. ①翟… ②邓… Ⅲ. ①超文本标记语言－程序设计－高等学校－教材②网页制作工具－高等学校－教材 Ⅳ. ①TP312.8②TP393.092.2

中国国家版本馆CIP数据核字(2023)第222862号

内 容 提 要

本书从初学者的角度出发，详细介绍了使用 HTML5+CSS3 进行网页设计的基础知识与实战技巧。本书内容由浅入深，图文并茂，注重知识的综合应用。全书共 9 章，内容包括初识 Web 前端，使用 HTML5 构建基本网页，应用 CSS3 样式，使用列表、表格与表单，页面布局与设计，HTML5 多媒体应用，实现 CSS3 动画，实现移动端布局，以及一个综合案例：智慧教辅。

本书可作为高等院校计算机及软件工程相关专业的教材，也可供 Web 前端开发相关培训使用，还可作为 Web 前端开发技术人员的参考书。

◆ 主　　编　翟宝峰　邓明亮
　副 主 编　陈一鸣　龚雪亮
　责任编辑　李　召
　责任印制　王　郁　陈　犇
◆ 人民邮电出版社出版发行　　北京市丰台区成寿寺路 11 号
　邮编　100164　　电子邮件　315@ptpress.com.cn
　网址　https://www.ptpress.com.cn
　三河市中晟雅豪印务有限公司印刷
◆ 开本：787×1092　1/16
　印张：15.5　　　　2024 年 10 月第 1 版
　字数：378 千字　　　　2024 年 10 月河北第 1 次印刷

定价：59.80 元

读者服务热线：(010)81055256　印装质量热线：(010)81055316
反盗版热线：(010)81055315
广告经营许可证：京东市监广登字 20170147 号

前言

目前，随着移动互联网市场占有率的不断攀升，Web 前端开发获得了更多的发展机遇。HTML5 和 CSS3 的发展和进步不仅受社会变革的推动，更是无数前端开发者共同努力的结果。HTML5 与 CSS3 相辅相成，为前端开发者设计精美网页提供了很大的助力，同时也在改善页面效果、提升用户交互体验方面发挥了重要的作用。

本书是前端初学者的优质入门教材，具有独立的内容架构，从基础内容到核心原理，再到案例实践，以案例贯穿知识点，深入浅出地讲解了每个知识点的应用原理。本书以通俗易懂的语言进行概念讲解，并提供了具体的案例供读者练习，帮助读者更加高效地掌握使用 HTML5 和 CSS3 进行网页制作的一般方法。全书共 9 章，从 HTML5 和 CSS3 的基础知识出发，逐渐过渡到对网页文本、图片、超链接、列表、表单和表格等进行优化，最后与读者一起使用 CSS3 完成对网页的整体设计和制作。本书除第 9 章外每章都提供了难度适中且具有代表性的编程题，不仅能够帮助读者理解和应用基本知识点，还能进一步提升读者“现学现用”的实战能力，为其学习 Web 前端开发奠定坚实的基础。

本书特点

1．案例式教学，理论结合实战

（1）经典案例涵盖所有主要知识点

- 根据每章重要知识点，精心挑选案例，促进隐性知识与显性知识的相互转化，将书中隐性的知识外显，或将显性的知识内化。
- 案例包含运行效果、实现思路、代码详解。案例设置结构清晰，方便教学和自学。

（2）企业级大型项目，帮助读者掌握前沿技术

- 引入企业真实案例，进行精细化讲解，厘清代码逻辑，从动手实践的角度，帮助读者逐步掌握前沿技术，为高质量就业赋能。

2．立体化配套资源，支持线上线下混合式教学

- 文本类：教学大纲、教学 PPT、课后习题及答案、测试题库。
- 素材类：源码包、实战项目、相关软件安装包。

- 视频类：微课视频、面授课视频。
- 平台类：教师服务与交流群、锋云智慧教辅平台。

3．全方位的读者服务，提高教学和学习效率

（1）人邮教育社区（www.ryjiaoyu.com）

- 教师可通过人邮教育社区搜索本书，获取本书的出版信息及相关配套资源。

（2）锋云智慧教辅平台（www.fengyunedu.cn）

- 教师可登录锋云智慧教辅平台，获取免费的教学资源。该平台是千锋教育专为高校打造的智慧学习云平台，传承千锋教育多年来在 IT 职业教育领域积累的丰富资源与经验，可为高校师生提供全方位教辅服务，依托千锋先进教学资源，重构 IT 教学模式。

（3）教师服务与交流群（QQ 群号：777953263）

- 该群是人民邮电出版社和图书编者一起建立的，专门为教师提供教学服务，分享教学经验、案例资源，答疑解惑，帮助教师提高教学质量。

教师服务与交流群

致谢及意见反馈

本书的编写和整理工作由北京千锋互联科技有限公司高教产品部完成，其中主要的参与人员有翟宝峰、邓明亮、陈一鸣、龚雪亮、李彩艳、韩文雅等。除此之外，千锋教育的 500 多名学员参与了本书的试读工作，他们站在初学者的角度对本书提出了许多宝贵的修改意见，在此一并表示衷心的感谢。

在本书的编写过程中，我们力求完美，但书中难免有一些不足之处，欢迎各界专家和读者朋友给予宝贵的意见，联系方式：textbook@1000phone.com。

编者

2024 年 8 月

目录

第 1 章 初识 Web 前端

本章学习目标

- 了解 Web 前端的发展历程
- 了解 W3C 和 Web 标准
- 了解 HTML5 和 CSS3 的基本概念
- 掌握浏览器的相关知识
- 熟练使用 Web 前端开发工具

互联网中的网页大多数都是使用 HTML（Hyper Text Markup Language，超文本标记语言）格式展示给浏览者的，HTML 因此成为目前最流行的网页制作语言。同时，CSS（Cascading Style Sheets，层叠样式表）在网页设计中也具有举足轻重的地位，CSS 融合 HTML 结构，使网页具有更好的扩展性与用户体验。前端技术现阶段以 HTML5+CSS3 为主，这两者相辅相成，将网页设计带入了一个崭新的时代。

在学习 HTML5 和 CSS3 之前，需要先了解基本的互联网相关知识。本章将从 Web 前端简介、Web 标准和 Web 前端基础知识开始，带领读者开启 Web 前端开发之旅。

1.1 Web 前端简介

微课视频

Web 前端技术的发展是互联网自身发展变化的一个缩影。了解 Web 前端的发展历程以及认识万维网联盟（World Wide Web Consortium，W3C），可以更好地把握 Web 前端现在及将来的发展方向。学习一门课程和认识一个人的过程相似，要与“它”推心置腹，方能知根知底，开启学习之路。

1.1.1 Web 前端的发展简史

在近 30 年的前端发展进程中，各种前端技术层出不穷，有的被沉淀在历史的长河中，有的在变革与突破中崛起，技术的更新换代以及各家浏览器的百花齐放创下了一个个辉煌的时代。前端发展之路的前期虽然崎岖艰难，但漫长的技术储备过程为其打下了坚实的基础。接下来，本书将带领读者走进前端的历史，共同领略前端的变革进程。Web 前端的发展简史如图 1.1 所示。

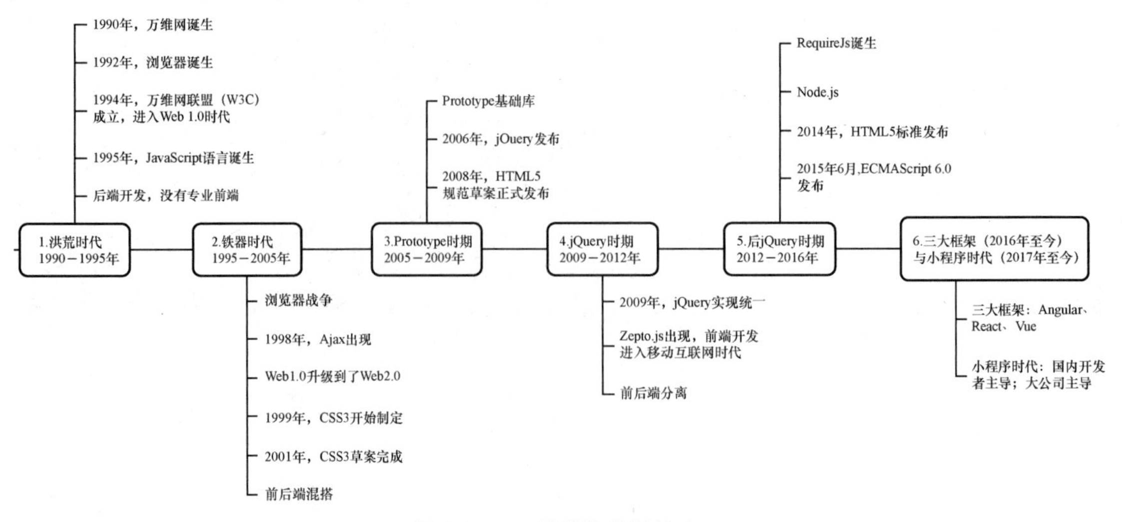

图 1.1　Web 前端的发展简史

1．洪荒时代（1990—1995 年）

1990 年，万维网（World Wide Web，亦作 Web、WWW、W3）诞生。

1993 年 4 月，Mosaic 浏览器作为第一款正式的浏览器发布。

1994 年 11 月，Navigator 浏览器发布，隶属于网景通信公司（Netscape Communications Corporation）。随后，微软公司发布了 Interent Explorer（IE）浏览器。

1994 年 12 月，W3C 在蒂姆 • 伯纳斯 • 李（Tim Berners Lee）的主持下成立，标志着万维网进入了标准化发展的阶段。这个阶段的网页还非常原始，主要以 HTML 为主，是纯静态的只读网页。这一时期被称为 Web 1.0 时代。

1995 年，布兰登 • 艾奇（Brendan Eich）只花了 10 天时间便设计出了 JavaScript 语言。由于工期太短，JavaScript 语言有许多瑕疵。

2．铁器时代（1995—2005 年）

铁器时代，浏览器百花齐放，彼此之间竞争激烈，各家的主角有 IE 浏览器、Navigator 浏览器、Firefox 浏览器、Chrome 浏览器。浏览器战争一共打了 3 场，分别是 IE 浏览器对抗 Navigator 浏览器、IE 浏览对抗 Firefox 浏览器、IE 浏览器对抗 Chrome 浏览器。

1998 年，Ajax 出现。Ajax 技术实现了异步 HTTP（Hyper Text Transfer Protocol，超文本传输协议）请求，用户不必专门去等待 Ajax 请求的响应，就可以继续浏览或操作网页。前端开发从 Web 1.0 升级到了 Web 2.0，从纯内容的静态页面发展到了动态网页阶段。

1999 年，CSS3 开始制订。CSS3 是 CSS 技术的升级版本。2001 年 5 月 23 日，W3C 完成了 CSS3 的工作草案，主要包括盒子模型、列表、超链接方式、语言、背景和边框、文字特效、多栏布局等模块。

3．Prototype 时期（2005—2009 年）

Prototype 是 JavaScript 基础类库，其特点是功能实用且尺寸较小，非常适用于中小型的 Web 应用。Prototype 解决了动画特效与 Ajax 请求这两大问题。

2006年，jQuery发布。它当时有许多竞争对手，如Dojo、Prototype、ExtJS、MooTools等，竞争异常激烈。

2007年，W3C采纳了HTML5规范草案，并在2008年1月22日正式发布了HTML5规范草案。

4．jQuery时期（2009—2012年）

2009年，Sizzle选择器引擎研发成功，jQuery从激烈的竞争中脱颖而出，取得了压倒性的胜利。

Zepto.js是jQuery的移动端版本，可以将其看作一个轻量级的jQuery。Zepto.js的出现标志着Web前端开发已进入移动互联网时代。

5．后jQuery时期（2012—2016年）

2009年，以Chrome的V8引擎为基础开发的Node.js正式发布。随后AngularJS诞生，不久便被谷歌收购。

后jQuery时期以RequireJS的诞生为起点，以React Native（RN）的出现为结束标志。该时期解决了前端的模块定义和模块打包问题（通过Node.js）。JavaScript在不依靠其他语言的前提下创造了一套自己的工具链。

2014年10月28日，W3C正式发布了HTML5标准。

2015年6月，ECMAScript 6.0发布。这个版本增加了很多新的语法，更加提升了JavaScript的开发潜力。

6．三大框架（2016年至今）

Angular是一个比较完善的前端框架，包含服务、模板、数据双向绑定、模块化、路由、过滤器、依赖注入等功能。2011年，React诞生，并于2013年5月开源，是一个用于构建用户界面的JavaScript框架，其核心思想是组件封装。2014年，尤雨溪开发出一套用于构建用户界面的渐进式框架Vue，它能减少不必要的DOM（Document Object Model，文档对象模型）操作并提高渲染效率。前端的3大主流框架——Angular、React和Vue，如图1.2所示。

图1.2　前端主流框架——Angular、React和Vue

7．小程序时代（2017年至今）

小程序是国内前端技术的一次厚积薄发。微信小程序一开始的复用能力非常弱，没有类继承，不能使用NPM（Node Package Manager，Node包管理工具），不支持Less、Sass，因此基于它的转译框架就应运而生。第一代转译框架是wept、WePY、mpvue。第二代转译框架是由大公司主导的。很多大公司都推出了自己的小程序和快应用，如京东的Taro、滴滴的Chameleon、网易的Megalo、百度的Okam等。

1.1.2 W3C 简介

1．万维网

万维网是作为欧洲核子研究组织的一个项目发展起来的，发明者为蒂姆·伯纳斯·李，他构建了万维网的雏形。

万维网是一种基于超文本和 HTTP 的、全球性的、动态交互的、跨平台的分布式图形信息系统。万维网的核心部分是由 3 个标准构成的：第 1 个标准为统一资源标识符（Uniform Resource Locator，URL），这是一个统一的为资源定位的系统；第 2 个标准为 HTTP，它负责规定客户端和服务器如何交流；第 3 个标准为 HTML，作用是定义超文本文档的结构和格式。在万维网这个系统中，每个有价值的事物都被称为“资源”，并且由一个全局的 URL 进行标识。这些资源由 HTTP 传送给用户，用户通过点击链接来获得资源。

了解万维网的工作原理对学习 Web 前端是相当重要的。当用户想要访问万维网上的一个网页或其他网络资源时，首先需要在浏览器上输入目标网页的 URL，或者通过超链接方式链接到要访问的网页或网络资源，并根据数据库解析结果决定进入哪一个 IP 地址；然后向在该 IP 地址工作的服务器发送一个 HTTP 请求，通常情况下，HTML 文本、图片和构成该网页的一切其他文件很快会被逐一请求并返回给用户；最后，浏览器会把 HTML、CSS 和其他接收到的文件所描述的内容，加上图像、链接和其他资源展示给用户。这些就构成了用户所看到的“网页”。

2．W3C

1994 年，蒂姆·伯纳斯·李创建了 W3C。W3C 是 Web 技术领域最具权威和影响力的国际中立性技术标准机构，它最重要的工作是制定 Web 规范。W3C 已发布了 200 多项影响深远的 Web 技术标准及实施指南，如广为业界采用的 HTML（标准通用标记语言下的一个应用）、可扩展标记语言（标准通用标记语言下的一个子集）等，有效促进了 Web 技术的互相兼容，对互联网技术的发展和应用起到了基础性和根本性的支撑作用。

W3C 在 1994 年被创建，这离不开麻省理工学院（Massachusetts Institute of Technology，MIT）与欧洲粒子研究中心（European Organization for Nuclear Research，CERN）的协同工作，并得到了美国国防部高级研究计划局（Defense Advanced Research Projects Agency，DARPA）和欧洲委员会（European Commission）的支持。W3C 是一个致力于“尽展万维网潜能”的国际性联盟，维护了万维网标准，使万维网更加标准化。

3．前端开发

前端开发是创建 Web 页面、App 等前端界面并呈现给用户的过程，通过 HTML、CSS、JavaScript 以及衍生出来的各种技术、框架、解决方案来实现互联网产品的用户界面交互，如图 1.3 所示。

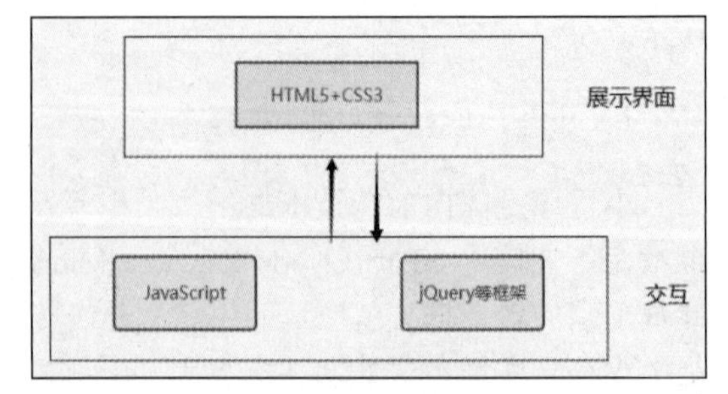

图 1.3　用户界面交互

在Web前端的发展初期，HTML技术只能展示简单的网页，极其不易于开发者维护与更新网站。那个时期的网站局限于当时的技术，网页的内容基本都是静态的，用户使用网站的行为也以浏览为主。Web前端发展初期被称为Web 1.0时代。

进入Web 2.0时代以后，互联网中涌现出了大量的类似于桌面软件的Web应用，用户不仅能浏览网页，还能对网页上的内容进行操作。网站的前端页面因此发生变化，网页不再只是单一地承载文字和图片，各种媒体的应用使网页内容变得更丰富多彩，同时也提升了用户体验。

Web前端技术一直在不断地更新进步，用户体验需求的提升提高了前端代码的复杂度，并催生了一系列的兼容框架，使前端技术不断革新，Web前端变得更全面、更系统。

1.2 了解Web标准

微课视频

1.2.1 Web标准简介

日常生活中经常会使用到标准。所谓“没有规矩，不成方圆”，只有制定一个统一的准则，让所有人去遵守它，才不至于让生活变得混乱。

1. Web标准的由来

1998年，Web标准项目（Web Standards Project，WSP）成立，其一直致力于实现不同浏览器的标准和标准的Web设计方法。Web标准项目的目标是降低Web开发的成本与复杂性，使Web内容在不同设备和辅助技术之间具有一致性和兼容性，提高Web页面的可访问性。Web标准项目人员说服浏览器和工具开发商进行改进，以支持W3C推荐的Web标准，例如HTML、CSS等。

Web标准就如同一个大家一致认同并遵守的准则。当浏览器制造商和Web开发人员均采用统一的标准时，就能大大地减少编写浏览器专用标记的需求。无论是在各种不同的浏览器中，还是在各种不同的操作系统下，开发者通过使用结构良好的HTML对网页内容进行标记，并使用CSS来控制网页的呈现，都能够设计出在各种标准兼容浏览器中显示一致的Web网站。更重要的是，当同样的标记由基于文本的旧式浏览器或移动设备浏览器呈现时，其内容仍然是可访问的。Web标准不仅节约了Web开发者的时间，更解决了跨平台或浏览器的兼容性问题。

2. Web标准的优点

遵循Web标准除了让页面显得更标准、更统一之外，还有以下6个优点。

① 让Web的发展前景更广阔。

② 内容能被更广泛的设备访问。

③ 更容易被搜索引擎搜索。

④ 降低网站流量费用。

⑤ 使网站更易于维护。

⑥ 提高页面浏览速度。

3. Web标准的构成

Web标准不是某一个标准，而是一系列标准的集合。网页主要由结构（Structure）、表现

（Presentation）和行为（Behavior）3 部分组成。对应的标准也分为 3 类，结构化标准语言主要包括 XHTML（Extensible HyperText Markup Language，可扩展超文本标记语言）和 XML（Extensible Markup Language，可扩展标记语言），表现标准语言主要包括 CSS，行为标准主要包括对象模型（如 W3C DOM）、ECMAScript（JavaScript 语言的核心内容）等。这些标准大部分由 W3C 起草和发布，也有一些是其他标准组织制定的，比如原欧洲计算机制造商协会（European Computer Manufacturers Association，ECMA）的 ECMAScript 标准。

根据 W3C 标准，可以简单理解为一个网页的 3 部分组成分别为：结构——HTML、表现——CSS 和行为——JavaScript。HTML 实现页面结构，CSS 完成页面的表现与风格，JavaScript 实现一些客户端的功能与业务，三者和谐地存在于浏览器中，如图 1.4 所示。

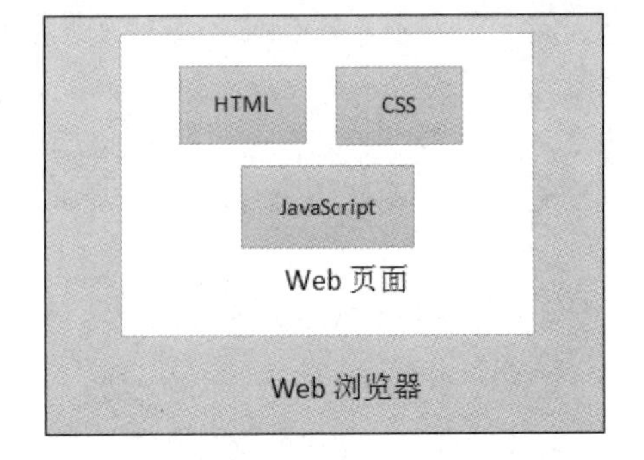

图 1.4　网页构成

Web 标准的出现主要是为了解决浏览器版本不同、软硬件设备不同导致的多版本开发问题。Web 标准提出的最佳体验方案是结构、表现和行为相分离，可以简单理解为将结构写到 HTML 文件中，将表现写到 CSS 文件中，将行为写到 JavaScript 文件中。

Web 标准中的结构、表现和行为相分离的方案有 5 个方面的优点，如下所示。

① 易于维护。只更改 CSS 文件，就可以改变整个网站的样式。

② 页面响应快。HTML 文档体积小，响应时间短。

③ 可访问性好。使用语义化的 HTML（结构和表现相分离的 HTML）编写的网页文件更容易被屏幕阅读器识别。

④ 设备兼容性高。不同的 CSS 可以让网页在不同的设备上呈现不同的样式。

⑤ 便于搜索。语义化的 HTML 能更容易被搜索引擎解析，提升排名。

Web 标准一般是将这 3 部分彼此分开，使其更具模块化。但使用时往往会有结构或者表现的变化，也使这 3 者的界限并不那么清晰。

1.2.2　HTML5 简介

HTML 是一种超文本标记语言，“超文本”指页面内可以包含图片、链接甚至音乐、程序等非文字元素。HTML 是标准通用标记语言下的一个应用，也是一种规范和标准。

HTML 通过各类标签来标记需要显示的网页中的各个部分。网页文件本身是一种文本文件，通过在文本文件中添加标签，可以规定浏览器显示其中内容的方式，如文字如何处理、画面如何安排、图片如何显示等。

1．HTML 的历史

当前，Web 开发中普遍使用的是 HTML 的最新版本 HTML5。HTML5 是一个网页的核心，是 HTML 的第 5 次重大修改。使用时，在一些基本标签内添加内容便可完成一个简单的 HTML 文件，运行之后即可在浏览器中显示网页。HTML5 主要的目标是将互联网语义化，以便更好地被人类和机器阅读，并更好地支持在网页中嵌入各种媒体。

HTML 自从诞生后便出现了许多版本，其历史版本详情如表 1.1 所示。

表1.1　HTML历史版本详情

版本	发布时间	说明
HTML1	1993年6月	作为国际互联网工程任务组（Internet Engineering Task Force，IETF）的工作草案发布
HTML2	1995年11月	作为RFC 1866发布，在RFC 2854于2000年6月发布之后被宣布已经过时
HTML3.2	1997年1月14日	W3C推荐标准
HTML4	1997年12月18日	W3C推荐标准
HTML4.01（微小改进）	1999年12月24日	W3C推荐标准
XHTML1	2000年1月26日	W3C推荐标准，后来经过修订，于2002年8月1日重新发布
XHTML1.1	2001年5月31日	W3C推荐标准
XHTML2草案	2002年8月5日	2009年，XHTML 2.0被弃用，全面投入HTML5草案的起草
HTML5草案	2008年1月22日	2007年，W3C采纳了HTML5规范草案，并在2008年1月22日将其正式发布
HTML5	2014年10月28日	W3C正式发布了HTML5推荐标准

HTML和XHTML的区别如下：

HTML基于标准通用标记语言，而XHTML基于可扩展标记语言，语法规范较为严谨；HTML标签可以不区分大小写，但XHTML所有标签必须小写；HTML对标签顺序不作严格要求，而XHTML的元素必须被正确地嵌套，标签顺序必须正确。此处，XHTML的元素必须被关闭，且必须拥有根目录。

2. HTML的特点

HTML不仅简单易用，而且功能强大，具有良好的兼容性，使万维网的应用变得更加广泛。HTML主要有以下4个特点。

① 简易性。HTML版本升级采用超集方式，更加灵活方便。

② 可扩展。HTML应用广泛，同时带来了加强功能，增加了标识符等要求；HTML采取子类元素的方式，为系统扩展带来了保证。

③ 平台无关性。HTML可以在多种平台上使用。

④ 通用性。HTML基于标准通用标记语言，允许网页开发者建立图片与文本相结合的复杂页面，页面可被网络上的任何人使用各种类型的电脑或浏览器进行浏览。

3. HTML5的新特性

为了更好地处理互联网应用，HTML5增加了很多新元素和功能，主要有以下5个新特性。

① 新的语义元素。HTML5使用新的元素来创建更好的页面结构，例如<header>、<nav>、<footer>、<article>和<section>。

② 新的表单控件。HTML5拥有多个新的表单输入类型，提供了更好的输入控制和验证，如数字（number）、日期（date）、时间（time）、邮件（email）和电话（tel）。

③ 强大的图像支持。HTML5 可使用<canvas>和<svg>标签，通过脚本语言（通常是JavaScript）绘制图形。

④ 强大的多媒体支持。HTML5 规定了在网页上嵌入视频和音频元素的标准，即使用<video>和<audio>元素。

⑤ 强大的新 API（Application Programming Interface，应用程序接口）。HTML5 可通过 geolocation 方法配合第三方的地图 API 实现地理定位。另外，HTML5 可以在本地存储用户的浏览数据，相较于早前 Web 需要更加安全与快速的数据存储方式而言，用本地存储方式取代 Cookie 存储方式更加安全便捷。

4. 文件结构

我们可以通过一个简单的 HTML 文件来分析它的文件结构，具体代码如下所示。

```
<!DOCTYPE html>
<html lang="en">
<head>
    <meta charset="UTF-8">
    <title>HTML 文件</title>
</head>
<body>
<!-- html 文件的注释，在网页中不会被解析出来 -->
一个简单 HTML 文件的文件结构
</body>
</html>
```

上述代码的运行效果如图 1.5 所示。

图 1.5　运行效果

一个 HTML 文件的基本结构包括文件声明（<!DOCTYPE html>）、HTML 文档（<html>）、文件头部（<head>）和文件主体（<body>）4 部分。

（1）文件声明

<!DOCTYPE>声明必须在 HTML 文件的第 1 行，位于<html>标签之前。<!DOCTYPE>声明不是 HTML 标签，它用于向浏览器说明当前文件属于哪种规范，如 HTML 或 XHTML 标准规范。<!DOCTYPE>声明与浏览器的兼容性有关，如果没有<!DOCTYPE>，就会由浏览器决定如何展示 HTML 页面。

<!DOCTYPE html>是 HTML5 标准网页声明，表示向浏览器说明当前文件使用 HTML5 标准规范。

（2）HTML 文档

<html></html>是 HTML 文件的文档标签。<html>是 HTML 文件的开始标签，也被称为根标签，是指文件的最外层；</html>是 HTML 文件的结束标签。网页的所有内容都需要写在<html></html>标签里面。

<html lang="en">中的 lang 属性用来获取或设置文档内容的基本语言，"en"表示英文（English）。

（3）文件头部

<head></head>是 HTML 文件的头部标签，<head>是 HTML 文件头标签，</head>是 HTML

文件尾标签。它用于定义文档的头部信息，是所有头部元素的容器，描述了文件的各种属性和信息。

头部元素有<meta>、<title>、<script>、<style>、<link>等标签。<meta>是辅助标签，用于定义页面的相关信息，如描述页面的作者、摘要、关键词、版权、自动刷新等页面信息。<meta charset="UTF-8">中的 charset 属性规定了 HTML 文件的字符编码，"UTF-8"属于国际通用编码方式，可以防止出现中文乱码。<title></title>是标题标签，用于定义页面的标题。<script></script>标签用于定义客户端脚本语言，如 JavaScript。<style></style>标签用于定义 HTML 文件的样式文档。<link>标签用于定义文件与外部资源之间的关系。

（4）文件主体

<body></body>是主体标签，<body>是正文内容的开始标记，</body>是正文内容的结束标记。它用于定义文件的内容，可包含图片、文本、视频、音频、超链接、表格、列表等各种内容。

在 HTML 文件中，<!-- 注释内容 -->是 HTML 文件的注释，用于标注网页内容的注释部分，它的主要作用是对代码进行解释，给开发人员作参考，且不会被浏览器解析和执行。

5. 标签和元素

（1）HTML 标签

HTML 标签分为单标签和双标签。单标签是由一个标签组成的，例如<meta>、<img>、<input>、
、<link>等。HTML 标签大多数为双标签。双标签由首标签和尾标签构成，首标签格式为<标签名称>，尾标签格式为</标签名称>，其语法格式如下所示。

```
<标签名称>内容</标签名称>
```

HTML 标签的示例代码如下所示。

```
<p>今天也是天气晴朗的一天</p>
```

（2）HTML 元素

HTML 文件由元素和标签构成。HTML 元素指的是从开始标签（Start Tag）到结束标签（End Tag）之间的所有代码。整个 HTML 文件就像是一个元素集合，里面包含了许多元素。在 HTML 文件中，某个元素的语法定义如下所示。

```
<标签名称  属性名 1="值 1" 属性名 2="值 2" ...>内容</标签名称>
```

HTML 元素的示例代码如下所示。

```
<div  title="spring">春天到了</div>
```

1.2.3 CSS3 简介

CSS 是一种用来表现 HTML 或 XML 等文件样式的计算机语言，用于为 HTML 文档定义布局。同时，CSS 也可以实现网页内容与呈现的分离，不仅可以提升网页的执行效率，更方便后期管理和代码维护。

CSS 目前的最新版本是 CSS3，为 W3C 的推荐标准。CSS3 是 CSS 技术的升级版本，于 1999 年开始制订。2001 年 5 月 23 日，W3C 完成了 CSS3 的工作草案，主要包括盒子模型、列表、超链接方式、语言、背景和边框、文字特效、多栏布局等模块。CSS3 现在已被大部分浏览器支持，而下一版的 CSS4 仍在开发中。CSS3 定义了渲染 HTML 模型和对象以及渲染网页显示效果的方式。它可以对网页中各元素进行定位和布局，可对模型和对象样式进行编辑，不仅能静态修饰网页内容，还能结合诸如 JavaScript 类的脚本动态修饰网页。

1. CSS3 改变元素样式

CSS 改变 HTML 元素的样式。改变元素样式首先需要弄清楚 3 件事：“改变的对象是谁”“改什么类型的样式”和“具体改成什么样子”。“改变的对象是谁”是指在 HTML 元素中选择要改变的对象，这需要用到 CSS 选择器。CSS 选择器用于指定、控制 CSS 要作用的 HTML 元素，例如，标签选择器通过标签名来选择标签，ID 选择器通过 ID 来选择标签。“改什么类型的样式”是指选择改变 HTML 元素的具体样式属性，这需要使用 CSS 属性。CSS 属性用于指定选择符所具有的属性，如字体属性、背景属性、文本属性、边框属性等。“具体改成什么样子”就是指定所选样式属性的属性值，例如，使用字体属性设置字体的大小、粗细等，使用背景属性设置内容的背景颜色、背景图片等。元素样式的改变如图 1.6 所示。

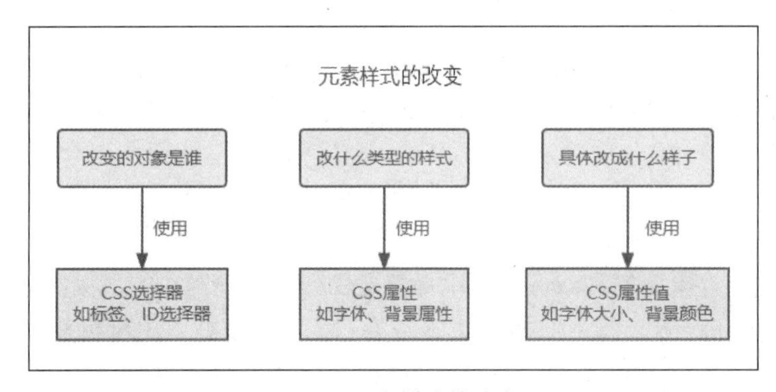

图 1.6 元素样式的改变

2. CSS 的特点

CSS 以 HTML 语言为基础，提供了丰富的格式化功能，如字体、颜色、背景和整体排版等，并且网页设计者可以针对各种可视化浏览器设置不同的样式风格。CSS 主要有以下 5 个特点。

（1）丰富的样式定义

CSS 提供了丰富的文件样式外观，便于根据需要设置文本和背景属性；具有盒模型结构，使用内容、内边距、边框和外边距来设计网页布局；可根据需要改变文本的大小写方式、修饰方式以及其他页面效果。

（2）易于使用和修改

CSS 的样式有多种引入方式，可根据需要合理地选择引入方式。CSS 样式表可以将所有的样式声明统一存放，进行统一管理。另外，可以将相同样式的元素进行归类整理，使用同一个样式进行定义。如果要修改样式，只需要在样式列表中找到对应的样式声明进行修改即可。

（3）多页面应用

可将 CSS 单独存放在一个 CSS 文件中，便于在任何页面文件中对其进行引用，实现多个页面风格的统一。

（4）层叠

层叠就是对一个元素多次设置样式，最终页面中呈现的是最后一次设置的属性值的效果。例如，对一个站点中的多个页面使用同一个 CSS，而某些页面中的某些元素想使用其他样式时，就可以针对这些样式单独定义一个样式表应用到页面中。这些后来定义的样式将对前面的样式设置进行重写，在浏览器中展示的将是最后设置的样式效果。

（5）页面压缩

将样式的声明单独放到 CSS 中，可以很大程度地减小页面的体积，也可以减少页面加载时间。另外，CSS 的复用可以减少 CSS 资源的下载时间。

3．CSS3 的新特性

为了设计出更好的页面效果，CSS3 增加了一些新的特性，丰富了用户的浏览体验。CSS3 主要有以下多个新特性。

① 新增选择器。CSS3 新增了结构伪类选择器、伪元素选择器、属性选择器等。

② 新的边框效果。CSS3 新增了圆角边框（border-radius）、边框阴影（box-shadow）和边框图像（border-image），丰富了元素的边框效果。

③ 渐变。CSS3 新增了颜色的线性渐变（linear-gradient）和径向渐变（radial-gradient），使元素变得更加绚丽多变。

④ 2D 转换和 3D 转换。CSS3 增加了 2D 转换和 3D 转换，有位移（translate）、旋转（rotate）、缩放（scale）和倾斜（skew）4 种转换。

⑤ 过渡。过渡就是把变换的过程细节放大。

⑥ 动画。动画通过@keyframes 规则指定了一个 CSS3 样式和动画将逐步从当前的样式更改为新的样式。

⑦ 弹性盒模型。CSS3 弹性盒（Flexible Box 或 flexbox）用于在页面需要适应不同的屏幕大小以及设备类型时，确保元素拥有恰当的布局方式。

1.3　前端基础知识

微课视频

1.3.1　浏览器及其内核

浏览器是网页的运行平台，是可以把 HTML 文件展示在其中，供用户进行浏览的一种软件。浏览器的作用主要是将网页渲染出来给用户查看，能够让用户通过浏览器与网页交互。目前主流的浏览器有 IE、Chrome、Firefox、Safari、Opera 等，如图 1.7 所示。

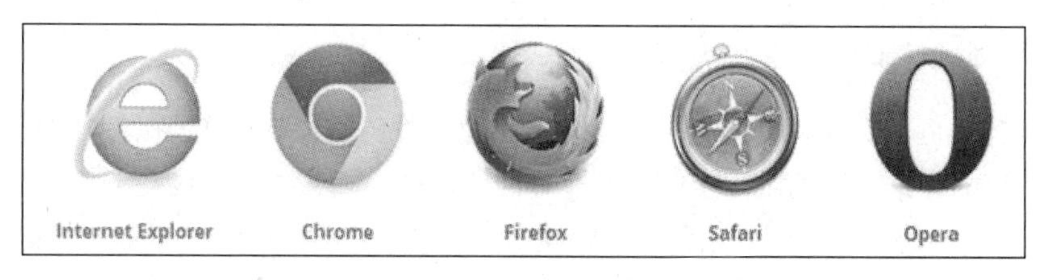

图 1.7　主流浏览器

1．IE 浏览器

IE 是微软公司推出的一款网页浏览器，采用 Trident 内核实现。在 IE7 以前，中文将 IE 直译为“网络探路者”，但在 IE7 以后，官方便直接称其为“IE 浏览器”。由于一些用户仍然在使用低版本的浏览器，因此在制作网页时，一般也需要兼容低版本的浏览器。还有一些浏览器也是基于 IE 内核设计的，如 360 安全浏览器、搜狗浏览器等。只要兼容 IE 浏览器，就兼容这些基于 IE 内核的浏览器。

2．Chrome 浏览器

Chrome 浏览器一般指 Google Chrome。Google Chrome 是一款由 Google 公司开发的、简单高效的 Web 浏览器，采用 JavaScript 引擎，可快速运行在复杂的大型网站上，从而降低浏览者访问的等待时长。该浏览器基于其他开源软件撰写，采用 Webkit、Blink 内核实现，目标是提升浏览器的稳定性、速度和安全性，并创造出简单且高效的使用者界面。

3．Firefox 浏览器

Firefox 浏览器一般指 Mozilla Firefox，中文俗称“火狐”，是由 Mozilla 公司出品的一款自由且开放源码的 Web 浏览器，采用 Gecko 内核实现，支持多种操作系统，如 Windows、Mac OS X 及 GNU/Linux 等。

4．Safari 浏览器

Safari 浏览器是由苹果公司出品的应用于苹果计算机操作系统 Mac OS X 中的浏览器，采用 Webkit 内核实现，以 KDE（K Desktop Environment，K 桌面环境）的 KHTML 作为浏览器的运算核心。无论是在 Mac 还是在 PC 上运行，Safari 都可提供极致愉悦的网络体验。

5．Opera 浏览器

Opera 浏览器是一款由挪威 Opera Software ASA 公司制作的支持多页面标签式浏览的 Web 浏览器，采用 Presto 内核实现。它是跨平台浏览器，可以在 Windows、Mac 和 Linux 3 种操作系统平台上运行。

6．浏览器内核

浏览器内核就是浏览器所采用的渲染引擎，负责对网页语法进行解释并渲染网页。渲染引擎决定了浏览器显示网页内容以及页面格式信息的方式。不同的浏览器内核对网页编写语法的解释会有所不同，因此同一网页在不同内核浏览器里的渲染（显示）效果也可能不同。

1.3.2 CSS Hack

浏览器兼容性问题又被称为网页兼容性或网站兼容性问题，指网页因在各种浏览器上的显示效果可能不一致而产生的浏览器和网页间的兼容问题。由于某些因素，这些浏览器没有完全采用统一的 Web 标准，不同浏览器使用的内核及所支持的 HTML 等网页语言标准不同，或者说不同的浏览器对同一个 CSS 样式有不同的解析，因此导致同样的页面在不同的浏览器下显示效果可能不同，网页元素位置产生混乱、错位等问题。这便是网页编写者需要在不同内核的浏览器中测试网页显示效果的原因。浏览器兼容的重要性是不言而喻的，在网页的设计和制作中，做好浏览器兼容，才能够使网页在不同的浏览器上正常显示。实现浏览器兼容能够带来更好的用户体验。

对于浏览器的兼容性问题，最普遍的解决办法就是不断地在各浏览器间调试网页显示效果，对 CSS 样式进行控制，通过脚本判断赋予不同浏览器的解析标准。

如果所要实现的效果可以使用框架，那么可以在开发过程中使用当前比较流行的 JavaScript、CSS 框架，如 jQuery、YUI 等。这些框架无论是底层的还是应用层的，一般都已做好浏览器兼容，因此可以放心使用。

通过 CSS 样式来调试，最常用的是 CSS Hack。CSS Hack 可为不同版本的浏览器定制编写不同的 CSS 效果，使用每个浏览器单独识别的样式代码，控制浏览器的显示样式。CSS Hack 在 CSS 样式中加入了一些特殊的符号，让不同的浏览器识别不同的符号解决浏览器的不兼容问题。CSS 提供了很多 Hack 接口。Hack 既可以实现跨浏览器的兼容，也可以实现同一浏览器不同版本的兼容。CSS Hack 有 3 种表现形式，即 CSS 选择器前缀法、CSS 属性前缀法和 IE 条件注释法。下面将详细介绍这 3 类 CSS Hack。

1. CSS 选择器前缀法

CSS 选择器前缀法是指 CSS 选择器 Hack 在 CSS 选择器前加上只有特定浏览器才能识别的 Hack 前缀，从而控制不同的 CSS 样式。例如，IE6 能识别*html .class{...}，IE7 能识别*+html .class{...}或者*:first-child+html .class{...}。CSS 选择器前缀法常见的使用方法如表 1.2 所示。

表 1.2　　CSS 选择器前缀法

写法	针对的浏览器
*html 选择器 {样式代码}	IE6 版本
*+html 选择器 {样式代码}	IE7 版本
@media screen\9{body{样式代码}}	IE6/IE7 版本
@media \0screen{body{样式代码}}	IE8 版本
@media \0screen\,screen\9{body{样式代码}}	IE6/IE7/IE8 版本
@media screen\0{body{样式代码}}	IE8/IE9/IE10 版本
@media screen and (-ms-high-contrast:active), (-ms-high-contrast: name){body{样式代码}}	IE10 版本

2. CSS 属性前缀法

CSS 属性前缀法是指 CSS 属性 Hack 在 CSS 属性名前加上只有特定浏览器才能识别的 Hack 前缀。例如，“_size：300px”中的 Hack 前缀“_”只对 IE6 浏览器生效。CSS 属性前缀法常见的使用方法如表 1.3 所示。

表 1.3　　CSS 属性前缀法

写法	示例	针对的浏览器
_属性: 样式代码	_color:red;	IE6 及其以下的版本
+或*属性: 样式代码	*color:red;或+color:red;	IE7 及其以下的版本
属性: 样式代码\9	color:red\9	IE6/IE7/IE8/IE9/IE10 版本
属性: 样式代码\0	color:red\0	IE8/IE9/IE10 版本
属性: 样式代码\0\9	color:red\0\9	IE9/IE10 版本
属性: 样式代码!important	color:red!important	IE7/IE8/IE9/IE10 及其他非 IE 浏览器

在标准模式中，CSS 属性前缀法的说明如下。

① “_”为 IE6 专有的 Hack。

② “\9”对 IE6/IE7/IE8/IE9/IE10 都生效。

③ “\0”对 IE8/IE9/IE10 都生效，是 IE8/IE9/IE10 的 Hack。

④ “\0\9”只对 IE9/IE10 生效，是 IE9/IE10 的 Hack。

3．IE 条件注释法

IE 条件注释法是 IE 浏览器专有的 Hack 方式，也是微软官方推荐使用的 Hack 方式。IE 条件注释法常见的使用方法如表 1.4 所示。

表 1.4　IE 条件注释法

IE 条件注释语句	针对的浏览器
<!—[if lt IE7]>内容<![endif]-->	IE7 以下的版本
<!—[if lte IE7]>内容<![endif]-->	IE7 及其以下的版本
<!—[if gt IE7]>内容<![endif]-->	IE7 以上的版本
<!—[if gte IE7]>内容<![endif]-->	IE7 及其以上版本
<!—[if !IE7]>内容<![endif]-->	非 IE7 版本
<!—[if !IE]><!-->内容<!--<![endif]-->	非 IE 浏览器

在表 1.4 中，lt、lte、gt、gte 和！等字母符号的具体含义如下。

① gt（greater than）：大于，选择条件版本以上版本，不包含条件版本。

② lt（less than）：小于，选择条件版本以下版本，不包含条件版本。

③ gte（greater than or equal）：大于或等于，选择条件版本以上版本，包含条件版本。

④ lte（less than or equal）：小于或等于，选择条件版本以下版本，包含条件版本。

⑤ !：否，选择条件版本以外的所有版本，无论高低。

值得注意的是，CSS Hack 能够针对不同的浏览器编写不同的 CSS 样式代码，实现最大化兼容浏览器。但是，当多次重复定义 CSS 样式时，浏览器会默认执行最后定义的样式。因此，在使用 CSS Hack 时，一定要按照浏览器版本从高到低的顺序编写样式。

1.3.3　前端与后端的数据交互流程

前端与后端包含 3 个部分，分别对应网站数据处理的 3 层结构。

第 1 层为表示层，也可以称为显示层，代表前端，常用的代码语言有 HTML、CSS、Javascript 等。通过前端代码可以实现网页的布局和设计，也就是使用浏览器渲染网页后用户所看到的页面效果。前端的代码是暴露给用户的，要避免敏感业务逻辑、数据在前端中表达。

第 2 层为业务层，负责处理数据，代表后端。常用的代码语言有 Java、Python、Go 等，通过这些语言的算法来处理前端传回的数据。通常还需要对数据库进行操作，将结果返回给前端网页。后端有 2 个主要的功能：将前端传递的数据储存在数据库中，以便重启服务器后数据不会丢失；将数据库中的数据传递给前端。简单来说，就是存储与传递数据。

第 3 层为数据层，也就是数据库，存储数据的“仓库”。通过业务层可以对数据库中的数据进行增加、删除、更改、查找操作。

所谓前后端交互，即前端和后端的互动，也可以理解为数据交互。前端想要获取数据，必须通过请求来完成。前端发送请求，后端接收请求后便对数据库进行操作，然后返回前端所需要的数据，即可完成一次前后端的交互。前端与后端的数据交互流程如图 1.8 所示。

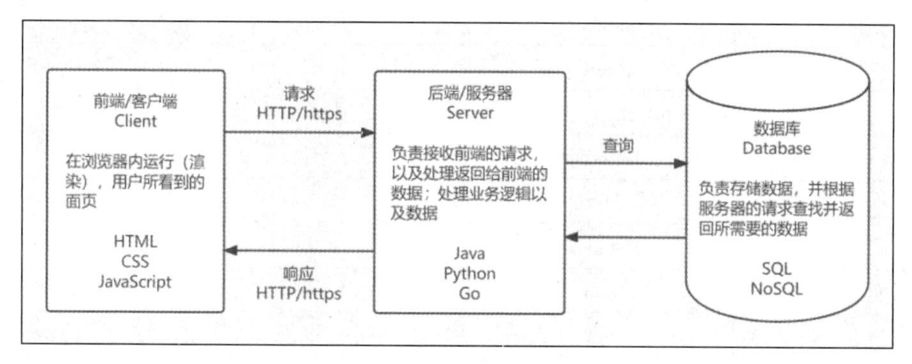

图 1.8　前后端数据交互流程

1.3.4　编写规范

1. 命名规范

① 项目命名：全部采用小写方式，以下画线分隔，如 my_project。

② 目录命名：参照项目命名规则。有复数结构时，要采用复数命名法，如 fonts、images、data_models。

③ HTML 与 CSS 文件命名：参照项目命名规则，如 index.html、main_responsive.css。

对于网页模块的命名，如果没有统一的命名规范进行必要的约束，会使后面整个网站的工作难以进行。命名尽量用最少的字母达到最容易理解的含义。因此，命名规范很重要，读者应该对其重视。通常网页模块的命名需要遵循以下 3 个原则。

① 命名避免使用中文字符，如 id=“内容”。

② 命名不能以数字开头，如 id=“1header”。

③ 命名不能使用关键字，如 id=“div”。

在网页开发中，常用驼峰式和帕斯卡 2 种命名方式，其具体解释如下。

① 驼峰式命名：除第一个单词外，后面的单词首字母都要大写，如 navOne。

② 帕斯卡命名：单词之间用“_”连接，如 nav_one。

了解命名规则和命名方式后，下面列举网页中常用的一些命名。模块常用命名和 CSS 文件常用命名分别如表 1.5 和表 1.6 所示。

表 1.5　模块常用命名

模块	命名	模块	命名
头部	header	标签页	tab
内容	content/container	文章列表	list
尾部	footer	提示信息	msg
导航	nav	小技巧	tips

续表

模块	命名	模块	命名
子导航	subnav	栏目标题	title
侧栏	sidebar	加入	joinus
栏目	column	指南	guild
左右中	left　right　center	服务	service
登录条	loginbar	注册	register
标志	logo	状态	status
广告	banner	投票	vote
页面主体	main	合作伙伴	partner
热点	hot	搜索	search
新闻	news	友情链接	friendlink
下载	download	页眉	header
菜单	menu	页脚	footer
子菜单	submenu	版权	copyright

表 1.6　　CSS 文件常用命名

CSS 文件	命名	CSS 文件	命名
主要的	master.css	专栏	columns.css
模块	module.css	文字	font.css
基本共用	base.css	表单	forms.css
布局（版面）	layout.css	补丁	mend.css
主题	themes.css	打印	print.css

2. HTML 的语法规范

HTML 的语法规范有以下 5 点。

① 缩进使用 Tab 键（2 个空格）。

② 嵌套的节点应该缩进。

③ 属性使用双引号，不要使用单引号。

④ 属性名全小写，用中画线（-）做分隔符。

⑤ 要在自动闭合的标签结尾处使用斜线。

3. CSS 的语法规范

CSS 的语法规范有以下 5 点。

① 缩进使用 Tab 键（2 个空格）。

② 每个声明结束都要加分号。

③ 注释统一使用“/* */”。

④ url 的内容与属性选择器中的属性值要使用引号。

⑤ 类名使用小写字母，以中画线分隔。

⑥ id 名要采用驼峰式命名。

1.4 创建第一个 HTML5 网页

微课视频

1.4.1 Web 开发工具

常言道："工欲善其事，必先利其器。"开发工具的使用是十分重要的，一个好的开发工具能让开发者在开发过程中更加得心应手。目前市场上主流的 Web 前端开发工具有 WebStorm、Visual Studio Code、Sublime Text、HBuilder、Dreamweaver 等。本书选用的开发工具是 Visual Studio Code（VS Code），版本为当前最新版本。

VS Code 是微软开发的一个轻量级代码编辑器，软件功能非常强大，界面简洁明晰，操作方便快捷，设计十分人性化。它支持常见的语法提示、代码高亮、Git 等功能，具有开源、免费、跨平台、插件扩展丰富、运行速度快、占用内存少、开发效率高等特点。网页开发中经常会使用到该软件，非常灵活方便。VS Code 的下载地址为 https://code.visualstudio.com/，官方网页如图 1.9 所示。

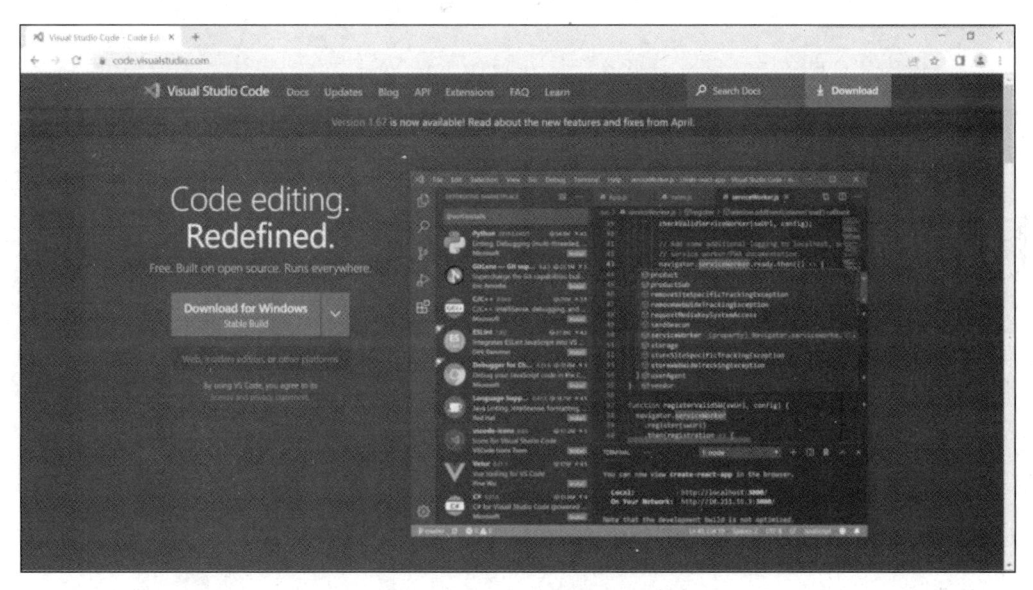

图 1.9 VS Code 的官方网页

1.4.2 VS Code 的安装与使用

下面以 VS Code 为例，对开发工具的安装与使用进行说明。

1. VS Code 的安装

① 首先打开 VS Code 的官方网站 https://code.visualstudio.com/，单击右上角的"Download"

按钮进入下载页面；选择 Windows 选项中的 User Installer，读者可自行选择 64bit 或 32bit 进行下载，如图 1.10 所示。

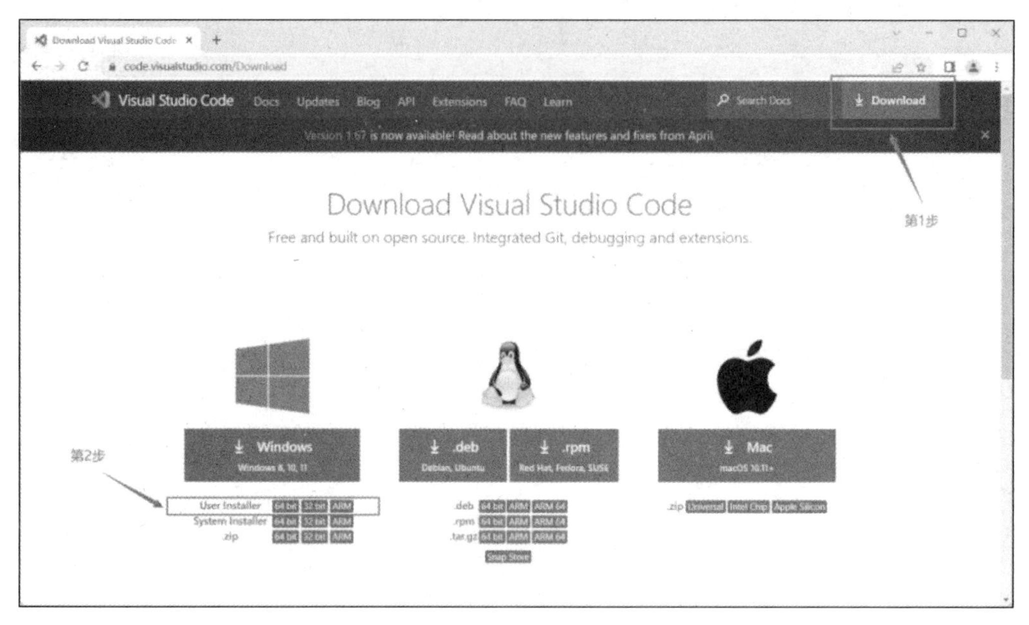

图 1.10　VS Code 下载页面

② 完成步骤①的操作之后，即可下载最新版的 VS Code。页面底部是下载进度提示信息，如图 1.11 所示。

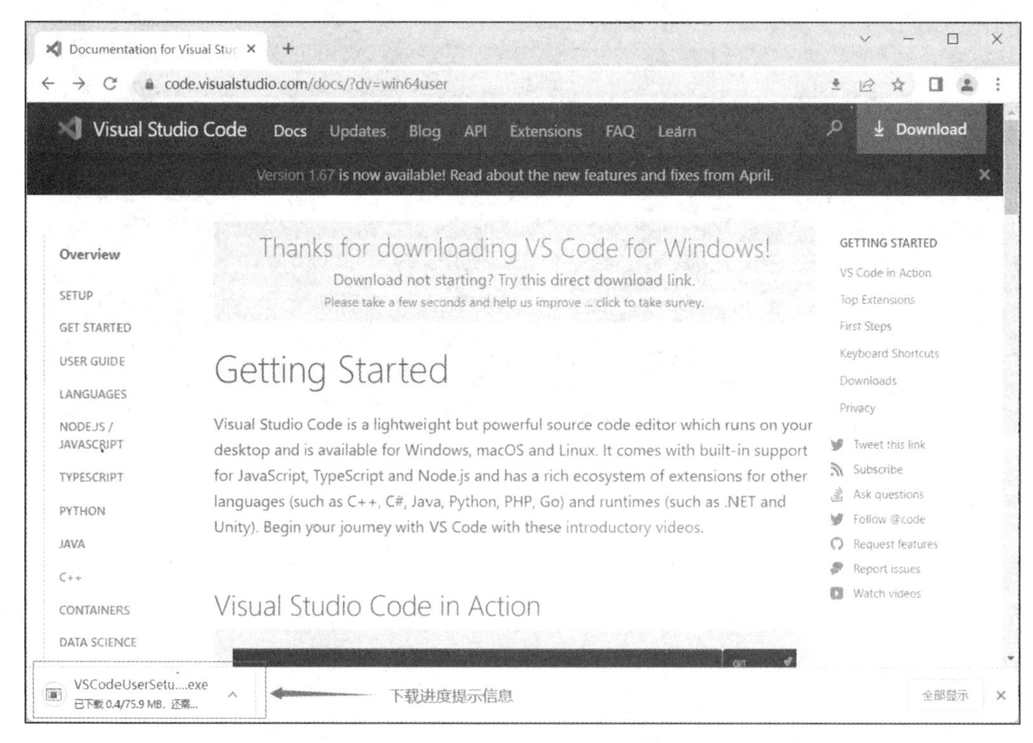

图 1.11　VS Code 下载进度

③ 下载完成后的文件名为VSCodeUserSetup-x64-1.67.0.exe。双击该文件进入安装界面，勾选“我同意此协议”，单击“下一步”按钮，如图1.12所示。

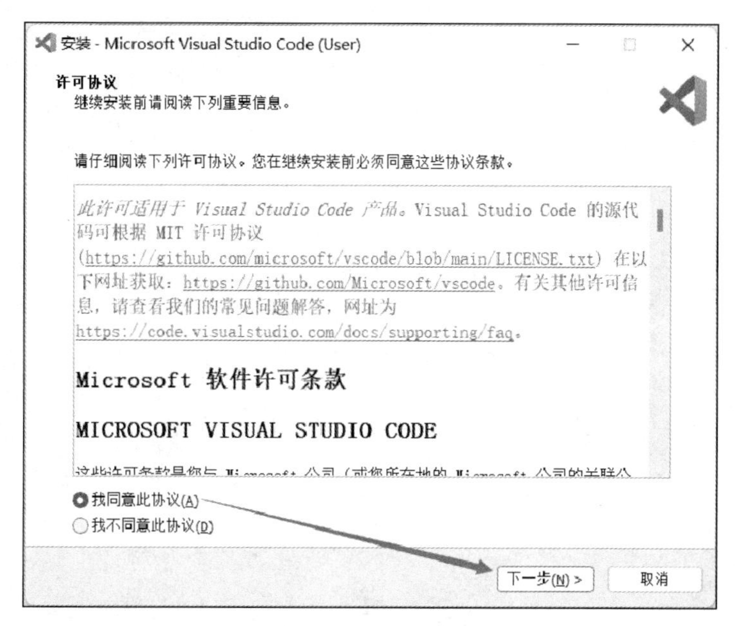

图1.12　同意协议

④ 进入“选择目标位置”窗口界面，单击“浏览”按钮选择要安装的路径，再单击“下一步”按钮，如图1.13所示。

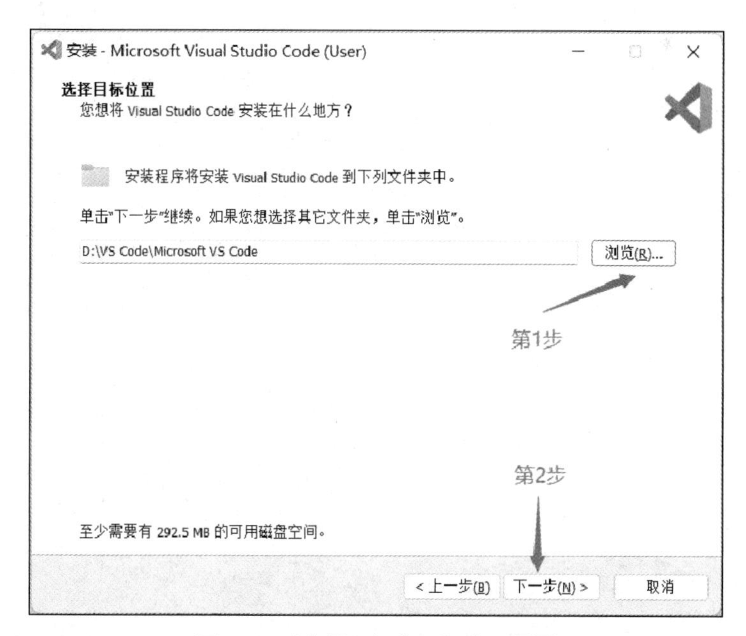

图1.13　“选择目标位置”窗口界面

⑤ 进入“选择开始菜单文件夹”界面，选择创建桌面快捷方式的位置，单击“下一步”按钮，如图1.14所示。

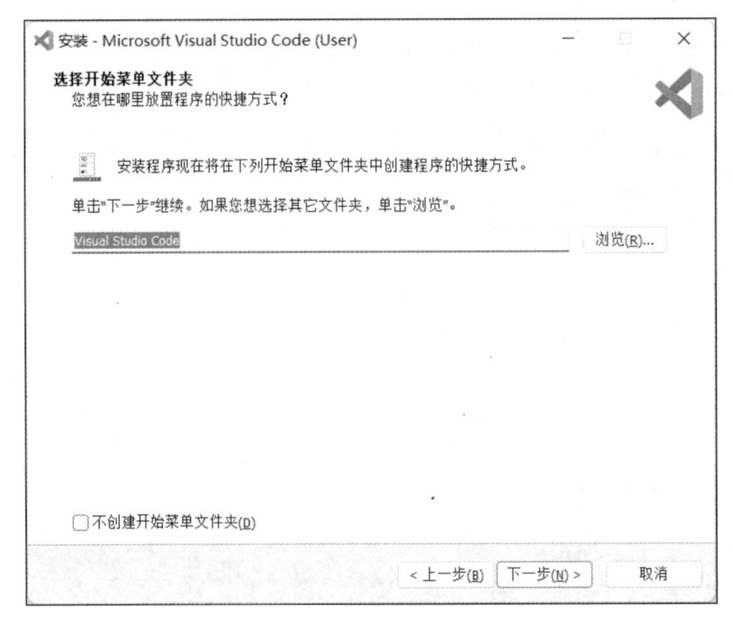

图 1.14 “选择开始菜单文件夹”界面

⑥ 进入“选择附加任务”界面，选择在执行 VS Code 时的附加任务，然后单击“下一步”，如图 1.15 所示。

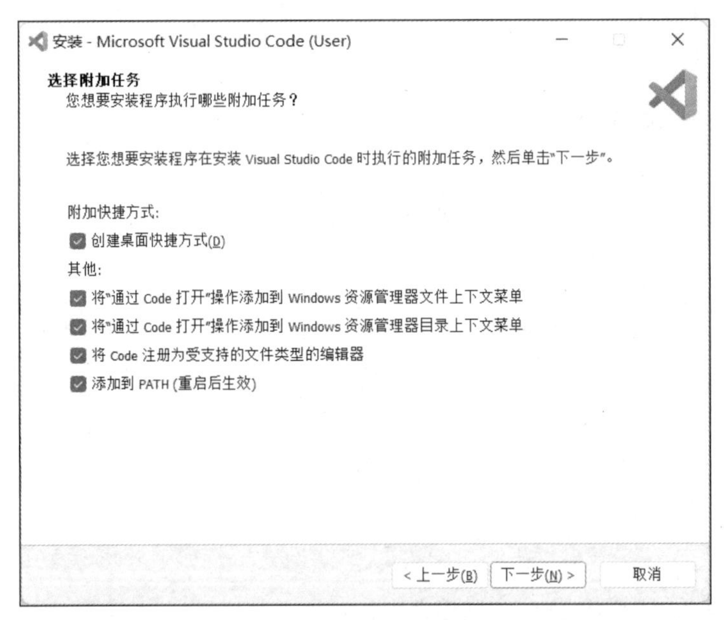

图 1.15 “选择附加任务”界面

⑦ 进入“准备安装”界面，单击“安装”按钮，如图 1.16 所示。

⑧ 安装完成之后，进入安装完成界面，单击“完成”按钮，即可完成 VS Code 的安装，如图 1.17 所示。

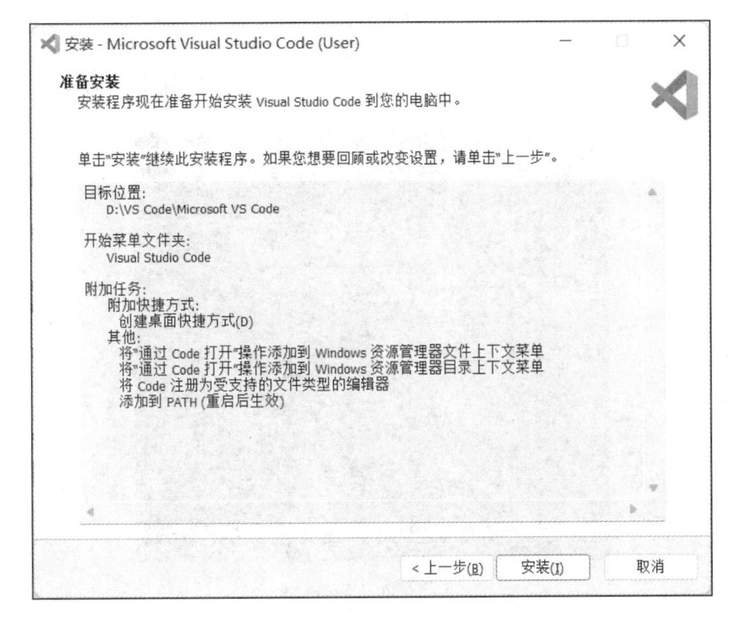

图 1.16　“准备安装”界面

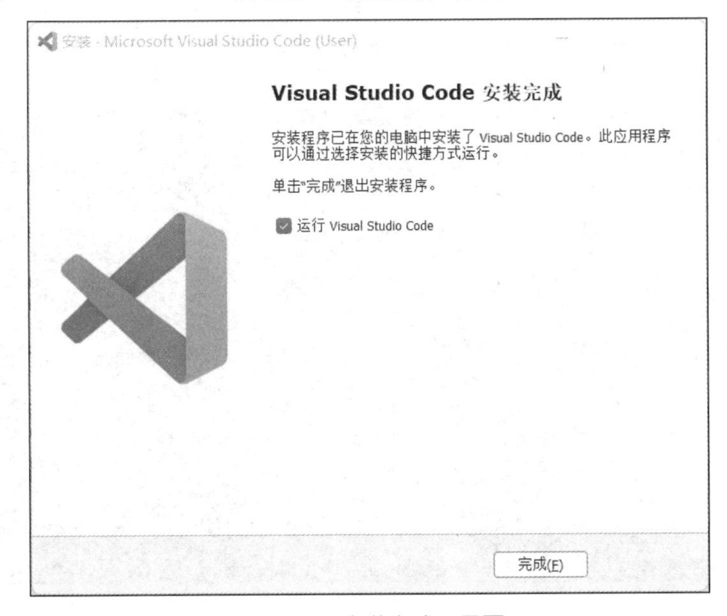

图 1.17　“安装完成”界面

2. VS Code 的使用

（1）文件目录管理

在电脑上创建一个用于存放前端代码的空文件夹，作为项目目录，可命名为“item”；打开 VS Code 编辑器，在菜单栏中单击“File（文件）”→“Open Folder（打开文件夹）”，即可在 VS Code 编辑器中打开所选中的“item”空文件夹；随后便可在该文件夹中新建文件或文件夹，如图 1.18 所示。

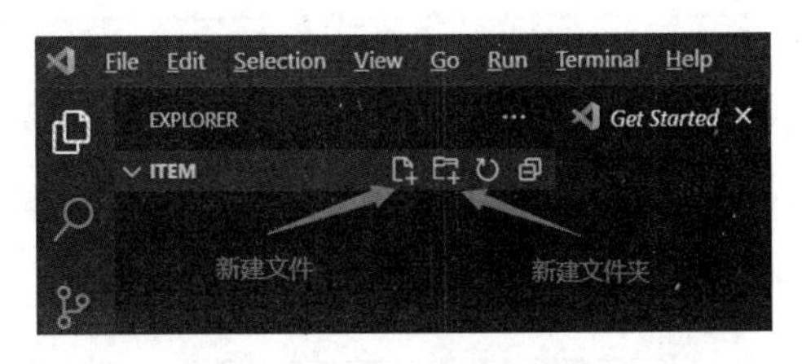

图 1.18　文件目录管理

（2）插件安装

在安装插件之前，首先得了解活动栏中的各个功能，如图 1.19 所示。

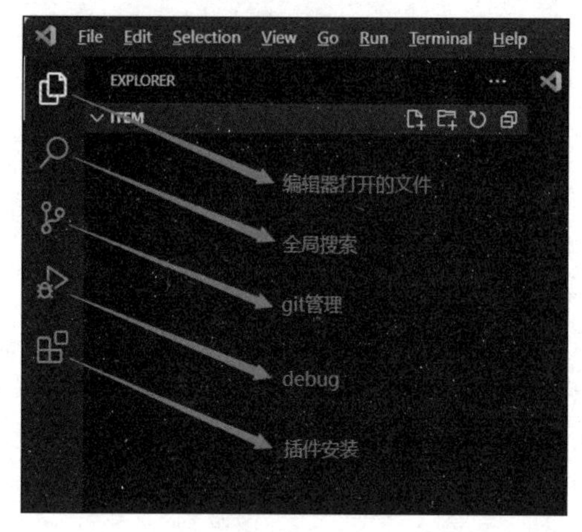

图 1.19 活动栏

安装插件的步骤为：单击插件安装，在搜索栏内输入所要安装插件的名称，最后在搜索结果中单击 Install 按钮，即可安装相应插件，如图 1.20 所示。

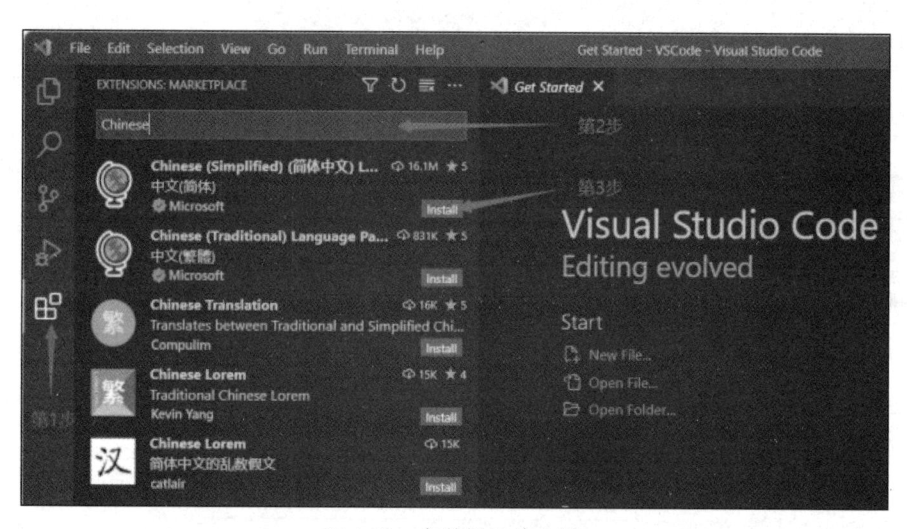

图 1.20 安装插件的步骤

常用插件如表 1.7 所示。

表 1.7 常用插件

插件	作用
Chinese（Simplified）（简体中文）Language Pack for Visual Studio Code	中文简体语言包
open in browser	右键快速在浏览器中打开 HTML 文件
Auto Rename Tag	自动完成另一侧标签的同步修改
Beautify	格式化 html、css、javascript 代码
Code Spell Checker	源码拼写检查器，提示代码中单词的拼写错误

1.4.3 编写网页

1. 新建HTML文件

在侧边栏中的“item”空文件夹内新建一个HTML文件，命名为“index.html”，并在编辑栏内输入“!”（在英文状态下），如图1.21所示。

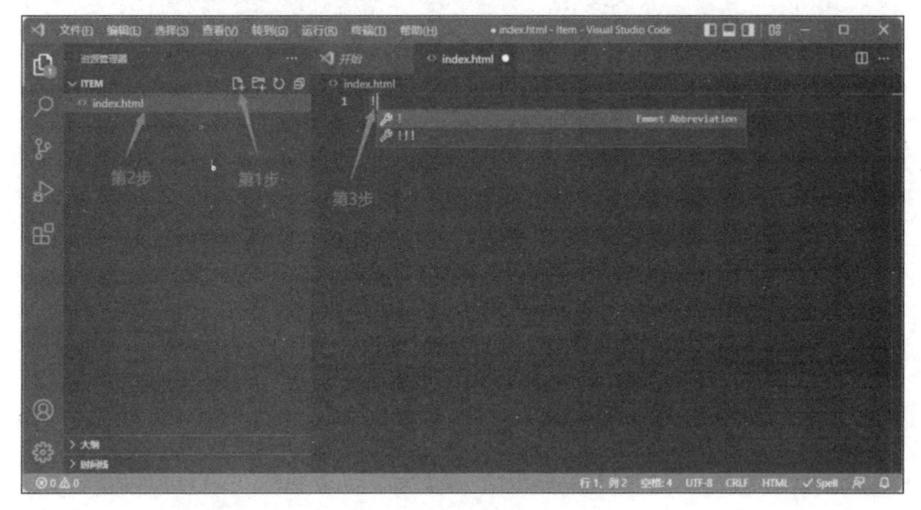

图1.21 新建HTML文件

然后按住Tab键，系统即可生成基础的HTML文件，如图1.22所示。

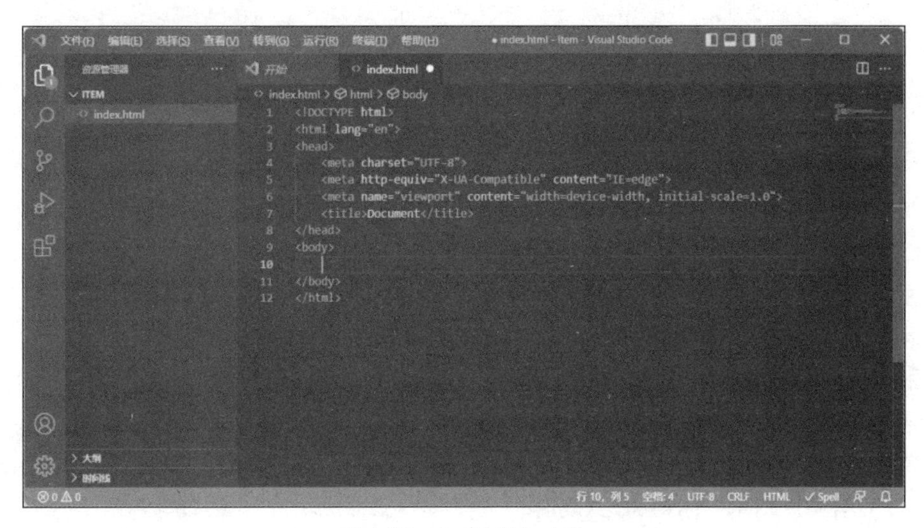

图1.22 生成HTML文件

2. 制作HTML文件

（1）编辑网页

修改文件标题，将<title>标签内的“Document”修改为“第一个HTML网页”；在<body>与</body>标签之间添加一段文本“学海无涯苦作舟”，如图1.23所示。

图 1.23　编辑网页

（2）生成网页

在菜单栏中选择“文件”→“保存”命令，单击右键选择“Open In Default Browser（默认浏览器打开）”命令；默认浏览器选择 Google Chrome，即可在 Chrome 浏览器中生成网页，如图 1.24 所示。

图 1.24　生成网页

1.5　本章小结

本章介绍了 Web 前端的发展简史、HTML5 和 CSS3 的基础知识、W3C 和 Web 标准、浏览器和浏览器兼容性的相关知识、前后端数据的交互流程以及 VS Code 开发工具的安装与使用。

希望通过本章内容的分析和讲解，读者能够对 Web 前端的发展与特性有初步了解，掌握 HTML5 的基本文件结构、标签和元素的概念以及 CSS3 的作用、特点和新属性，熟悉 VS Code 开发工具的使用，能快速编写出一个简单的程序，为学习 Web 开发奠定基础。

1.6　习题

1. 填空题

（1）________年，万维网诞生。

（2）前端的 3 大主流框架是________、________、________。

（3）网页主要由________、________、________3 部分组成。

（4）<!DOCTYPE>声明必须在 HTML 文件的________，位于________标签之前。

（5）HTML 标签分为________和________。

2．选择题

（1）第一款正式发布的浏览器是（　　）。

A．IE　　B．Mosaic

C．firefox　　D．Opera

（2）IE 浏览器采用的内核是（　　）。

A．Trident　　B．Webkit

C．Presto　　D．Gecko

（3）被称为“最强大的 HTML5 编辑器”的开发工具是（　　）。

A．Visual Studio Code　　B．Dreamweaver

C．Sublime Text　　D．WebStorm

（4）下列不属于文件 4 个基本结构（文件声明（<!DOCTYPE html>）、HTML 文档（<html>）、文件头部（<head>）和文件主体（<body>））的是（　　）。

A．<html>　　B．<!DOCTYPE html>

C．<head>　　D．<style>

3．思考题

（1）简述 Web 标准中的结构、表现、行为相分离方案的优点。

（2）简述前后端数据的交互流程。

4．编程题

使用 Web 开发语言在浏览器网页中显示“宝剑锋从磨砺出，梅花香自苦寒来”。

第2章 使用HTML5构建基本网页

本章学习目标

- 了解HTML常用的基本标签
- 了解<div>块元素的特点
- 掌握<a>标签的使用
- 熟练使用<p>标签和<img>标签

本章重点学习如何构建一个基本的HTML网页。标签是构建HTML网页的重要元素，因此了解并正确使用标签是学习构建网页的重中之重。HTML网页常用的标签有标题标签、段落标签、超链接标签、图片标签、块元素等。段落标签用于显示网页中的文本内容，超链接标签用于实现网页之间的跳转，图片标签用于在网页中嵌入图片，块元素用于对网页内容进行分类、分组处理以及设计网页的布局。

2.1 制作简单的文本网页

微课视频

2.1.1 标题标签

标题是由<h1>～<h6>标签定义的，<h1>定义最大的标题，依次递减至<h6>；<h6>定义最小的标题。浏览器会自动在标题的前后添加空行。

1. 标题标签的作用

标题标签能够体现文档结构；搜索引擎通过标题能为网页的结构和内容编制索引，有利于网页搜索引擎的优化；用户也可通过标题来快速浏览网页。

2. 语法格式

标题标签的语法格式如下所示。

```
<h1>标题文字</h1>
```

3. 演示说明

依次输出<h1>～<h6>标题标签，以便更好地展示出它们之间的差别，代码如例2.1所示。

【例 2.1】标题标签。

```
1.  <!DOCTYPE html>
2.  <html lang="en">
3.  <head>
4.      <meta charset="UTF-8">
5.      <title>标题标签</title>
6.  </head>
7.  <body>
8.      <h1>纸上得来终觉浅，绝知此事要躬行</h1>
9.      <h2>纸上得来终觉浅，绝知此事要躬行</h2>
10.     <h3>纸上得来终觉浅，绝知此事要躬行</h3>
11.     <h4>纸上得来终觉浅，绝知此事要躬行</h4>
12.     <h5>纸上得来终觉浅，绝知此事要躬行</h5>
13.     <h6>纸上得来终觉浅，绝知此事要躬行</h6>
14. </body>
15. </html>
```

标题标签的运行效果如图 2.1 所示。

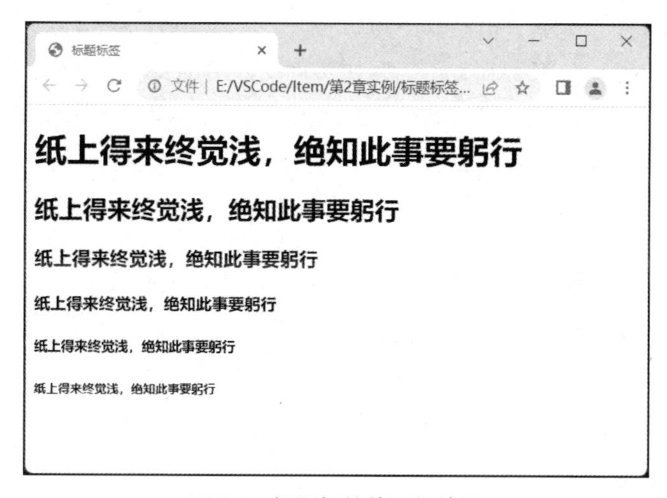

图 2.1　标题标签的运行效果

2.1.2　段落标签

1. 语法格式

段落是通过<p>标签来定义的，用于在网页中将文本内容有条理地显示出来。段落标签的语法格式如下所示。

```
<p>段落文字</p>
```

2. 演示说明

在<p>标签中输入文本内容，代码如例 2.2 所示。

【例 2.2】段落标签。

```
1.  <!DOCTYPE html>
2.  <html lang="en">
```

```
3.  <head>
4.      <meta charset="UTF-8">
5.      <title>段落标签</title>
6.  </head>
7.  <body>
8.      <p>偶成</p>
9.      <p>少年易老学难成，一寸光阴不可轻。</p>
10.     <p>未觉池塘春草梦，阶前梧叶已秋声。</p>
11. </body>
12. </html>
```

段落标签的运行效果如图 2.2 所示。

说明：默认情况下，HTML 会自动在块级元素（段落、标题）前后添加一个额外的空行。

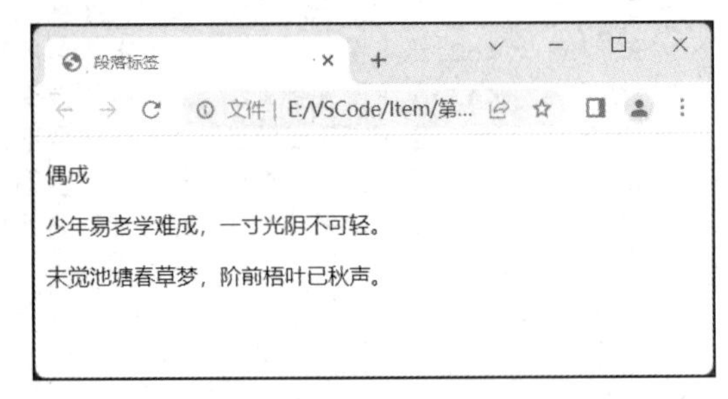

图 2.2　段落标签的运行效果

2.1.3　换行标签

换行标签可在文本中生成一个换行（回车）符号。它是一个空元素，也是一个单标签，其内不可携带内容。在 HTML5 中，归属于同一段落的文字会从左到右依次进行排列，直至浏览器窗口的最右端，才会自动进行换行。若想要将某段文字进行强制换行显示，则需要使用
换行标签。

1．语法格式

换行标签的语法格式如下所示。

```
<p>内容<br>内容</p>
```

2．演示说明

输入一首古诗《金缕衣》，在每句后添加换行标签，查看实现的效果，代码如例 2.3 所示。

【例 2.3】换行标签。

```
1.  <!DOCTYPE html>
2.  <html lang="en">
3.  <head>
4.      <meta charset="UTF-8">
5.      <title>换行标签</title>
6.  <body>
7.  <p>     金缕衣</p>
8.  <p>劝君莫惜金缕衣，<br>劝君惜取少年时。<br>花开堪折直须折，<br>莫待无花空折枝。</p>
9.  </body>
10. </html>
```

换行标签的运行效果如图 2.3 所示。

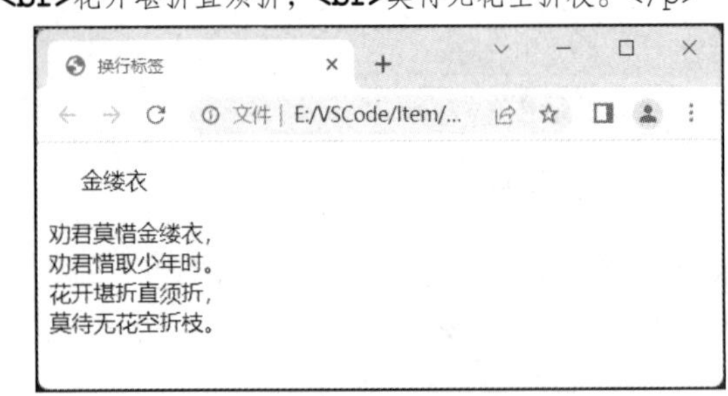

图 2.3　换行标签的运行效果

2.1.4　特殊字符

网页中经常会出现一些包含特殊字符的文本。常用的特殊字符如表 2.1 所示。

表 2.1　　特殊字符

字符	代码	说明
		空格
&	&	与
>	>	大于
<	<	小于
≥	≥	大于或等于
≠	≠	不等于
≤	≤	小于或等于
×	×	乘号
÷	÷	除号
±	±	加减（正负）
²	²	上标 2
→	→	右箭头
↓	↓	下箭头
↔	↔	左右箭头
¥	¥	人民币
©	©	版权标志
®	®	注册标志
™	™	商标标志

2.1.5　案例：学习简述

1．页面结构分析简图

本案例是制作一个对学习进行简单描述的页面。该页面的实现需要用到文字元素和标签，具体使用<h3>标题标签、<p>段落标签和
换行标签来实现整个页面效果，页面结构简图如图 2.4 所示。

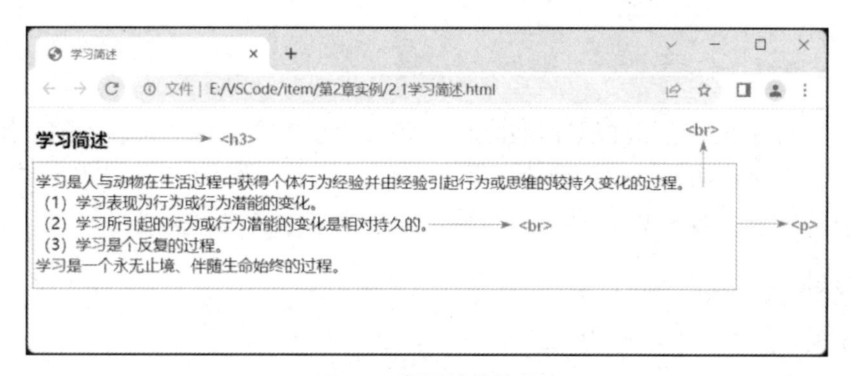

图 2.4　页面结构简图

2. 代码实现

新建一个 HTML 文件，使用<h3>标签、<p>标签和
标签编写相关代码，具体代码如例 2.4 所示。

【例 2.4】学习简述。

```
1.  <!DOCTYPE html>
2.  <html lang="en">
3.  <head>
4.      <meta charset="UTF-8">
5.      <meta http-equiv="X-UA-Compatible" content="IE=edge">
6.      <meta name="viewport" content="width=device-width, initial-scale=1.0">
7.      <title>学习简述</title>
8.  </head>
9.  <body>
10.     <h3>学习简述</h3>
11.     <p>
12.         学习是人与动物在生活过程中获得个体行为经验并由经验引起行为或思维的较持久变化的
    过程。<br>
13.         （1）学习表现为行为或行为潜能的变化。<br>
14.         （2）学习所引起的行为或行为潜能的变化是相对持久的。<br>
15.         （3）学习是个反复的过程。<br>
16.         学习是一个永无止境、伴随生命始终的过程。
17.      </p>
18. </body>
19. </html>
```

2.1.6 本节小结

本节主要讲解了<h3>标题标签、<p>段落标签和
换行标签的使用。希望读者通过本节的学习，可以熟练应用这些标签。

2.2 添加超链接

微课视频

2.2.1 超链接标签

超链接标签可以通过 href 属性创建通向其他网页、文件、同一页面内的其他位置、电子邮件地址或任何其他 URL 的超链接。超链接就是统一资源定位器，表达形式为<a>。它的效果是点击网页上的某个链接时，会自动跳转到另外一个链接。

1. 语法格式

超链接标签的语法格式如下所示。

```
<a href="目标URL"  target="目标窗口">内容</a>
```

2．标签属性

href（Hypertext Reference，链接目标地址）用于指示链接的目标。

target 指打开新窗口的方式，主要有以下 4 种方式。

① _self：在同一个窗口打开（默认值）。

② _blank：新建一个窗口打开。

③ _parent：在父窗口打开。

④ _top：在浏览器整个窗口打开。

2.2.2 超链接的功能分类

1．外部链接

超链接可实现网页跳转功能，href 属性值为目标链接地址。示例代码如下所示。

```
<a href="https://www.tmall.com/" target="_self">天猫</a>
```

2．内部链接

内部链接是网站内部页面之间的相互链接，直接链接内部页面名称即可。示例代码如下所示。

```
<a href="active.html">活动页</a>
```

3．功能链接

超链接可创建邮件链接、电话链接等功能链接。其中，邮件链接使用 mailto 链接将用户的电子邮件程序打开并发送新邮件；电话链接使用 tel 链接查看连接到手机的网络文档和笔记本电脑。示例代码如下所示。

```
<a href="mailto:abcde@qq.com">发送邮件</a>
<a href="tel:+123456">+123456</a>
```

4．下载链接

在超链接中，如果 href 属性里的目标链接地址是一个文件或者压缩包，并添加了 download 属性，则会下载该文件，实现下载功能。示例代码如下所示。

```
<a href="./images/1.jpg" download>图片</a>
```

5．锚点链接

锚点链接具有锚点功能，href 属性值为锚点 id，点击锚点可跳转至对应 id 的元素所在位置，可以是同一个网页内，也可以是其他网页内。示例代码如下所示。

```
<a href="#index">首页</a>
<a id="index">首页</a>
<p>内容概要...</p>
```

6．回到顶部

当 href 属性值为“#”时，可实现跳转返回到顶部的功能，代码如下所示。

```
<a href="#">回到顶部</a>
```

2.2.3 超链接的伪类

超链接有 4 种常用的伪类，分别是 link、visited、hover 和 active。它们是一种动态伪类标签，使用冒号（:）可以表示 4 种不同的状态，具体说明如表 2.2 所示。

表 2.2 超链接伪类说明

名称	说明
:link	表示超链接点击之前
:visited	表示超链接点击之后
:hover	表示光标放到某个标签上时
:active	表示点击某个标签且没有松开鼠标时

伪类标签使用的状态顺序为 link、visited、hover、active。值得注意的是，静态伪类只能使用 link 和 visited 两个状态，并且只能用于超链接。

2.2.4 扩展——文本格式化标签

文本格式化标签是对文本进行各种格式化的标签，例如加粗、斜体、上标、下标等。文本格式标签的说明如表 2.3 所示。

表 2.3 文本格式标签说明

标签	说明
<em>	呈现被强调的文本，显示效果为斜体
<i>	其显示效果为斜体，与<em>效果完全相同，但不具备语义化强调的作用
<strong>	加粗标签，定义重要的文本，显示效果为加粗
<b>	其显示效果为加粗，与<strong>效果完全相同，但不具备语义化强调的作用
<del>	定义文档中已删除的文本，添加删除线
<ins>	定义已经被插入文档中的文本，添加下画线
<sup>	定义上标文本
<sub>	定义下标文本
<blockquote>	定义块引用，一般嵌套<p>标签，用于标记被引用的文本，会在左、右两边进行缩进（增加外边距）
<q>	用于简短的行内引用，文本会被添加双引号（“ ”）
<cite>	表示所包含的文本对某个参考文献的引用，比如书籍或者杂志的标题，显示效果为斜体

下面使用上述文本格式化标签定义文本，展示其样式效果，具体代码如例 2.5 所示。

【例 2.5】文本格式化标签。

```
1.  <!DOCTYPE html>
2.  <html lang="en">
3.  <head>
4.      <meta charset="UTF-8">
5.      <title>文本格式标签</title>
```

```
6.  </head>
7.  <body>
8.      <em>em 元素效果</em><br>
9.      <i>i 元素效果</i><br>
10.     <strong>strong 元素效果</strong><br>
11.     <b>b 元素效果</b><br>
12.     <del>del 元素效果</del><br>
13.     <ins>ins 元素效果</ins><br>
14.     <p>2 的立方：2<sup>3</sup></p>
15.     <p>H<sub>2</sub>O</p>
16.     <p>块引用：<blockquote>恰同学少年，风华正茂；书生意气，挥斥方遒。</blockquote></p>
17.     <p>短引用：<q>看万山红遍，层林尽染；漫江碧透，百舸争流。</q></p>
18.     <cite>--沁园春·长沙（毛泽东）</cite>
19. </body>
20. </html>
```

文本格式化标签的运行效果如图 2.5 所示。

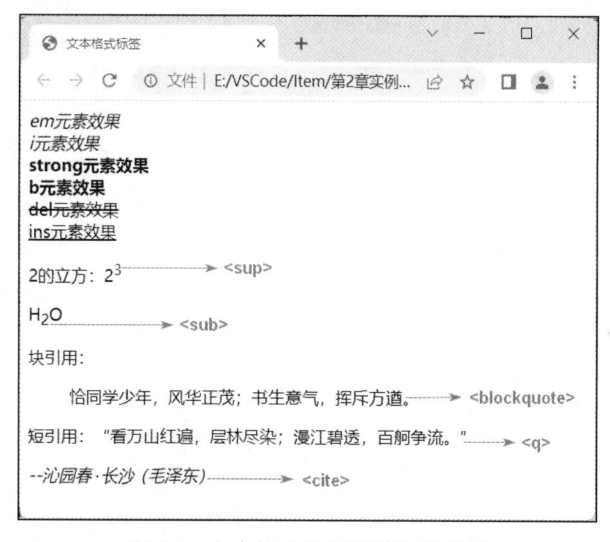

图 2.5　文本格式化标签的运行效果

2.2.5　案例：学习手册导航

1．页面结构分析简图

本案例是制作一个学习手册导航页面。该页面的实现不仅需要应用超链接的多种功能，如锚点功能、网页跳转功能以及回到顶部功能，同时还需要应用前面所学的<h3>标题标签、<p>段落标签和
换行标签。页面结构简图如图 2.6 所示。

2．代码实现

新建一个 HTML 文件，使用<h3>标题标签、<p>段落标签、
换行标签以及超链接功能编写相关代码，具体代码如例 2.6 所示。

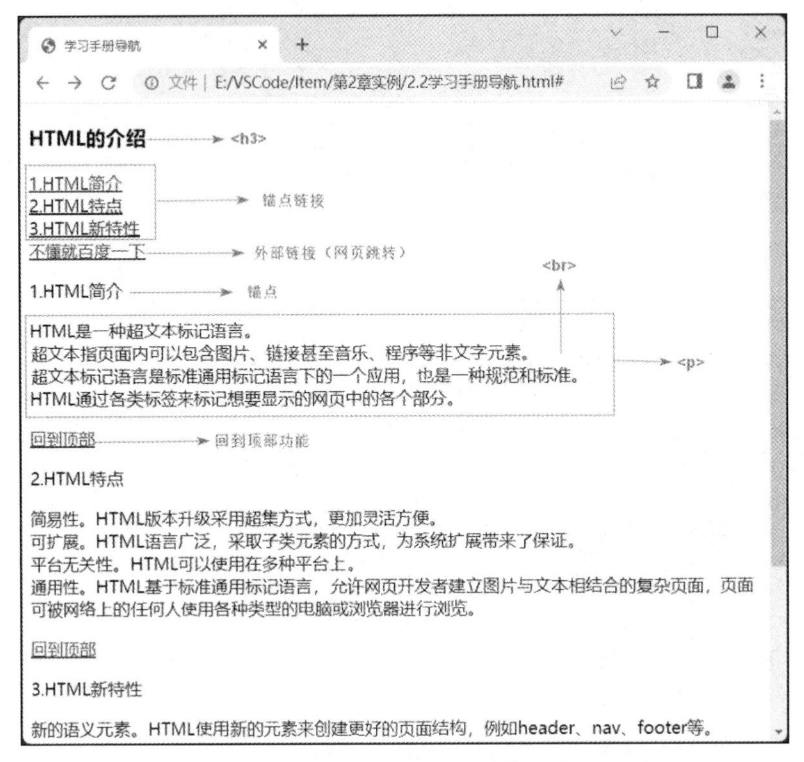

图 2.6　学习手册导航页面的结构简图

【例 2.6】学习手册导航。

```
1.   <!DOCTYPE html>
2.   <html lang="en">
3.   <head>
4.       <meta charset="UTF-8">
5.       <title>学习手册导航</title>
6.   </head>
7.   <body>
8.       <h3>HTML 的介绍</h3>
9.       <p>
10.          <!-- 锚点链接 -->
11.          <a href="#first">1.HTML 简介</a><br>
12.          <a href="#second">2.HTML 特点</a><br>
13.          <a href="#third">3.HTML 新特性</a><br>
14.          <!-- 外部链接，跳转功能 -->
15.          <a href="https://www.baidu.com/" target="_self">不懂就百度一下</a><br>
16.      </p>
17.      <!-- 锚点 id -->
18.      <p><a id="first">1.HTML 简介</a></p>
19.      <p>
20.          HTML 是一种超文本标记语言。<br>
21.          超文本指页面内可以包含图片、链接甚至音乐、程序等非文字元素。<br>
22.          超文本标记语言是标准通用标记语言下的一个应用，也是一种规范和标准。<br>
23.          HTML 通过各类标签来标记想要显示的网页中的各个部分。<br>
24.      </p>
```

```
25.      <a href="#">回到顶部</a>
26.      <!-- 此处省略雷同代码 -->
27. </body>
28. </html>
```

在上述代码中，首先利用超链接的锚点功能，单击目录即可跳转到相应内容；然后在锚点目录下方添加一个百度网页的超链接，可实现网页跳转功能，方便浏览者进行相关内容的检索；最后在文本内容下方添加一个可实现回到页面顶部功能的超链接，为浏览者提供更好的浏览体验。

2.2.6　本节小结

本节主要讲解了超链接的标签属性和各个功能的应用，如网页跳转、锚点功能、回到顶部功能等。希望读者通过本节的学习，可以了解超链接的功能作用，能够将超链接熟练运用于网页设计中。

微课视频

2.3　添加图片

2.3.1　图片标签

在 HTML 中，图片是由<img>标签定义的。图片标签属于单标签，没有闭合标签，并且是一个空元素，只包含属性，不包含文本内容。图片标签表示向网页中嵌入一张图片，创建的是引用图像的占位空间。

1. 语法格式

图片标签的语法格式如下所示。

```
<img src="图片文件地址" alt="提示文本">
```

2. 标签属性

（1）src 属性

src 属性在<img>标签中是必须存在的，用于引用要嵌入图片的路径。这个路径可以是相对路径，也可以是绝对路径。相对路径是被引入的文件相对于当前页面的路径；绝对路径是文件在网络或本地的绝对路径。

相对路径有 3 种使用方式，具体代码如下所示。

```
<!-- 第 1 种：当前页面和图片在同一个目录下 -->
<img src="1.jpg"/>
<!-- 第 2 种：图片在与页面同级的 image 文件夹中 -->
<img src="image/li.png"/>
<!-- 第 3 种：图片在页面上一级的 image 文件夹中 -->
<img src="../image/hu.jpg"/>
```

绝对路径有 2 种使用方式，具体代码如下所示。

```
<!-- 第 1 种：图片在本地 D 盘的相应文件夹中 -->
<img src="file:///D|/images/tu.png"/>
<!-- 第 2 种：图片在网络的相应文件夹中 -->
<img src="https://www.baidu.com/img/logo/2.jpg"/>
```

（2）alt 属性

alt 为文本提示属性。用户可为图像定义一串预备的、可替换的文本，它的值是对图片进行描述的文字，用于图片无法显示或不能被用户看到的情况。若图片正常显示，则看不到任何效果；若图片无法显示或不能被用户看到，则显示出提示文本。当图片仅用于装饰网页而不作为主体重点内容的一部分时，可以写一个空的 alt（alt=""），这是一个较佳的处理方法。

（3）title 属性

title 属性是光标移动到图片上时显示的提示文字。设置 title 属性后，若光标移动到图片上，则会显示出 title 里的提示信息。

（4）width 属性和 height 属性

width 属性为宽度属性，height 属性为高度属性，可分别用于设置图片的宽度和高度，属性值常用单位为像素（px）。

3. 演示说明

在网页中嵌入一张凿壁借光的图片，具体代码如例 2.7 所示。

【例 2.7】图片标签。

```
1.  <!DOCTYPE html>
2.  <html lang="en">
3.  <head>
4.      <meta charset="UTF-8">
5.      <title>凿壁借光</title>
6.  </head>
7.  <body>
8.  <!-- 嵌入图片，并添加 title 和 alt 属性的属性值，设置宽和高 -->
9.  <img src="../images/study.png" title="凿壁借光" alt="图片不存在或图片路径错误"
    width="400" height="350">
10. </body>
11. </html>
```

图片正常显示时，运行效果如图 2.7 所示。

图 2.7　图片正常显示

图片无法显示时，一般有 2 种情况。

第 1 种情况为图片不存在，可能原因是图片名称拼写错误，示例代码如下所示。

```
<img src="../images/stud.png" title="凿壁借光" alt="图片不存在或图片路径错误" width="400"
height="350">
```

第 2 种情况为图片路径错误，可能原因是图片路径漏写，示例代码如下所示。

```
<img src="study.png" title="凿壁借光" alt="图片不存在或图片路径错误" width="400"
height="350">
```

图片不存在或图片路径错误导致图片无法显示时，运行结果如图 2.8 所示。

图 2.8　图片无法显示

2.3.2　水平线标签

水平线是由<hr>标签定义的。在 HTML 文件中，可使用<hr>标签创建横跨网页的水平线，将段落与段落分隔开，使文档结构更加层次分明。

1．语法格式

<hr>水平线标签是一个单标签，一般添加在两个段落之间。它可以是一个单独的<hr>标签，也可以加入它所支持的一些属性，实现更加美观的设计效果，其语法格式如下所示。

```
<hr align="对齐方式" color="颜色值" size="粗细值" width="宽度值">
```

2．常用属性

<hr>水平线标签常用属性的说明如表 2.4 所示。

表 2.4　<hr>水平线标签常用属性的说明

属性	说明
align	设置水平线对齐方式，属性值有 center（居中对齐，默认值）、left（左对齐）、right（右对齐）
color	设置水平线颜色，属性值可以是颜色的英文单词、十六进制值或 RGB 值
size	设置水平线粗细，属性值为数值，以像素（px）为单位，默认值为 2px
width	设置水平线宽度，属性值为像素值或浏览器窗口的百分比（默认为 100%）

2.3.3　<div>块元素

1．块元素的概念

<div>块元素也称为内容划分元素，是一个块级元素，在 HTML 中独占一行，可以设置宽度和高度，支持所有全局属性。它是一个通用型的流内容容器，在不使用 CSS 的情况下，不设置宽度和高度，其对内容或布局没有任何影响。

作为一个“纯粹的”容器，<div>块元素在语义上不表示任何特定类型的内容，可以使用 class 或 id 属性便捷地定义内容的格式，将内容进行分组。由于<div>块元素具有独自占据一行的块级元素特性，要想实现在一行内并排放置块元素，可以使用浮动属性。但元素浮动的同时也会对页面布局产生影响。

2．块元素的特点

HTML 的元素大体可分为 3 大类，分别为块元素、内联元素和内联块元素。

块元素的特点是可以自定义宽度和高度，并独占一行，自上而下排列，还可以作为一个容器包含其他的块元素或内联元素。常见的块元素有<div>、<p>、<h1>、<ul>、<table>、<form>、<hr>等。

内联元素也称为行内元素，它的特点是不可以自定义宽度和高度，不独占一行，多个行内元素可在一行中逐个进行显示。内联元素用于设置与高度相关的一些属性。例如，margin-top、margin-bottom、padding-top、padding-bottom、line-height 等属性会显示无效或显示不准确。常用的内联元素有<span>、<a>、<label>、<em>、<strong>等。

内联块元素也称为行内块元素，它的特点是可以自定义宽度和高度，可以和其他内联元素在一行显示，既具有内联元素的特点，也具有块元素的特点。常用的内联块元素有<img>、<input>、<li>、<textarea>等。

2.3.4 HTML5 的语义化元素

语义化元素是具有语义的元素，能清楚地向浏览器和开发者描述其意义。HTML5 提供了定义页面不同部分的新语义化元素，包括<header>、<nav>、<section>、<article>、<aside>、<footer>等，如图 2.9 所示。

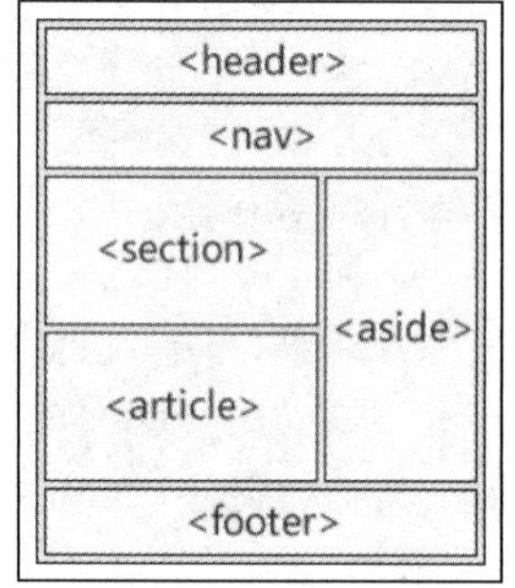

图 2.9 HTML5 的新语义化元素

新增的语义化元素使得页面的内容结构化，其说明如表 2.5 所示。

表 2.5 新增的语义化元素说明

名称	说明
<header>	定义文档的头部区域
<nav>	定义文档的导航
<section>	定义文档中的节、区段
<article>	定义页面独立的内容区域
<aside>	定义页面的侧边栏内容
<footer>	定义文档的尾部区域

2.3.5 案例：学习小课堂

1．页面结构分析简图

本案例是制作一个学习小课堂的文案页面。该页面的实现需要用到<p>段落标签、<hr>水平线标签、<img>图片标签、<div>块元素和语义化元素，其页面结构简图如图 2.10 所示。

2．代码实现

新建一个 HTML 文件，使用<img>图片标签、<div>块元素、<hr>水平线标签、<p>段落标签和语义化元素编写相关代码，具体代码如例 2.8 所示。

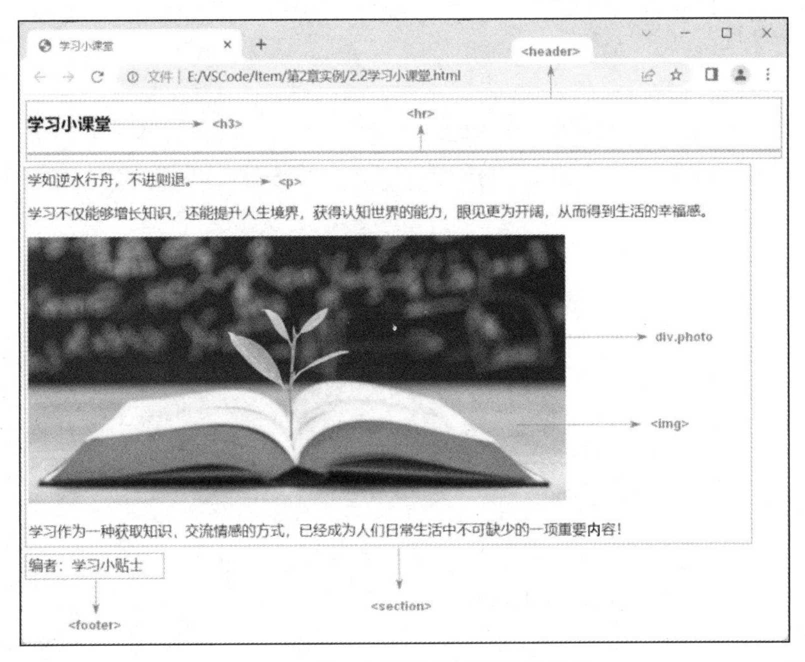

图 2.10　学习小课堂的页面结构简图

【例 2.8】学习小课堂。

```
1.  <!DOCTYPE html>
2.  <html lang="en">
3.  <head>
4.      <meta charset="UTF-8">
5.      <title>学习小课堂</title>
6.  </head>
7.  <body>
8.  <!-- 头部 -->
9.  <header>
10.     <h3>学习小课堂</h3>
11.     <!-- 添加一条水平线 -->
12.     <hr align="left" color="#aaa" size="3" >
13. </header>
14. <!-- 节/区段 -->
15. <section>
16.     <p>学如逆水行舟，不进则退。</p>
17.     <p>学习不仅能够增长知识，还能提升人生境界，获得认知世界的能力，眼界更为开阔，从而得
    到生活的幸福感。</p>
18.     <!-- 在块元素中嵌入一张图片 -->
19.     <div class="photo">
20.         <img src="../images/1.png" width="600" height="290" alt="">
21.     </div>
22.     <p>学习作为一种获取知识、交流情感的方式，已经成为人们日常生活中不可缺少的一项重要
    内容！</p>
23. </section>
24. <!-- 页脚 -->
25. <footer>
26.     编者：学习小贴士
```

```
27. </footer>
28. </body>
29. </html>
```

在上述代码中，首先在头部添加标题和水平线；然后在区段内添加文本内容，并在文本内容下方的块元素中嵌入一张图片，以达到美化页面的效果；最后在页脚添加作者信息，即可完成此文案页面。

2.3.6 本节小结

本节主要讲解了<img>图片标签、<div>块元素标签、<hr>水平线标签和语义化元素的使用，并利用这些标签元素实现了一个关于学习小课堂的文案。希望读者通过本节的学习，可以熟练运用<img>图片标签、<div>块元素和语义化元素。

2.4 本章小结

本章重点介绍了构建网页的一些基本标签，文字、图片和超链接是网页中经常使用到的元素，熟练掌握<p>段落标签、<img>图片标签和<a>超链接是十分重要的；而<div>块元素的应用可实现网页的整体布局。

希望通过本章的分析和讲解，能够使读者对网页的构建有进一步的了解，掌握 HTML 基本标签的使用，能编写出基础的网页，提升代码编写能力，为后面的深入学习奠定基础。

2.5 习题

1. 填空题

（1）搜索引擎通过________能为网页的结构和内容编制索引。

（2）图片标签有________和________2 种路径方式。

（3）target 属性有________、________、________、________4 种打开新窗口的方式。

（4）________将段落与段落分隔开，使文档结构更加层次分明。

2. 选择题

（1）在网页中将文本内容有条理地显示出来的是（　　）。

A．水平线标签　　B．标题标签

C．段落标签　　D．换行标签

（2）下列不属于<a>标签 4 种状态的是（　　）。

A．visited　　B．hover

C．focus　　D．link

（3）下列属于单标签的是（　　）。

A．<img>　　B．<p>

C．<div>　　D．<a>

（4）下列不属于图像标签属性的是（　　）。

A．href　　B．title

C．src　　D．alt

3．思考题

（1）简述块级元素、内联元素和内联块元素的特点。

（2）简述 HTML5 新增的语义化元素及其作用。

4．编程题

（1）使用超链接制作一个标签导航条，通过超链接实现网页跳转，具体页面效果如图 2.11 所示。

图 2.11　标签导航条

（2）使用<div>块元素和<img>标签制作一个风景相册，具体页面效果如图 2.12 所示。

图 2.12　风景相册

第3章 应用CSS3样式

本章学习目标

- 了解 CSS3 的多种引入方式
- 掌握 CSS3 选择器的使用方法，能够运用 CSS3 选择器定义标签样式
- 熟悉 CSS3 的常用属性，能够运用相应的属性定义元素样式
- 掌握显示与隐藏的相关属性

本章重点学习如何应用 CSS3 样式融合 HTML5 结构设计网页。CSS3 能够对网页中元素位置的排版进行像素级的精确控制，支持几乎所有的字体、字号、样式，拥有对网页对象和模型样式进行编辑的能力。本章将通过 CSS3 样式的引入、CSS3 选择器和属性以及常用的显示与隐藏相关属性的介绍，引领读者踏上 CSS3 的学习之路。

3.1 CSS3 的引入方式

微课视频

CSS3 样式用于辅助 HTML5 进行页面布局。CSS3 有 3 种引入方式，即行内样式、内嵌样式和外链样式。不同的引入方式对于后期维护难度的影响是不同的，内容与样式的关联性也是不同的，关联性的强弱会影响后期代码的维护。

3.1.1 行内样式

行内样式是使用 HTML 标签中的 style 属性引入 CSS3 属性，能够直接在 HTML 标签中设置样式。该样式在实际开发中并不提倡使用，可在测试代码时使用。

下面使用行内样式引入 CSS 代码创建一个页面，代码如例 3.1 所示。

【例 3.1】行内样式。

```
1.  <!DOCTYPE html>
2.  <html lang="en">
3.  <head>
4.      <meta charset="UTF-8">
5.      <title>行内样式</title>
6.  </head>
7.  <body>
8.      <!-- 使用行内样式引入CSS -->
```

```
9.        <h3 style="color:cadetblue">使用行内样式引入 CSS</h3>
10.       <div style="width:100px;height:100px;background-color:red"></div>
11. </body>
12. </html>
```

使用行内样式引入 CSS 代码的运行效果如图 3.1 所示。

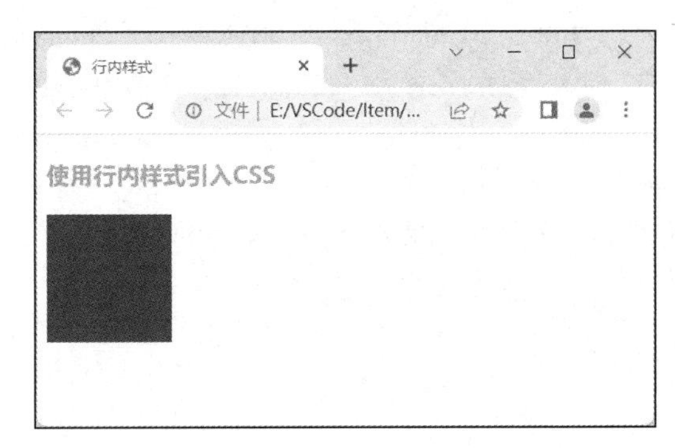

图 3.1 使用行内样式引入 CSS 代码的运行效果

行内样式没有将内容和样式分离，关联性太强，在开发中不易于后期代码维护，不提倡使用。

3.1.2 内嵌样式

内嵌样式是使用<style>标签书写 CSS 代码，<style>标签位于<head>标签内。

下面使用内嵌样式引入 CSS 代码创建一个页面，代码如例 3.2 所示。

【例 3.2】内嵌样式。

```
1.  <!DOCTYPE html>
2.  <html lang="en">
3.  <head>
4.      <meta charset="UTF-8">
5.      <title>内嵌样式</title>
6.      <!-- 使用内嵌样式引入 CSS -->
7.      <style>
8.          h3{
9.              color: cornflowerblue;
10.         }
11.         div{
12.             width: 100px;
13.             height: 100px;
14.             background-color: burlywood;
15.         }
16.     </style>
17. </head>
18. <body>
19.     <h3>使用内嵌样式引入 CSS</h3>
20.     <div></div>
21. </body>
22. </html>
```

使用内嵌样式引入 CSS 代码的运行效果如图 3.2 所示。

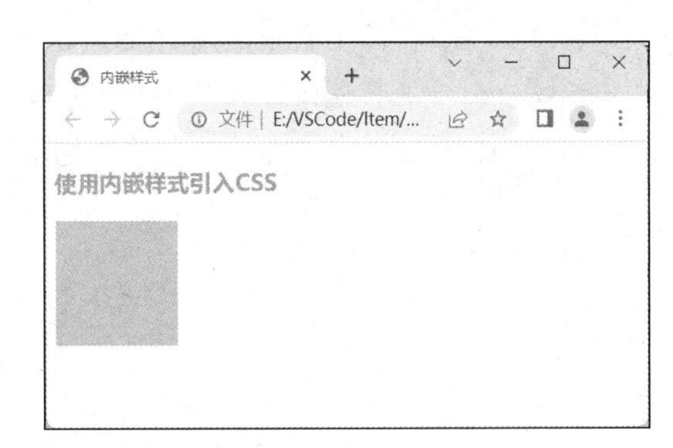

图 3.2 使用内嵌样式引入 CSS 的运行效果

使用内嵌样式时，每个页面都需要定义 CSS 代码。如果一个网站有很多页面，则每个文件都会变大，后期维护难度加大，且内嵌样式仍未实现内容与样式的完全分离，不利于后期的代码维护工作。

3.1.3 外链样式

外链样式是将 CSS 代码保存在扩展名为.css 的样式表中。外链样式有链接式和导入式 2 种方式。链接式是在 HTML 文件中使用<link>标签引用扩展名为.css 的样式表，在 href 属性中引入 CSS 文件路径；导入式是采用@import 样式导入 CSS 样式表，在 url 中引入 CSS 文件路径。

下面使用外链样式引入 CSS 代码创建一个页面，代码如例 3.3 所示。

【例 3.3】外链样式。

```
1.  <!DOCTYPE html>
2.  <html lang="en">
3.  <head>
4.      <meta charset="UTF-8">
5.      <title>外链样式</title>
6.      <!-- 链接式，推荐使用 -->
7.      <link type="text/css" rel="stylesheet" href="1.css">
8.      <!-- 导入式，不推荐使用 -->
9.      <style type="text/css">
10.         @import url(1.css)
11.     </style>
12. </head>
13. <body>
14.     <h3>使用外链样式引入 CSS</h3>
15.     <div></div>
16. </body>
17. </html>
```

使用外链样式引入 CSS 代码的运行效果如图 3.3 所示。

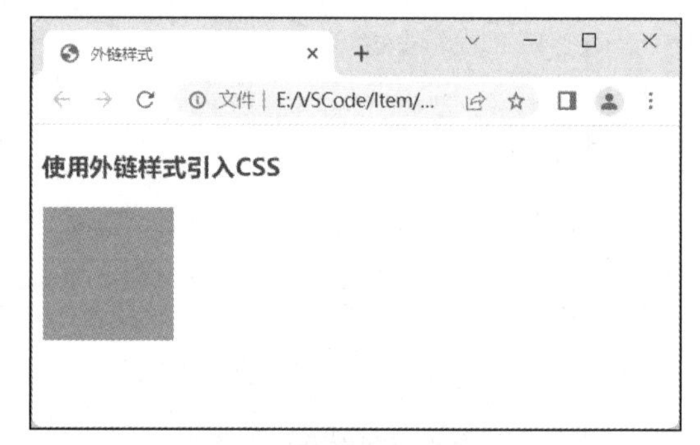

图 3.3 使用外链样式引入 CSS 代码的运行效果

外链样式中的链接式将内容和样式完全分离，易于前期制作和后期代码的维护，在实际开发中推荐使用此方式。

链接式和导入式之间是存在区别的。链接式属于 XHTML，可优先将 CSS 文件加载到页面中，是实际开发中推荐使用的方式。导入式属于 CSS2.1 的特有形式，需先加载 HTML 结构再加载 CSS 文件，在实际开发中不推荐使用。

综上，CSS3 的引入方式是有优先级划分的，理论上来说，行内样式>内嵌样式>链接式>导入式。简单来说，行内样式优先于内嵌样式和外链样式，而后两者按照就近原则决定优先级。当内嵌样式、链接式和导入式在同一个文件头部时，离相应代码最近的引入方式的优先级最高。

3.1.4 本节小结

本节主要讲解了 CSS3 的 3 种引入方式以及引入方式的优先级划分。希望读者通过本节的学习，可以掌握 CSS3 样式的多种引入方式，并根据实际开发情况合理选择引入方式。

3.2　CSS3 选择器

选择器可以定位CSS样式需要修饰的目标。CSS3 选择器在原有的CSS选择器基础之上又新增了部分选择器，可分为基础选择器、高级选择器以及新增的结构伪类选择器、伪元素选择器、属性选择器等。

3.2.1　基础选择器

基础选择器有 4 种，分别为通用选择器、标签选择器、类选择器和 ID 选择器，详情如表 3.1 所示。

表 3.1　基础选择器

名称	说明	示例
通用选择器	使用通配符“*”，选取所有元素	*{margin:0;padding:0;}
标签选择器	选取所有此类标签的元素	p{color:red;}
类选择器	按照给定的 class 属性的值选取所有匹配的元素；可多次使用，以“.”定义	.first{background-color:#fff;}
ID 选择器	按照 id 属性选取一个与之匹配的元素，每个 id 属性是唯一的，以“#”定义	#nav{width:100px;height:100px;}

CSS3 选择器具有权值，权值代表优先级，权值越大，优先级越高；同种类型的选择器权值相同，后定义的选择器会覆盖先定义的选择器。各个 CSS3 选择器的权值如下。

① Important：最高（权值大于 1000）。

② 行内样式：1000。

③ ID 选择器：100。

④ 类选择器：10。

⑤ 标签选择器：1。

⑥ 通用选择器：0。

值得注意的是，选择器组合使用时，权值会进行叠加。

选择器优先级为：通用选择器<标签选择器<类选择器<ID 选择器<行内样式<Important。

3.2.2　高级选择器

高级选择器有后代选择器、子代选择器、并集选择器、相邻选择器、兄弟选择器等，详情如表 3.2 所示。

表 3.2　高级选择器

名称	说明	示例
后代选择器	又称为包含选择器，通过空格连接 2 个选择器，前面的选择器表示包含的祖先元素，后面的选择器表示被包含的后代元素	header h3 {color:hotpink;}
子代选择器	使用尖角号（>）连接 2 个选择器，前面的选择器表示要匹配的父元素，后面的选择器表示被包含的匹配子元素	ul>li{width:80px;}

续表

名称	说明	示例
并集选择器	又称为组合选择器，使用逗号（,）连接多个选择器；可同时选择多个简单选择器	p,.first,#nav{color:#fff;}
相邻选择器	使用加号（+）连接 2 个选择器，前面的选择器匹配特定元素，后面的选择器根据结构关系指定同级、相邻的匹配元素	h2+p{color:#000}
兄弟选择器	使用波浪号（~）连接 2 个选择器，前面的选择器匹配特定元素，后面的选择器根据结构关系指定其后所有同级的匹配元素	h2~p{font-size:18px}

3.2.3 结构伪类选择器

结构伪类选择器可根据文档结构的关系来匹配特定的元素，详情如表 3.3 所示。

表 3.3 结构伪类选择器

选择器	说明	示例
:first-child	匹配第一个子元素	li:first-child {color:#fff;}
:last-child	匹配最后一个子元素	li:last-child {color:#acf;}
:nth-child()	按正序匹配特定子元素，括号内为数值，表示匹配属于其父元素的第 *N* 个子元素	li:nth-child(3) {color:blue;}
:nth-last-child()	按倒序匹配特定子元素，括号内为数值，表示倒序匹配其父元素的第 *N* 个子元素	li:nth-last-child(2) {color:#bde;}
:only-child	匹配唯一子元素	div:only-child {color:#acf;}
:empty	匹配空元素	div:empty {color:#acf;}

3.2.4 伪元素选择器

伪元素选择器可用于在文档中插入假象的元素，在新版本里使用“:”与“::”区分伪类和伪元素，详情如表 3.4 所示。

表 3.4 伪元素选择器

选择器	说明	示例
::first-letter	选取元素的第一个字符	p::first-letter{font-size:18px;}
::first-line	选取元素的第一行	p::first-letter{color:pink;}
::selection	选取当前选中的字符，但改变文字结构的样式不会生效，如字号、内边距	p::selection{color:blue;}
::before	在元素内容前面添加新内容，与 content 配合使用，content 的内容可以是图像和文本	p::before {content:"第一节";color:red;}
::after	在元素内容后面添加新内容，与 content 配合使用，content 的内容可以是图像和文本	p::after{content:url("image/1.jpg");}

3.2.5 属性选择器

属性选择器根据标签的属性来匹配元素，使用中括号（[ ]）进行标识，详情如表 3.5 所示。

表 3.5　属性选择器

选择器	说明	示例
[属性名]	选中所有具有该属性的标签	[title]{color:#000}
E[属性名]	在符合条件的元素中选择具有该属性的标签	div[class]{color:#999}
E[属性名="属性值"]	选中所有符合该条件的标签	[type="text"]{color:#fff}
E[class~="属性名"]	从当前选择器选择的元素中找到具有该属性名的元素	input[class~="pox"]{background-color:#fff;}
E[class^="字符串"]	从当前选择器选择的元素中找到 class 属性以当前字符串开头的元素	p[class^="in"]{font-size:16px;}
E[class$="字符串"]	从当前选择器选择的元素中找到 class 属性以当前字符串结尾的元素	p[class$="x"]{font-size:14px;}
E[class*="字符串"]	从当前选择器选择的元素中找到 class 属性中包含当前字符串的元素	p[class*="o"]{color:red;}

3.2.6　本节小结

本节主要讲解了 CSS3 的多种选择器，如基础选择器、高级选择器、结构伪类选择器、伪元素选择器和属性选择器。希望读者通过本节的学习，可以掌握 CSS3 选择器的使用。

微课视频

3.3　CSS3 属性

CSS 属性能够设置或修改指定的 HTML 元素的样式，如改变 HTML 元素的字体样式、背景样式、文本样式等。

3.3.1　字体属性

1．概述

CSS3 支持的字体样式设置主要有字体风格、字体粗细、字体大小、字体名称等，常用的字体属性说明如表 3.6 所示。

表 3.6　字体属性说明

属性	说明
font-style	设置字体风格，属性值有 oblique（偏斜体）、italic（斜体）、normal（正常）
font-weight	设置字体粗细，属性值有 bold（粗体）、bolder（特粗）、lighter（细体）、normal（正常）
font-size	设置字体大小，属性值为数值，常用单位是像素（px）
font-family	设置字体名称，常用属性值有宋体、楷体、Arial 等

字体属性（font）可以进行连写，连写顺序为字体风格（font-style）、字体粗细（font-weight）、字体大小（font-size）和字体名称（font-family）。字体连写的示例代码如下所示。

```
font:italic bold 16px "宋体";
```

2．演示说明

下面使用字体属性设置字体样式，并与默认字体样式进行对比，具体代码如例 3.4 所示。

【例 3.4】字体属性。

```
1.  <!DOCTYPE html>
2.  <html lang="en">
3.  <head>
4.      <meta charset="UTF-8">
5.      <title>字体属性</title>
6.      <style>
7.          .box{
8.              font: oblique bold 20px "楷体";    /* 设置字体样式 */
9.          }
10.     </style>
11. </head>
12. <body>
13.     <!-- 默认样式 -->
14.     <p>大漠孤烟直，长河落日圆</p>
15.     <!-- 字体属性设置样式 -->
16.     <p class="box">大漠孤烟直，长河落日圆</p>
17. </body>
18. </html>
```

使用字体属性设置字体样式的运行效果如图 3.4 所示。

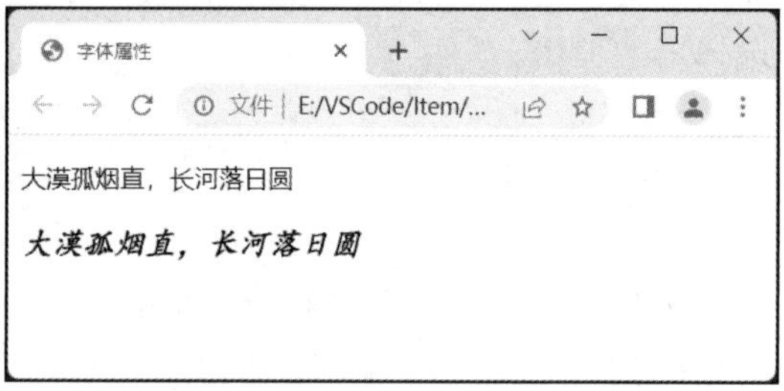

图 3.4　使用字体属性设置字体样式的运行效果

3.3.2　背景属性

1．概述

CSS3 支持的背景样式设置主要有背景颜色、背景图像、背景图像的重复性、背景图像的位置、背景图像的滚动情况等，常用的背景属性说明如表 3.7 所示。

表 3.7　背景属性说明

属性	说明
background-color	设置背景颜色，属性值可以是颜色的英文单词、十六进制值或 RGB 值
background-image	把图像设置为背景。属性值是用图像的绝对路径或相对路径表示的 URL
background-repeat	设置背景图像是否重复以及如何重复，属性值有 no-repeat（不重复）、repeat-x（横向平铺）、repeat-y（纵向平铺）
background-position	设置背景图像的位置，属性值为精确的数值或 top（垂直向上）、bottom（垂直向下）、left（水平向左）、right（水平向右）、center（居中）
background-attachment	设置背景图像的滚动情况，属性值为 scroll（图像随内容滚动）、fixed（图像固定）

背景属性（background）可以进行连写，连写顺序为背景颜色（background-color）、背景图像（background-image）、背景图像的重复性（background-repeat）、背景图像的滚动情况（background-attachment）、背景图像的位置（background-position）。背景连写的示例代码如下所示。

```
background:#ccc url("image/2.jpg") repeat-x scroll center;
```

2. 演示说明

下面使用背景属性设置背景样式，具体代码如例3.5所示。

【例3.5】背景属性。

```
1.  <!DOCTYPE html>
2.  <html lang="en">
3.  <head>
4.      <meta charset="UTF-8">
5.      <title>背景属性</title>
6.      <style>
7.          div{
8.              width: 400px;
9.              height: 200px;
10.             /* 设置背景图像、背景图像的重复性、背景图像的滚动情况 */
11.             background: url(../images/desert.png) no-repeat fixed;
12.         }
13.     </style>
14. </head>
15. <body>
16.     <div>大漠孤烟直，长河落日圆</div>
17. </body>
18. </html>
```

使用背景属性设置背景样式的运行效果如图3.5所示。

图3.5　使用背景属性设置背景样式的运行效果

3.3.3　文本属性

1. 概述

CSS3支持的文本样式设置主要有文本颜色、文本水平对齐方式、行高、文本修饰、文本转换、文本缩进、文本阴影等，常用的文本属性说明如表3.8所示。

表3.8　文本属性说明

属性	说明
color	设置文本颜色，属性值可以是颜色的英文单词、十六进制值或RGB值
text-align	设置文本水平对齐方式，属性值有left（左对齐，默认值）、right（右对齐）、center（居中对齐）、justify（文字相对于图像对齐）
line-height	设置行高，属性值是数值，单位为像素（px）
text-decoration	用于修饰文本，属性值有none（无修饰，默认值）、line-through（删除线）、underline（下画线）、overline（上画线）、blink（闪烁）
text-transform	用于控制文本大小写转换，属性值有none（不转换，默认值）、capitalize（首字母大写）、uppercase（大写）、lowercase（小写）
text-indent	设置文本首行缩进，属性值有数值或inherit（继承父元素属性）
text-shadow	设置文本阴影，属性值为数值

2．演示说明

下面使用文本属性分别设置 2 个段落文本的样式，具体代码如例 3.6 所示。

【例 3.6】文本属性。

```
1.  <!DOCTYPE html>
2.  <html lang="en">
3.  <head>
4.      <meta charset="UTF-8">
5.      <title>文本属性</title>
6.      <style>
7.          .t1{
8.              color: #6495ED;       /* 设置文本颜色 */
9.              font-size: 16px;      /* 设置字体大小 */
10.             text-decoration: underline;     /* 文本修饰，添加下画线 */
11.             text-indent: 32px;    /* 设置首行缩进 2 个字符 */
12.         }
13.         .t2{
14.             color: #FA8072;       /* 设置文本颜色 */
15.             font-size: 18px;      /* 设置字体大小 */
16.             text-align: left;     /* 设置文本对齐方式为左对齐 */
17.             /* 设置文本阴影，水平阴影、垂直阴影、模糊效果、颜色 */
18.             text-shadow: 2px 2px 2px #DEB887;
19.         }
20.     </style>
21. </head>
22. <body>
23.     <p class="t1">春眠不觉晓，处处闻啼鸟。</p>
24.     <p class="t2">落霞与孤鹜齐飞，秋水共长天一色。</p>
25. </body>
26. </html>
```

使用文本属性分别设置 2 个段落的文本样式，运行效果如图 3.6 所示。

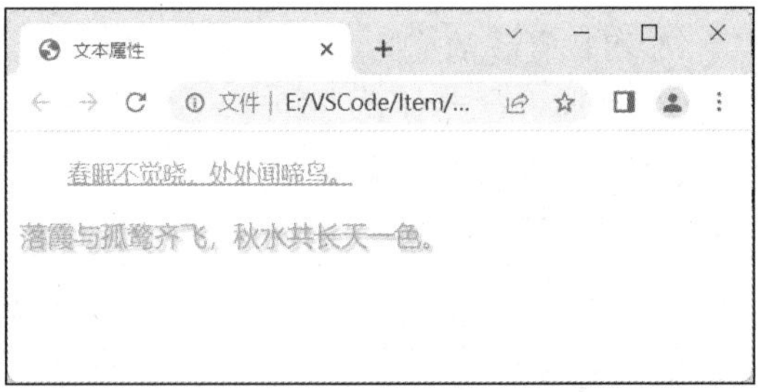

图 3.6　使用文本属性设置文本样式的运行效果

3.3.4　border-radius 属性

1．概述

border-radius 属性是 CSS3 的一个新属性，可为元素添加圆角效果，属性值单位可以是 px、%、em 等。border-radius 属性中的数值代表一个圆形的半径，这个圆形与元素相切就形成了圆角的大小，属性值越大，圆角越明显。例如，一个宽 100px、高 100px 的正方形块元素，将其 border-radius 属性值设为 50px（border-radius:50px），可使该正方形转变成一个圆形。

border-radius 属性与 margin、padding 属性相似，border-radius 属性是其相关属性 border-top-left-radius 左上角、border-top-right-radius 右上角、border-bottom-right-radius 右下角和 border-bottom-left-radius 左下角的简写。border-radius 属性的值可以通过复合写法实现多种设置方式，其基本语法格式如下所示。

```
border-radius:左上角 右上角 右下角 左下角
border-radius:左上角 右上角和左下角 右下角
border-radius:左上角和右下角 右上角和左下角
border-radius:4个角
```

2. 演示说明

下面使用 border-radius 属性为元素添加圆角效果，具体代码如例 3.7 所示。

【例 3.7】圆角效果。

```
1.  <!DOCTYPE html>
2.  <html lang="en">
3.  <head>
4.      <meta charset="UTF-8">
5.      <title>圆角效果</title>
6.      <style>
7.          /* 第1个元素，4个角实现相同的圆角效果 */
8.          .box1{
9.              width: 250px;
10.             height: 100px;
11.             background-color: #808ae2;
12.             /* 设置圆角效果，4个角复合写法 */
13.             border-radius: 10px;
14.         }
15.         /* 第2个元素，4个角分别实现不同的圆角效果 */
16.         .box2{
17.             width: 250px;
18.             height: 100px;
19.             background-color: #c9547b;
20.             /* 设置圆角效果，左上角 右上角 右下角 左下角 */
21.             border-radius: 20px 15px 10px 5px;
22.         }
23.     </style>
24. </head>
25. <body>
26.     <div class="box1">四个角实现相同的圆角效果</div>
27.     <div class="box2">四个角分别实现不同的圆角效果</div>
28. </body>
29. </html>
```

使用 border-radius 属性实现圆角效果的运行效果如图 3.7 所示。

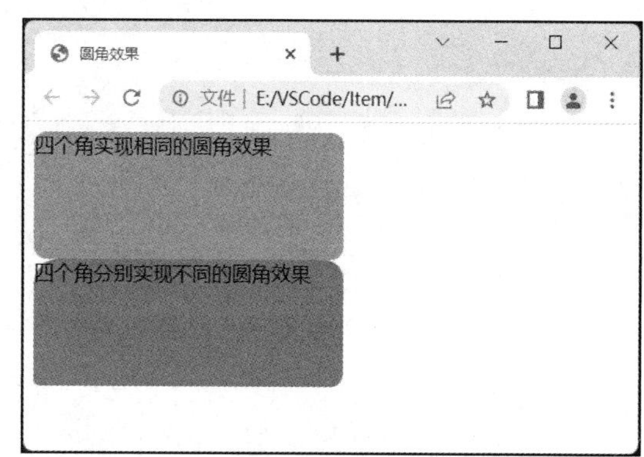

图 3.7 圆角效果

3.3.5 box-shadow 属性

1. 概述

box-shadow 属性是 CSS3 的一个新特性，可为元素添加一个或多个阴影效果。box-shadow 属性的语法格式如下所示。

```
box-shadow: h-shadow v-shadow blur spread color inset;
```

box-shadow 属性的属性值说明如表 3.9 所示。

表 3.9　　box-shadow 属性的属性值说明

属性值	说明
h-shadow	必须。设置水平阴影的位置，即 *X* 轴偏移量，允许为负值
v-shadow	必须。设置垂直阴影的位置，即 *Y* 轴偏移量，允许为负值
blur	可选。设置阴影的模糊距离，即在原有的阴影长度上增加模糊度，数值越大，模糊度越高，模糊范围也越大，如同吹气球的效果
spread	可选。设置阴影的尺寸，可对设置好的阴影进行局部放大
color	可选。设置阴影的颜色
inset	可选。将外部阴影（outset）改为内部阴影

2．演示说明

下面使用 box-shadow 属性为元素添加阴影效果，具体代码如例 3.8 所示。

【例 3.8】阴影效果。

```
1.  <!DOCTYPE html>
2.  <html lang="en">
3.  <head>
4.      <meta charset="UTF-8">
5.      <title>阴影效果</title>
6.      <style>
7.          div{
8.              width: 300px;
9.              height: 150px;
10.             background-color: #f26049;
11.             /* 设置阴影效果，X 轴偏移量 Y 轴偏移量 阴影模糊距离 阴影尺寸 阴影颜色 */
12.             box-shadow: 0px 0px 10px 6px #7f8aeb;
13.         }
14.     </style>
15. </head>
16. <body>
17.     <div>为元素添加阴影效果</div>
18. </body>
19. </html>
```

使用 box-shadow 属性为元素添加阴影效果，运行效果如图 3.8 所示。

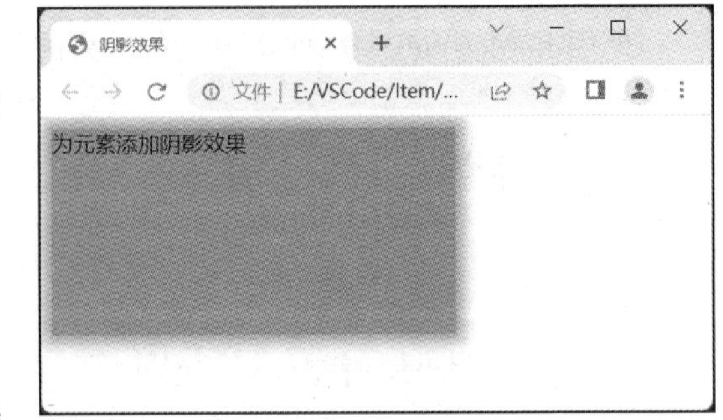

图 3.8　阴影效果

3.3.6　background-size 属性

1．概述

background-size 属性是 CSS3 的一个新特性，用于设置背景图像的尺寸。在 CSS3 中可以使用 background-size 属性来设置背景图像的尺寸，这使得在不同环境中重复使用背景图像成为可能。background-size 属性的属性值可设置为长度值、百分比值、cover、contain 等，其属性值的说明如表 3.10 所示。

表 3.10 background-size 属性的属性值说明

属性值	说明
长度值	可设置图像的宽度和高度，常用单位为 px
百分比值	以父元素的百分比来设置背景图像的宽度和高度，单位为%
cover	把背景图像扩展至足够大，使背景图像完全覆盖背景区域。背景图像的某些部分也许无法显示在背景定位区域中
contain	把图像扩展至最大尺寸，使其宽度和高度完全适应内容区域

2. 演示说明

下面使用 background-size 属性设置背景图像尺寸，具体代码如例 3.9 所示。

【例 3.9】背景图像尺寸。

```
1.  <!DOCTYPE html>
2.  <html lang="en">
3.  <head>
4.      <meta charset="UTF-8">
5.      <title>背景图像尺寸</title>
6.      <style>
7.          /* 第 1 个元素，仅为元素添加背景图像 */
8.          .box1{
9.              width: 400px;
10.             height: 200px;
11.             background-image: url(../images/sea.png);    /* 添加背景图像 */
12.         }
13.         /* 第 2 个元素，使用 background-size 属性设置背景图像尺寸 */
14.         .box2{
15.             width: 400px;
16.             height: 200px;
17.             background-image: url(../images/sea.png);    /* 添加背景图像 */
18.             background-size: 400px 200px;    /* 设置背景图像尺寸,根据元素的宽高
    设置尺寸的具体像素值，等价于 background-size: 100% 100%; */
19.         }
20.     </style>
21. </head>
22. <body>
23.     <div class="box1">正常情况下，为元素添加背景图像</div>
24.     <hr>
25.     <div class="box2">使用 background-size 属性设置背景图像尺寸</div>
26. </body>
27. </html>
```

使用 background-size 属性设置背景图像尺寸，运行效果如图 3.9 所示。

图 3.9　背景图像尺寸

3.3.7　案例：泰山赏鉴

1．页面结构分析简图

本案例是制作一个关于泰山赏鉴文章的页面。该页面的实现需要用到<div>块元素、<p>段落标签、<img>图片标签和<h2>标题标签，页面结构简图如图 3.10 所示。

图 3.10　泰山赏鉴页面的结构简图

2. 代码实现

（1）主体结构代码

新建一个 HTML 文件，以外链方式在该文件中引入 CSS 文件。首先，在<body>标签中定义一个<div>父容器块，并添加 class 名为“container”；然后，在父容器中添加<div>子块元素，并加入文本内容和图片，具体代码如例 3.10 所示。

【例 3.10】泰山赏鉴。

```
1.  <!DOCTYPE html>
2.  <html lang="en">
3.  <head>
4.      <meta charset="UTF-8">
5.      <title>泰山赏鉴</title>
6.      <link type="text/css" rel="stylesheet" href="taishan.css">
7.  </head>
8.  <body>
9.      <div class="container">
10.         <h2>雄伟泰山</h2>
11.         <div class="content">
12.             <p>泰山以其古老的历史文化和丰富的自然资源而被列入世界自然遗产名录。</p>
13.             <p>泰山具有极其美丽壮观的自然风景，其主要特点为雄、奇、险、秀、幽、奥等。
    泰山巍峨、雄奇、沉浑、峻秀的自然景观常令世人慨叹，更有数不清的名胜古迹，使泰山成为世界
    少有的历史文化游览胜地。</p>
14.             <p>泰山气势雄伟磅礴，登临泰山会令人产生“登泰山而小天下”和“会当凌绝顶，一览
    众山小”的感觉，更具有“五岳之首”“天下第一山” 的称号，是中华民族的精神象征。</p>
15.             <div class="picture">
16.                 <img src="../images/taishan.png" title="雄伟泰山" alt="泰山">
17.             </div>
18.         </div>
19.     </div>
20. </body>
21. </html>
```

（2）CSS 代码

新建一个 CSS 文件 taishan.css，在该文件中加入 CSS 代码并设置页面样式，具体代码如下所示。

```
1.  /* 父容器 */
2.  .container{
3.      width: 700px;                                      /* 设置宽度 */
4.      border-radius: 15px;                               /* 添加圆角 */
5.      box-shadow: 0px 0px 10px 6px #a5a8c5;              /* 添加阴影效果 */
6.      background: url(../images/bj-1.png) no-repeat;    /* 添加背景图片 */
7.      background-size: cover;                            /* 设置背景图片尺寸 */
8.  }
9.  h2{
10.     font-family: "微软雅黑";                            /* 设置字体名称 */
11.     text-align: center;                                /* 设置文本居中对齐 */
```

```
12. }
13. p{
14.     font-size: 17px;    /* 设置字体大小，1 个字符为 17px */
15.     text-indent: 34px;  /* 设置段落首行缩进，缩进 2 个字符，也可使用 em 单位 */
16.     line-height: 24px;  /* 设置行高 */
17. }
18. .picture{
19.     text-align: center;  /*由于<img>标签属于内联块元素，可使用该属性设置居中对齐*/
20. }
21. img{
22.     width: 500px;
23. }
```

在上述 CSS 代码中，首先为父容器设置样式，使用 border-radius 属性添加圆角，使用 box-shadow 属性添加阴影效果，使用 background-size 属性设置背景图片尺寸；然后使用字体属性和文本属性设置标题与段落文本的样式；最后，由于<img>标签属于内联块元素，在其父元素中使用 text-align 属性，可使图片在父元素内居中对齐。

3.3.8 本节小结

本节主要讲解了 CSS3 的多种属性，如字体属性、背景属性、文本属性以及 CSS3 新增的 border-radius 属性、box-shadow 属性、background-size 属性。希望读者通过本节的学习，可以熟练使用 CSS3 属性为元素添加不同的样式。

微课视频

3.4 显示与隐藏属性

3.4.1 display 属性

display 属性用于设置元素的显示方式，常用的属性值有 none、block、inline、inline-block 等。

1. none 属性值

display 属性不仅可以用于设置元素的显示方式，还可用于定义建立布局时元素生成的显示框类型。当其属性值为 none 时，可隐藏元素对象，并脱离标准文档流，不占据页面位置，其语法如下所示。

```
display:none;     //隐藏元素，不占用位置
```

2. block 属性值

当 display 属性的属性值为 block 时，不仅可以显示元素，还可将元素转化为块级元素，其语法如下所示。

```
display:block;     //可显示元素，可将其转化为块级元素
```

3. display 属性其他常用的属性值

display 属性其他常用属性值的相关说明如表 3.11 所示。

表 3.11 display 属性其他常用属性值的说明

属性值	说明
inline	表示将元素转化为内联元素（行内元素）
inline-block	表示将元素转化为内联块元素（行内块元素）
list-item	表示将元素作为列表显示
run-in	表示将元素根据上下文作为块级元素或内联元素显示
table	表示将元素作为块级表格显示
inline-table	表示将元素作为内联表格显示
table-column	表示将元素作为一个单元格显示
flex	表示将元素作为弹性伸缩盒显示
inherit	规定应该从父元素继承 display 属性的值

4. 演示说明

下面制作 3 个块元素，使用 display 属性隐藏其中的一个块元素，具体代码如例 3.11 所示。

【例 3.11】隐藏块元素。

```
1.  <!DOCTYPE html>
2.  <html lang="en">
3.  <head>
4.      <meta charset="UTF-8">
5.      <title>块元素隐藏</title>
6.      <style>
7.          /* 为 3 个块元素统一设置宽高 */
8.         div{
9.             width: 250px;
10.            height: 60px;
11.        }
12.         /* 为每个块元素分别设置背景颜色 */
13.        .box1{
14.            background-color: #89c797;
15.        }
16.        .box2{
17.            background-color: #cdac89;
18.            /*使用 display 属性隐藏第 2 个块元素，并脱离文档流，不占用位置 */
19.            display: none;
20.        }
21.        .box3{
22.            background-color: #e8abd7;
23.        }
24.     </style>
25. </head>
26. <body>
27. <div class="box1">1.人生当务实</div>
28. <div class="box2">2.人生应乐观</div>
29. <div class="box3">3.人生要进取</div>
30. </body>
31. </html>
```

使用 display 属性隐藏第 2 个块元素，运行效果如图 3.11 所示。

使用 display 属性隐藏块元素，可使块元素脱离标准文档流，不占据页面位置。

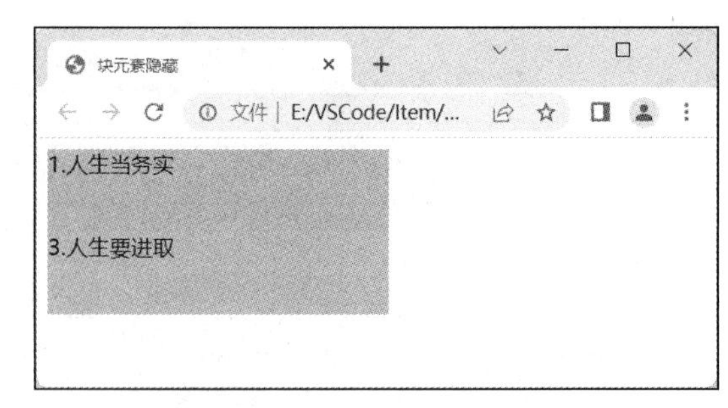

图 3.11　使用 display 属性隐藏块元素

3.4.2　visibility 属性

visibility 属性用于规定元素是否可见，无论元素是显示或隐藏，都会占据其本来的空间。visibility 属性可应用于设置商品的提示信息，光标移入或移出时会显示提示信息。

1. 语法格式

visibility 属性的值有 visible、hidden、collapse 等，其语法格式如下所示。

```
visibility:visible|hidden|collapse|inherit;
```

2. visibility 属性值

visibility 属性值说明如表 3.12 所示。

表 3.12　visibility 属性值说明

属性值	说明
visible	默认值，表示元素是可见的
hidden	表示元素是不可见的，元素布局不会被改变，会占用原有的位置，不会脱离标准文档流
collapse	可用于表格中的行、列、列组和行组，隐藏表格的行或列，并且不占用任何空间。此值允许从表中快速删除行或列，而不强制重新计算整个表的宽度和高度

3. 演示说明

下面使用 visibility 属性隐藏块元素，可将例 3.11 中的第 18～19 行代码替换为如下代码。

```
/* 使用 visibility 属性隐藏第 2 个块元素，不脱离标准文档流，占用位置 */
visibility: hidden;
```

使用 visibility 属性隐藏第 2 个块元素，运行效果如图 3.12 所示。

使用 visibility 属性隐藏块元素，块元素不会脱离标准文档流，仍然占据页面位置。

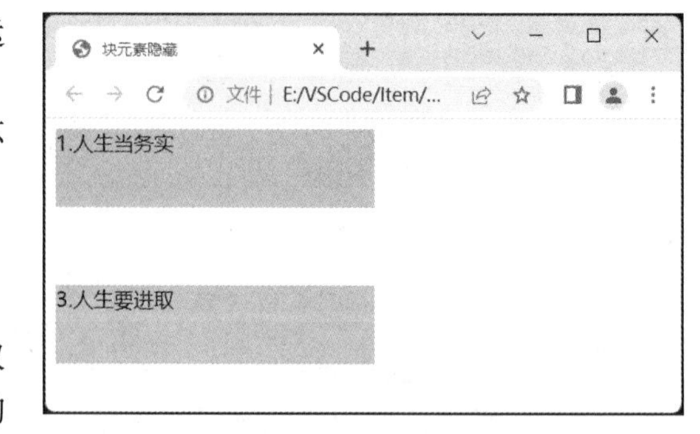

图 3.12　使用 visibility 属性隐藏块元素

3.4.3　opacity 属性

opacity 属性用于指定元素的不透明度，取值范围为 0.0～1.0，值越低，元素越透明。它的最小值为 0，表示元素完全透明；最大值为 1，表示元素不透明。

1. 语法格式

opacity 属性的语法格式如下所示。

```
opacity:value|inherit;
```

若使用 opacity 属性隐藏块元素，可将例 3.11 中的第 18～19 行代码替换为如下代码。

```
/*使用 opacity 属性隐藏第 2 个块元素，使元素完全透明，达到隐藏元素的效果*/
opacity: 0;
```

使用 opacity 属性隐藏第 2 个块元素，运行效果如图 3.13 所示。

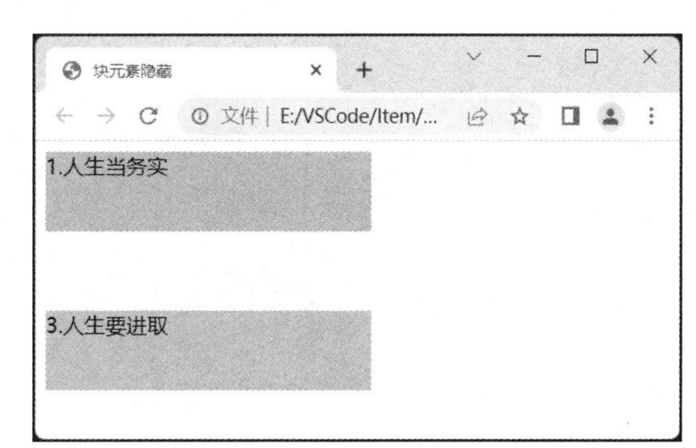

图 3.13　使用 opacity 属性隐藏块元素

使用 opacity 属性隐藏块元素，可使元素完全透明，达到隐藏元素的效果，但在实际开发中通常不会使用该方法隐藏元素。

2. 演示说明

opacity 属性可用于实现元素的透明悬停效果，通常与:hover 选择器一同使用，从而在光标悬停时更改不透明度，具体代码如例 3.12 所示。

【例 3.12】元素透明悬停。

```
1.  <!DOCTYPE html>
2.  <html lang="en">
3.  <head>
4.      <meta charset="UTF-8">
5.      <title>opacity 元素透明悬停</title>
6.      <style>
7.          img{
8.              width: 400px;          /* 设置图片宽高 */
9.              height: 320px;
10.         }
11.         /* 当光标悬停在图片上时 */
12.         img:hover{
13.             opacity: 0.4;          /* 设置图片不透明度为 0.4，即图片呈透明效果 */
14.             cursor: pointer;       /* 光标悬停在图片上时，形状为手指 */
15.         }
16.     </style>
17. </head>
18. <body>
19. <!-- 在块元素中嵌入一张图片 -->
20. <div class="box">
21.     <img src="../images/2.png" alt="">
22. </div>
23. </body>
24. </html>
```

当光标悬停在图片上时，图片的不透明度改变，运行结果如图 3.14 所示。

值得注意的是，使用 opacity 属性为元素的背景添加不透明度时，其所有子元素都会继承相同的不透明度，可能会使完全透明的元素内的文本难以阅读，此时可使用 rgba()函数解决该问题。

图 3.14　光标悬停时图片透明

3.4.4　rgba()函数

rgba 是代表 red（红色）、green（绿色）、blue（蓝色）和 alpha 的色彩空间。

1．语法格式

rgba()函数需要搭配颜色属性使用，语法格式如下所示。

```
color:rgba(red,green,blue,alpha);
```

例如，color:rgba(155,203,76,0.6);。

各个值的用法如下。

- 红色（r）：取 0～255 的整数，代表颜色中的红色成分。
- 绿色（g）：取 0～255 的整数，代表颜色中的绿色成分。
- 蓝色（b）：取 0～255 的整数，代表颜色中的蓝色成分。
- 不透明度（a）：取值范围为 0～1，代表不透明度。

2．opacity 属性与 rgba()函数的透明区别

opacity 属性作用于元素和元素的内容，元素内容会继承元素的不透明度，取值范围为 0～1。它会使元素及其内部的所有内容一起变透明。

rgba()函数一般作为背景色（background-color）或者颜色（color）的属性值，不透明度由其中的 alpha 值决定，取值范围为 0～1。它仅对当前设置的元素进行透明变换，不会影响其他元素的透明度。

3.4.5　overflow 属性

overflow 属性用于指定在元素的内容过大而无法放入指定区域时是修剪内容还是添加滚动条。

1．语法格式

overflow 属性的值有 visible、hidden、scroll、auto 等，其语法格式如下所示。

```
overflow:visible|hidden|scroll|auto|inherit;
```

2. overflow属性值

overflow属性值说明如表3.13所示。

表3.13 overflow属性值说明

属性值	说明
visible	默认值，内容不会被修剪，会呈现在元素框之外
hidden	内容会被修剪，并且其余内容是不可见的
scroll	内容会被修剪，但是浏览器会显示滚动条，以便查看其余的内容（无论内容是否溢出，元素框都会添加滚动条）
auto	如果内容被修剪，则浏览器会显示滚动条，以便查看其余的内容（根据具体情况决定是否添加滚动条，若内容不溢出，则元素框不会添加滚动条）

值得注意的是，overflow属性仅适用于具有指定高度的块元素。

3. 演示说明

下面使用overflow属性设置元素内容的修剪方式，具体代码如例3.13所示。

【例3.13】设置元素内容的修剪方式。

```
1.  <!DOCTYPE html>
2.  <html lang="en">
3.  <head>
4.      <meta charset="UTF-8">
5.      <title>overflow属性</title>
6.      <style>
7.          div{
8.              width: 220px;
9.              height: 150px;
10.             border: 2px solid #666;    /* 添加边框 */
11.             overflow: visible;         /* 设置元素内容的修剪方式为不被修剪 */
12.         }
13.         p{
14.             width: 300px;
15.             height: 180px;
16.             background-color: rgba(138, 210, 232, 0.8); /* 设置背景颜色的不透
    明度 */
17.         }
18.     </style>
19.
20. </head>
21. <body>
22.     <div>
23.         <p>"昼出耘田夜绩麻，村庄儿女各当家。童孙未解供耕织，也傍桑阴学种瓜。"</p>
24.     </div>
25. </body>
26. </html>
```

上述代码说明如下。

① overflow 属性值设置为 visible 时，元素内容不会被修剪，会呈现在元素框之外，运行效果如图 3.15 所示。

② overflow 属性值设置为 hidden 时，元素内容会被修剪，并且其余内容是不可见的，即将例 3.13 中的第 11 行代码替换为如下代码。

```
overflow: hidden;    /* 元素内容会被修剪，并且其余内容是不可见的 */
```

当 overflow 属性值设置为 hidden 时，运行效果如图 3.16 所示。

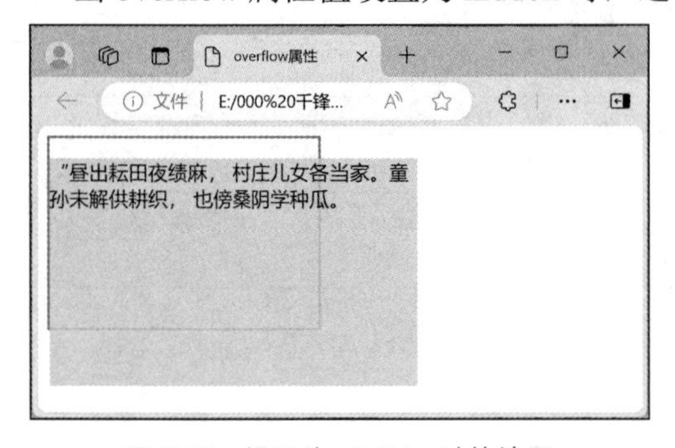

图 3.15　设置为 visible 时的效果

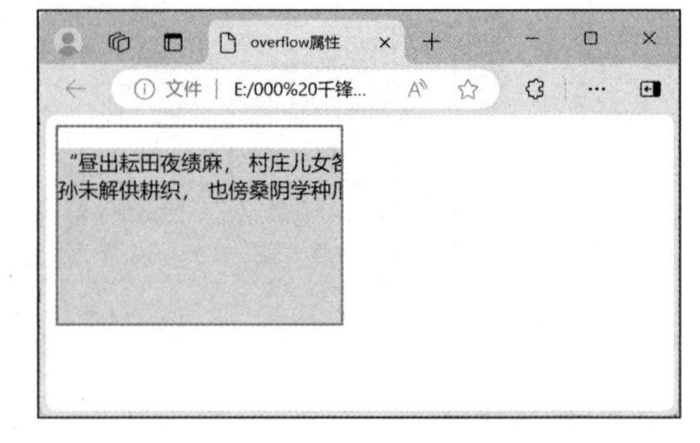

图 3.16　设置为 hidden 时的效果

值得注意的是，overflow:hidden 具有清除异常显示效果的功能，可用于清除浮动所带来的异常影响和解决外边距塌陷问题，相关内容在后续章节将进行讲解。

③ overflow 属性值设置为 scroll 时，元素内容会被修剪，但是浏览器会显示滚动条，以便查看其余的内容，且无论内容是否溢出，元素框都会添加滚动条。即将例 3.13 中的第 11 行代码替换为如下代码。

```
overflow: scroll;    /* 内容会被修剪，并显示滚动条 */
```

当 overflow 属性值设置为 scroll 时，运行效果如图 3.17 所示。

④ overflow 属性值设置为 auto 时，如果内容被修剪，则浏览器会显示滚动条，以便查看其余的内容；元素内容若不溢出，则元素框不会添加滚动条。即将例 3.13 中的第 11 行代码替换为如下代码。

```
overflow: auto;    /* 内容自适应被修剪，并显示滚动条 */
```

当 overflow 属性值设置为 auto 时，运行效果如图 3.18 所示。

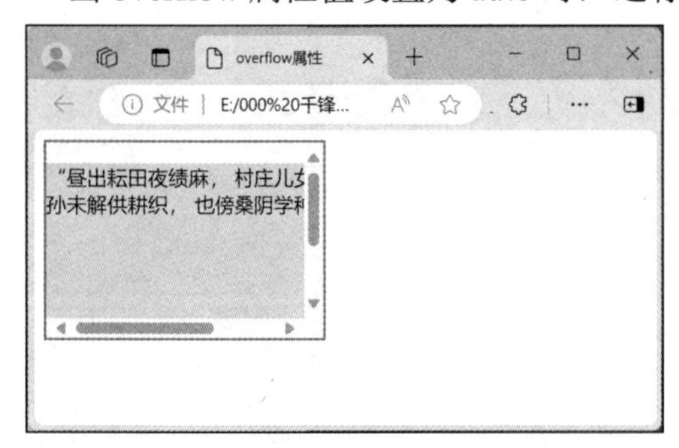

图 3.17　设置为 scroll 时的效果

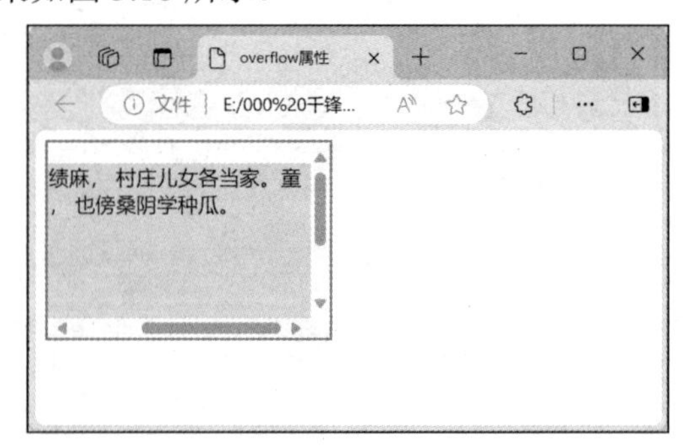

图 3.18　设置为 auto 时的效果

3.4.6　显示与隐藏属性的总结

下面对 display、visibility、overflow 和 opacity 这 4 个属性的区别与用途进行总结，详

情如表3.14所示。

表3.14　显示与隐藏属性的区别与用途

属性	区别	用途
display	隐藏元素，不占用位置，脱离标准文档流	隐藏不占位的元素，可用于制作下拉菜单，光标移入时显示下拉菜单，应用是十分广泛的
visibility	隐藏元素，占用位置，不脱离标准文档流	常用于设置商品的提示信息，光标移入或移出有提示信息显示
overflow	只隐藏超出元素框大小的部分	可以保证元素框里的内容不会超出该元素框范围，用于清除浮动和解决边框塌陷问题
opacity	使元素完全透明，达到隐藏元素的效果	一般用于设置元素的透明度，隐藏元素的用途较少用

3.4.7　扩展——cursor属性

cursor属性定义了在一个元素边界范围内时的光标形状。cursor常用的属性值说明如表3.15所示。

表3.15　cursor常用的属性值说明

属性值	说明
default	默认光标，通常是一个箭头
pointer	光标呈现为指示链接的指针（一只手）
text	此光标指示文本，呈现为文本竖标
help	此光标指示可用的帮助，通常是一个问号或一个气球
wait	此光标指示程序正忙，通常是一只表或沙漏
move	此光标指示某对象可被移动
grab	此光标指示某对象可被抓取，呈现为一个手指
grabbing	此光标指示某对象正在被抓取中，呈现为一个抓拳
crosshair	光标呈现为十字线
zoom-in	此光标指示某对象可被放大，呈现为一个放大镜
zoom-out	此光标指示某对象可被缩小，呈现为一个缩小镜

3.4.8　案例：横渠四句

1．页面结构分析简图

本案例是制作一个关于横渠四句的文案页面。该页面的实现需要用到<div>块元素、<p>段落标签、<span>行内元素、<em>标签等，页面结构简图如图3.19所示。

2．代码实现

（1）主体结构代码

新建一个HTML文件，以外链方式在该文件中引入CSS文件。首先，在<body>标签中定义<div>父容器块，并添加 ID 名为“motto”；然后，在父容器中添加子元素，并加入文本内容，具体代码如例 3.14 所示。

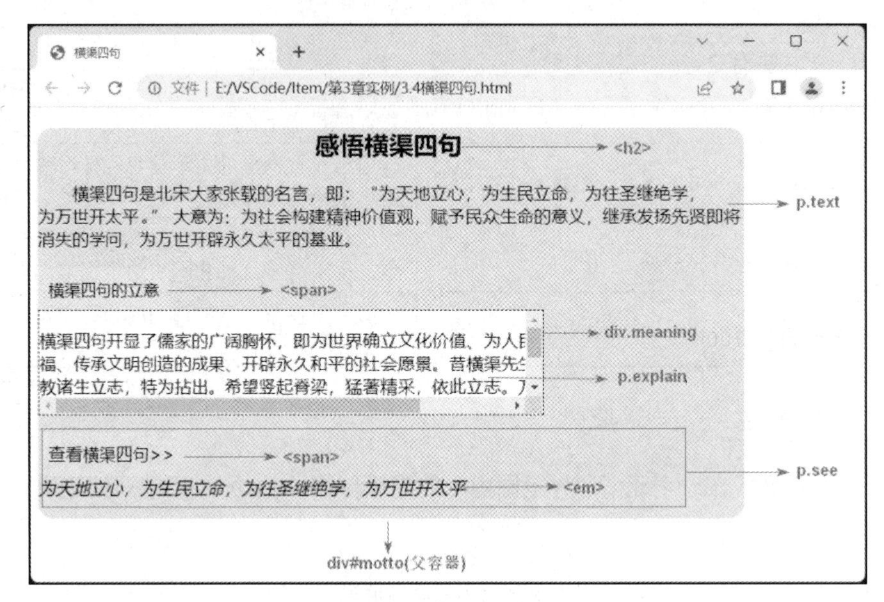

图 3.19　横渠四句页面的结构简图

【例 3.14】横渠四句。

```
1.  <!DOCTYPE html>
2.  <html lang="en">
3.  <head>
4.      <meta charset="UTF-8">
5.      <title>横渠四句</title>
6.      <link type="text/css" rel="stylesheet" href="motto.css">
7.  </head>
8.  <body>
9.      <!-- 父容器 -->
10.     <div id="motto">
11.         <h2>感悟横渠四句</h2>
12.         <p class="text">横渠四句是北宋大家张载的名言，即："为天地立心，为生民立命，
    为往圣继绝学，为万世开太平。"大意为：为社会构建精神价值观，赋予民众生命的意义，继承发扬先贤
    即将消失的学问，为万世开辟永久太平的基业。</p>
13.         <!-- 滚动条模块 -->
14.         <span>横渠四句的立意</span>
15.         <div class="meaning">
16.         <p class="explain">横渠四句开显了儒家的广阔胸怀，即为世界确立文化价值、为人民确保
    生活幸福、传承文明创造的成果、开辟永久和平的社会愿景。昔横渠先生有四句话，今教诸生立志，特为
    拈出。希望竖起脊梁，猛著精采，依此立志。方能堂堂正正做一个人。须知人人有此责任，人人具此力量。
    切莫自己诿卸，自己菲薄。此便是仁以为己任的榜样，亦即今日讲学的宗旨，慎勿以为空言而忽视之。</p>
17.         </div>
18.         <!-- 隐藏模块 -->
19.         <p class="see">
20.             <span>查看横渠四句>></span>
21.             <em>为天地立心，为生民立命，为往圣继绝学，为万世开太平</em>
```

```
22.         </p>
23.     </div>
24. </body>
25. </html>
```

上述代码中主要有 2 个模块，即滚动条模块和隐藏模块，可实现添加滚动条、隐藏或显示元素的效果。

（2）CSS 代码

新建一个 CSS 文件 motto.css，在该文件中加入 CSS 代码，设置页面样式，具体代码如下所示。

```
1.  /* 父容器 */
2.  #motto{
3.      width: 700px;
4.      height: 380px;
5.      border-radius: 15px;  /* 添加圆角 */
6.      background-color: rgb(212, 231, 241);  /* 使用 rgb()函数设置背景颜色 */
7.  }
8.  h2{
9.      text-align: center;  /* 设置标题居中对齐 */
10. }
11. p{
12.     font-size: 17px;      /* 设置段落字体大小 */
13. }
14. .text{
15.     text-indent: 2em;     /* 设置该段落文本首行缩进，em 为相对长度单位，相对于当前对象
    内文本的字体尺寸，2em 相当于 2 个字体尺寸（字符） */
16. }
17. /* 滚动条模块 */
18. span{
19.     display: inline-block;     /* 将<span>内联元素转化为内联块元素 */
20.     padding: 10px;          /* 设置四周内边距 */
21.     background-color: rgba(237, 237, 205, 0.8);  /* 使用 rgba()函数设置背景颜
    色的不透明度 */
22. }
23. .meaning{
24.     width: 500px;
25.     height: 100px;
26.     border: 1px dashed #000;  /* 添加边框 */
27.     background-color: #fff;
28.     overflow: auto;         /* 添加滚动条 */
29. }
30. .explain{
31.     width: 600px;           /* 为滚动条内的子元素设置宽度 */
32. }
33. /* 隐藏模块 */
34. em{
35.     display: none;          /* 隐藏元素 */
36. }
37. /* 光标移到“.see”元素上时，设置<em>元素样式 */
```

```
38. .see:hover em{
39.     display: block;      /* 显示元素 */
40. }
```

在上述 CSS 代码中，为父容器设置样式，使用 border-radius 属性添加圆角，并利用 rgb()函数设置背景颜色；统一设置滚动条模块和隐藏模块中的<span>行内元素，使用 display 属性将其转化为内联块元素，使用 padding 属性添加内边距，利用 rgba()函数设置背景颜色的不透明度；为滚动条模块和隐藏模块添加相应样式效果，使用 overflow 属性的 auto 值为元素添加滚动条，使用 border 属性为滚动条添加一条虚线边框；通过 display 属性中的 none 值将隐藏模块中的<em>元素隐藏起来，且不占据页面位置；当光标移到“.see”元素上时，再通过 block 值使<em>元素显示出来。

3.4.9 本节小结

本节主要讲解了控制元素显示与隐藏的 display 属性、visibility 属性和 overflow 属性以及控制颜色透明度的 opacity 属性和 rgba()函数。希望读者通过本节的学习，可以在不同情况下选择合适的属性，控制元素的显示与隐藏。

3.5 本章小结

本章重点介绍了 CSS3 样式的基础知识，如 CSS3 的行内样式、内嵌样式和外链样式 3 种引入方式，CSS3 选择器和修饰样式的字体、背景、文本等属性的使用，以及控制元素显示与隐藏的相关属性。

希望本章的分析和讲解能够使读者掌握 CSS3 样式的基础知识，并能够使用 CSS3 样式对页面中的元素进行排版和修饰。

3.6 习题

1. 填空题

（1）CSS3 的 3 种样式引入方式分别为________、________、________。

（2）CSS3 样式引入方式的优先级从高到低依次为________、________、________、________。

（3）________选择器可根据文档结构的关系来匹配特定的元素。

（4）________属性可为元素添加圆角效果。

（5）字体属性的连写顺序为________、________、________、________。

2. 选择题

（1）使用<style>标签书写 CSS 代码的是（　　）。

A．行内样式　　　　B．内嵌样式

C．链接式　　　　D．导入式

（2）只能选中唯一元素的选择器是（　　）。

A．通用选择器　　B．标签选择器

C．类选择器　　D．ID 选择器

（3）能够隐藏元素，使其不占用位置并脱离标准文档流的属性是（　　）。

A．display　　B．visibility

C．overflow　　D．opacity

（4）用于设置文本内容水平对齐方式的属性是（　　）。

A．text-indent　　B．vertical-align

C．text-align　　D．text-shadow

3．思考题

（1）简述各个 CSS3 选择器的权值及优先级。

（2）简述 display、visibility、overflow 和 opacity 这 4 个属性的区别。

4．编程题

使用 display 属性、rgba()函数等实现一个播放按钮的显示效果，要求在正常状态下，播放按钮不显示；当光标移到元素上时，背景图像具有不透明度，且显示播放按钮。具体页面效果如图 3.20 所示。

图 3.20　播放按钮的显示效果

第4章 使用列表、表格与表单

本章学习目标

- 掌握无序、有序以及自定义列表的使用
- 掌握表格标签的应用，能够创建表格并添加表格样式
- 掌握表单相关标签的应用，能够创建具有相应功能的表单控件

在一个网页中，列表、表格与表单的应用是十分常见的。网页中漂亮的导航、整齐规范的文章标题列表和图片列表等都是利用列表实现的。表格是由行和列组成的结构化数据集（表格数据），用于呈现数据或统计信息，可以让数据的显示变得十分规整有条理，提高数据的可读性。表单作为用户与网页之间重要的交互工具，可用于收集用户的资料信息，如网页中的用户登录、注册页面以及一些收集用户反馈信息的调查表。本章将重点学习列表、表格与表单的制作，带领读者走进一个“整齐有序”的世界。

微课视频

4.1 制作列表

列表是一种可变的数据结构，可存储任意类型的数据，就像容器一样。列表可分为有序列表（ordered-list）、无序列表（unordered-list）和自定义列表（definition-list）3 种类型，它最大的特点就是整齐、规范、有序。

4.1.1 有序列表

有序列表是具有排列顺序的列表，其各个列表项按照一定的顺序排列。

1. 语法格式

有序列表使用<ol>标签定义，包含一个或多个<li>列表项，其语法格式如下所示。

```
<ol>
    <li>列表项目 1</li>
    <li>列表项目 2</li>
    <li>列表项目 3</li>
</ol>
```

2. 标签属性

有序列表标签的常用属性说明如表 4.1 所示。

表 4.1 有序列表标签的常用属性说明

属性	说明
type	定义列表中使用的标记类型，属性值有 1（默认值）、A、a、I、i
start	定义有序列表的起始值，属性值为数值，表示自第 N 个数开始
reversed	定义列表顺序为降序

3. 演示说明

下面利用有序列表将诗句降序排列显示，具体代码如例 4.1 所示。

【例 4.1】有序列表。

```
1.  <!DOCTYPE html>
2.  <html lang="en">
3.  <head>
4.      <meta charset="UTF-8">
5.      <meta name="description" content="望岳">
6.      <title>有序列表</title>
7.  </head>
8.  <body>
9.  <!-- 利用有序列表将诗句从第 4 个大写英文字母开始降序排列 -->
10. <ol type="A" start="4" reversed>
11.     <li>岱宗夫如何？齐鲁青未了。</li>
12.     <li>造化钟神秀，阴阳割昏晓。</li>
13.     <li>荡胸生层云，决眦入归鸟。</li>
14.     <li>会当凌绝顶，一览众山小。</li>
15. </ol>
16. </body>
17. </html>
```

使用有序列表对诗句进行降序排列显示的运行结果如图 4.1 所示。

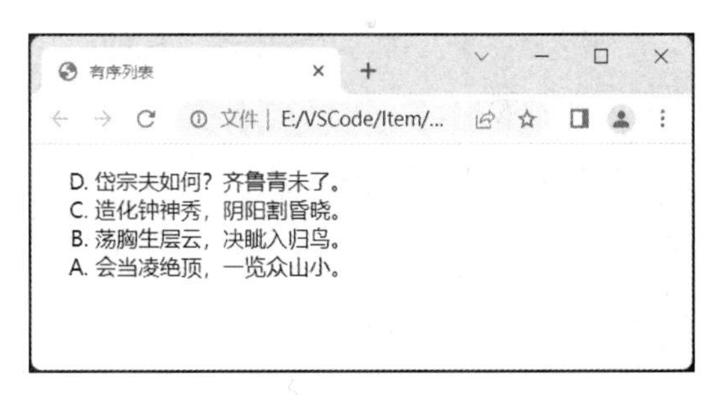

图 4.1 使用有序列表对诗句进行降序排列显示的运行结果

4.1.2 无序列表

无序列表的各个列表项之间没有顺序级别之分，各个列表项是并列关系。

1. 语法格式

无序列表使用<ul>标签定义，包含一个或多个<li>列表项，其语法格式如下所示。

```
<ul>
    <li>列表项目 1</li>
    <li>列表项目 2</li>
    <li>列表项目 3</li>
</ul>
```

2. type 属性

无序列表标签通常使用 type 属性修改其显示效果，type 属性的取值如表 4.2 所示。

表 4.2 type 属性取值

属性取值	显示效果
disc（默认值）	实心小黑圆点
circle	空心小圆点
square	实心小黑方块

3．演示说明

下面利用无序列表列举本章的学习目标，具体代码如例 4.2 所示。

【例 4.2】无序列表。

```
1.  <!DOCTYPE html>
2.  <html lang="en">
3.  <head>
4.      <meta charset="UTF-8">
5.      <title>无序列表</title>
6.  </head>
7.  <body>
8.  <p>本章学习目标</p>
9.  <!-- 设置无序列表的列表项标记为空心小圆点 -->
10. <ul type="circle">
11.     <li>掌握无序、有序以及自定义列表的使用</li>
12.     <li>掌握表格标签的应用，能够创建表格并添加表格样式</li>
13.     <li>掌握表单相关标签，能够创建具有相应功能的表单控件</li>
14. </ul>
15. </body>
16. </html>
```

利用无序列表列举本章学习目标的运行结果如图 4.2 所示。

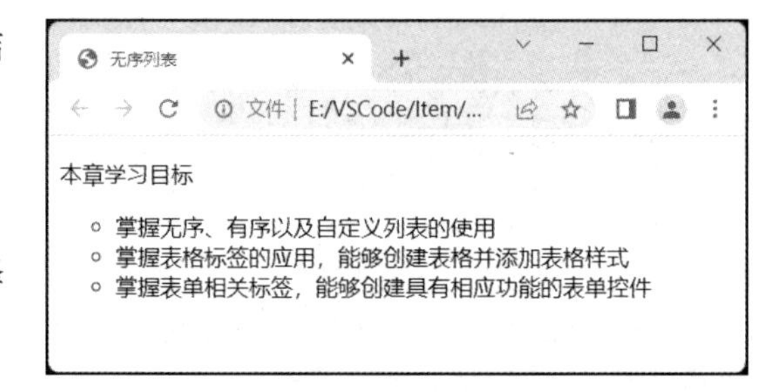

图 4.2 利用无序列表列举本章学习目标的运行结果

4.1.3 自定义列表

自定义列表常用于对术语或名词进行解释和描述，列表项的前面没有任何项目符号。

1．语法格式

自定义列表使用<dl>标签定义，列表中并列嵌套<dt>标签和<dd>标签，<dt>标签用于定义名词，<dd>标签用于定义名词的解释和描述。一对<dt></dt>里可以对应多对<dd></dd>，即一个名词可有多个解释和描述。自定义列表的语法格式如下所示。

```
<dl>
    <dt>名词 1</dt>
    <dd>名词 1 描述一</dd>
    <dd>名词 1 描述二</dd>
    <dt>名词 2</dt>
    <dd>名词 2 描述一</dd>
    <dd>名词 2 描述二</dd>
</dl>
```

2. 演示说明

下面利用自定义列表对 HTML 和 CSS 这 2 个名词进行解释和描述，具体代码如例 4.3 所示。

【例 4.3】自定义列表。

```
1.  <!DOCTYPE html>
2.  <html lang="en">
3.  <head>
4.      <meta charset="UTF-8">
5.      <title>自定义列表</title>
6.  </head>
7.  <body>
8.  <!-- 使用<dl>标签定义自定义列表 -->
9.  <dl>
10.     <!-- 在<dt>标签里定义名词 -->
11.     <dt>HTML 超文本标记语言</dt>
12.     <!-- 在<dd>标签里对名词进行解释和描述 -->
13.     <dd>HTML 为超文本标记语言，是标准通用标记语言下的一个应用，也是一种规范和标准。</dd>
14.     <dd>HTML 通过各类标签来标记想要显示的网页中的各个部分。</dd>
15.
16.     <dt>CSS 层叠样式表</dt>
17.     <dd>CSS 为层叠样式表，是一种用来表现 HTML 或 XML 等文件样式的语言，用于为 HTML 文档
    定义布局。</dd>
18.     <dd>CSS 可用于定义渲染 HTML 模型和对象的方式以及网页的显示效果。</dd>
19. </dl>
20. </body>
21. </html>
```

利用自定义列表解释 HTML 和 CSS 的运行结果如图 4.3 所示。

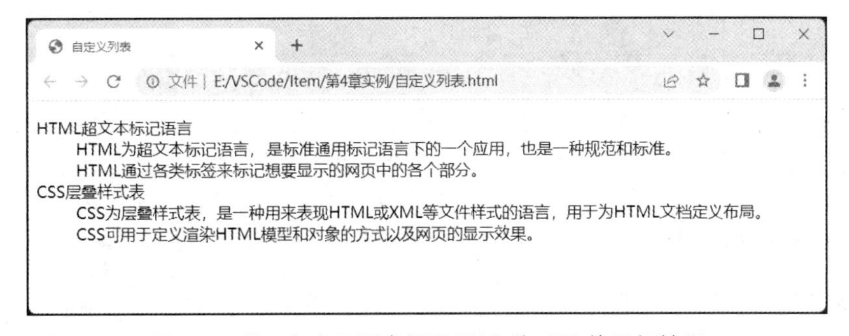

图 4.3　利用自定义列表解释 HTML 和 CSS 的运行结果

4.1.4　list-style 属性

CSS 使用 list-style 属性来控制列表的样式。list-style 属性是一个简写属性，主要包含 list-style-type、list-style-position 和 list-style-image 这 3 个子属性，可在一个声明中设置所有的列表属性。

使用 list-style 属性按顺序设置列表样式的语法格式如下。

```
list-style: list-style-type  list-style-position  list-style-image;
```

例如，list-style: circle inside url("1.jpg")。

1. list-style-type 属性

list-style-type 属性用于设置列表项标记的类型，其属性值的说明如表 4.3 所示。

表 4.3　　list-style-type 属性值说明

属性值	说明
none	无标记
disc（默认值）	标记是实心小黑圆点
circle	标记是空心小圆点
square	标记是实心小黑方块
decimal	标记是数字
lower-roman	标记是小写罗马数字（i、ii、iii、iv、v 等）
upper-roman	大写罗马数字（Ⅰ、Ⅱ、Ⅲ、Ⅳ、Ⅴ等）
lower-alpha	小写英文字母（a、b、c、d、e 等）
upper-alpha	大写英文字母（A、B、C、D、E 等）

2. list-style-position 属性

list-style-position 属性用于规定列表中列表项标记的位置，其属性值的说明如表 4.4 所示。

表 4.4　　list-style-position 属性值说明

属性值	说明
inside	列表项标记放置在容器宽度以内，且环绕文本根据标记对齐
outside	默认值，保持标记位于文本的左侧；列表项标记放置在容器宽度以外，且环绕文本不根据标记对齐
inherit	规定应该从父元素继承 list-style-position 属性的值

3. list-style-image 属性

list-style-image 属性用于使用图像来替换列表项的标记，其属性值的说明如表 4.5 所示。

表 4.5　　list-style-image 属性值说明

属性值	说明
URL	图像的路径
none	默认值，无图像被显示
inherit	规定应该从父元素继承 list-style-image 属性的值

list-style-image 属性指定作为一个有序或无序列表项标记的图像，图像相对于列表项内容

的放置位置通常使用 list-style-position 属性进行控制。

4.1.5　案例：热点新闻小卡片

1. 页面结构分析简图

本案例是制作一个热点新闻小卡片页面。该页面的实现需要用到<div>块元素、<ul>无序列表、<span>内联元素、<a>超链接等，页面结构简图如图 4.4 所示。

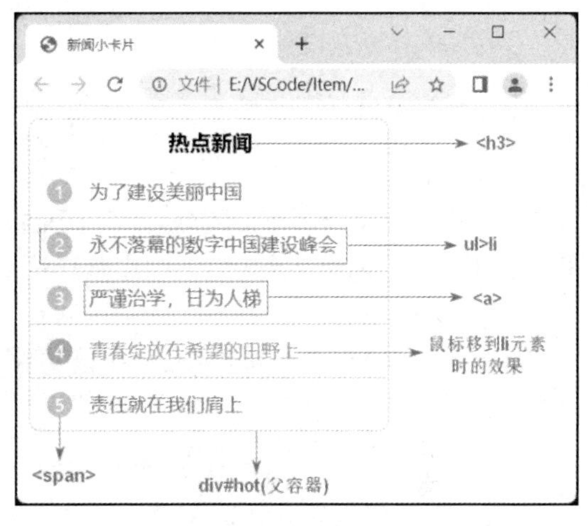

图 4.4　热点新闻小卡片页面的结构简图

2. 代码实现

（1）主体结构代码

新建一个 HTML 文件，以外链方式在该文件中引入 CSS 文件。首先，在<body>标签中定义一个<div>父容器块，并添加 ID 名为“hot”；然后，在父容器中添加无序列表和新闻内容，具体代码如例 4.4 所示。

【例 4.4】热点新闻小卡片。

```
1.  <!DOCTYPE html>
2.  <html lang="en">
3.  <head>
4.      <meta charset="UTF-8">
5.      <title>热点新闻小卡片</title>
6.      <link type="text/css" rel="stylesheet" href="news.css">
7.  </head>
8.  <body>
9.      <!-- 父容器 -->
10.     <div id="hot">
11.         <h3>热点新闻</h3>
12.         <!-- 无序列表 -->
13.         <ul >
14.             <li>
15.               <!-- 圆形序号 -->
16.               <span>1</span>
17.               <!-- 超链接 -->
18.               <a href="#">为了建设美丽中国</a>
19.             </li>
20.             <li>
21.               <span>2</span>
22.               <a href="#">永不落幕的数字中国建设峰会</a>
23.             </li>
24.             <li>
25.               <span>3</span>
26.               <a href="#">严谨治学，甘为人梯</a>
27.             </li>
```

```
28.             <li>
29.               <span>4</span>
30.               <a href="#">青春绽放在希望的田野上</a>
31.             </li>
32.             <li>
33.               <span>5</span>
34.               <a href="#">责任就在我们肩上</a>
35.             </li>
36.         </ul>
37.     </div>
38. </body>
39. </html>
```

上述代码中，无序列表内具有 5 个列表项目，每个项目列表中分别嵌套一个<span>元素和<a>超链接，<span>元素用于制作圆形序号，<a>超链接用于制作新闻文本。

（2）CSS 代码

新建一个 CSS 文件 news.css，在该文件中加入 CSS 代码，并设置页面样式，具体代码如下所示。

```
1.  /* 清除页面默认边距 */
2.  *{
3.      margin: 0;
4.      padding: 0;
5.  }
6.  /* 父容器 */
7.  #hot{
8.      width: 320px;
9.      border: 1px dashed #aabbc6;          /* 添加边框 */
10.     border-radius: 10px;                 /* 添加圆角 */
11.     margin: 10px;                        /* 设置外边距 */
12. }
13. /* 标题 */
14. h3{
15.     text-align: center;                  /* 居中对齐 */
16.     line-height: 40px;                   /* 设置行高 */
17. }
18. /* 无序列表中的每个项目列表 */
19. <ul>li{
20.     list-style: none;                    /* 取消列表项目标记 */
21.     border-bottom: 1px dotted #999999;   /* 设置下边框线样式 */
22.     line-height:45px;
23. }
24. /* 使用结构伪类选择器选中第 5 个子元素 */
25. li:nth-child(5){
26.     border: none;                        /* 取消边框 */
27. }
28. /* 设置项目列表中的圆形序号 */
29. <ul>li span{
30.     display: inline-block;               /* 转换为内联块元素 */
31.     width: 22px;
32.     height: 22px;
```

```
33.     line-height: 22px;             /* 行高与 span 容器高的值相等可使元素居中对齐 */
34.     color: white;                          /* 设置字体颜色 */
35.     font-size: 15px;                       /* 设置字体大小 */
36.     text-align: center;                    /* 文本居中对齐 */
37.     background-color: #9ccd90;
38.     border-radius: 50%;                    /* 为元素添加圆角边框 */
39.     margin: 0 15px;                        /* 设置左右外边距 */
40. }
41. /* 项目列表中的超链接 */
42. <ul>li a{
43.     text-decoration: none;                 /* 取消超链接标签文本的修饰下画线 */
44.     color: #666666;
45.     font-size: 17px;
46. }
47. /* 光标移到项目列表 li 时，序号中的圆形序号变颜色 */
48. <ul>li:hover span{
49.     background-color: #CC9999;
50. }
51. /* 光标移到项目列表 li 时，超链接文字变颜色 */
52. <ul>li:hover a{
53.     color: #cb8080;
54. }
```

上述 CSS 代码中，首先使用通用选择器通过 padding 属性和 margin 属性清除页面默认边距；然后使用 border-bottom 属性为无序列表中的每个项目列表设置下边框样式，并利用结构伪类选择器选中第 5 个子元素，取消其下边框；最后使用 CSS 属性设置项目列表中的圆形序号，当光标移到相应的项目列表时，圆形序号和超链接文字会改变颜色。

4.1.6 本节小结

本节讲解了有序列表、无序列表和自定义列表的制作以及 list-style 属性的使用。希望读者通过本节的学习，可以了解这 3 种列表的使用以及它们之间的区别，并利用列表设计页面，让整个网页显得更规整。

4.2 制作表格

微课视频

表格的应用可以使文字变得整洁有序，数据也变得“有模有样”，整个网页变得更加规整。

4.2.1 表格的基本标签

<table>标签用于定义表格；<tr>标签用于定义表格中的行，可以是一行或多行，嵌套在<table>标签中；<td>标签用于定义表格中的单元格（列），一行里可以有一个或多个单元格（列），嵌套在<tr>标签中。

1. 基本语法格式

一个最基本的表格由<table>、<tr>和<td>这 3 个标签构成，其语法格式如下。

```
<table>
  <tr>
      <td>单元格内容 1</td>
      <td>单元格内容 2</td>
      ...
  </tr>
    ...
</table>
```

除了以上 3 个主要标签之外，表格的基本标签还有<caption>、<th>等。<caption>标签用于定义表格的标题，标签必须紧随在<table>标签之后；每个表格只能定义一个标题，通常标题会被居中放置于表格之上。<th>标签用于定义表格内的表头单元格，在<tr>标签内部使用。

<th>和<td>是两种类型的单元格，<th>是表头单元格，里面包含表头信息，元素内部的文本通常为居中的粗体文本；<td>是标准单元格，里面包含数据，元素内部的文本通常为左对齐的普通文本。

2. 演示说明

下面使用表格基本标签制作一个简单的表格，具体代码如例 4.5 所示。

【例 4.5】基础表格。

```
1.  <!DOCTYPE html>
2.  <html lang="en">
3.  <head>
4.      <meta charset="UTF-8">
5.      <title>基本表格</title>
6.  </head>
7.  <body>
8.      <!-- 定义表格，并添加边框 -->
9.      <table border="1" cellpadding="10" cellspacing="6">
10.         <!-- 定义表格的标题 -->
11.         <caption>乐器尺寸</caption>
12.         <!-- 定义表格内的行 -->
13.         <tr>
14.             <!-- 定义表格内的表头单元格 -->
15.             <th>律数</th>
16.             <th>律名</th>
17.             <th>长度</th>
18.         </tr>
19.         <tr>
20.             <!-- 定义表格内的标准单元格 -->
21.             <td>1 倍律</td>
22.             <td>黄钟</td>
23.             <td>2.0000 尺</td>
24.         </tr>
25.         <tr>
26.             <td>2 倍律</td>
27.             <td>大吕</td>
28.             <td>1.8877 尺</td>
29.         </tr>
30.         <tr>
31.             <td>3 倍律</td>
```

```
32.             <td>太蔟</td>
33.             <td>1.7818 尺</td>
34.         </tr>
35.         <tr>
36.             <td>4 倍律</td>
37.             <td>夹锺</td>
38.             <td>1.6818 尺</td>
39.         </tr>
40.     </table>
41. </body>
42. </html>
```

使用表格基本标签创建表格，并使用 border 属性为表格添加边框，运行效果如图 4.5 所示。若去掉 border 属性，不为表格添加边框，运行效果如图 4.6 所示。

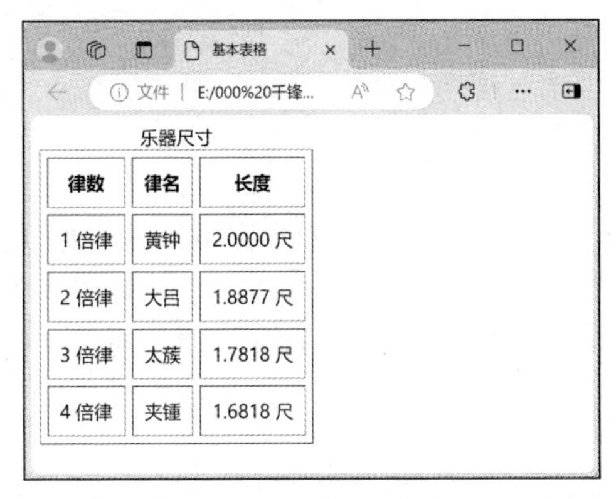

图 4.5　基础表格

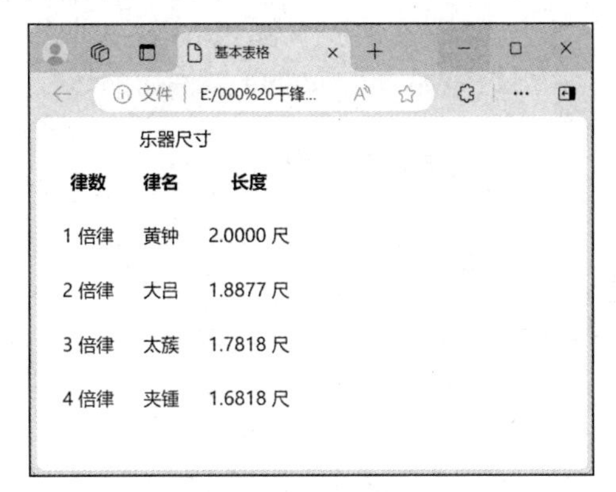

图 4.6　去除边框后的表格

4.2.2　语义化标签

一个完整的表格包括<table>、<caption>、<tr>、<th>、<td>等标签。为了更明确地对表格进行语义化，使网页内容更好地被搜索引擎理解，在使用表格进行布局时，HTML 中引入了<thead>、<tbody>和<tfoot>这 3 个语义化标签，将表格划分为头部、主体和页脚 3 部分。用这 3 个标签来定义网页中不同的内容，可让表格语义更加良好，结构更加清晰，代码更加有逻辑性，也更具有可读性和可维护性。

表格的语义化标签说明如表 4.6 所示。

表 4.6　　语义化标签说明

标签	说明
<thead>	用于定义表格的头部，一般包含网页的 logo 和导航等头部信息
<tbody>	用于定义表格的主体，位于<thead></thead>标签之后，一般包含网页中除头部和底部以外的其他内容
<tfoot>	用于定义表格的页脚，位于<tbody></tbody>标签之后，一般包含网页底部的企业信息等

4.2.3　单元格边距与间距

在制作一个表格时，有时需要设置表格的单元格内容与单元格边框之间的空白间距以及单元格与单元格边框之间的空白间距，使表格更美观，这就需要使用 cellpadding 属性和 cellspacing 属性。

1．cellpadding 属性

cellpadding 属性用于规定单元格边沿与其内容之间的空白，即控制单元格的边距。cellpadding 属性通常使用在<table>标签中，其属性值为数值，常用单位是像素（px）。这个数值代表单元格内容与单元格边框之间的空白间距，即内边距，默认值为 1px。cellpadding 属性的语法格式如下所示。

```
<table cellpadding="pixels">
```

如果将 cellpadding 属性添加到例 4.5 第 9 行代码的<table>标签中，则更改后的代码如下。

```
<!-- 定义表格，并添加边框、单元格的边距 -->
<table border="1" cellpadding="10">
```

为表格添加 cellpadding 属性后的运行效果如图 4.7 所示。

2．cellspacing 属性

cellspacing 属性用于规定单元格之间的空间，即控制单元格的间距。cellspacing 属性通常使用在<table>标签中，其属性值为数值，常用单位是像素（px）。这个数值代表单元格与单元格边框之间的空白间距，即外边距，默认值为 2px。cellspacing 属性的语法格式如下所示。

```
<table cellspacing="pixels">
```

如果将 cellspacing 属性添加到例 4.5 第 9 行代码的<table>标签中，则更改后的代码如下。

```
<!-- 定义表格，并添加边框、单元格的边距、单元格的间距 -->
<table border="1" cellpadding="10"  cellspacing="6">
```

为表格添加 cellspacing 属性后的运行效果如图 4.8 所示。

图 4.7　为表格添加 cellpadding 属性

图 4.8　为表格添加 cellspacing 属性

值得注意的是，请勿将 cellpadding 属性与 cellspacing 属性相混淆，分清它们的用途。从实用角度出发，最好不要规定 cellpadding 属性，而使用 CSS 来添加内边距。

在表格<table>标签中，设置 cellspacing 的值为 0，表示单元格与单元格边框之间的空白间距为 0，即表格变为单线框，但不推荐使用。在实际开发中，通常使用 CSS 中的 border-collapse 属性来决定表格的边框是分开还是合并，它的属性值有 separate（默认值）和 collapse。当属

性值为 separate 时，在分隔模式下，相邻的单元格都拥有独立的边框；当属性值为 collapse 时，在合并模式下，相邻单元格共享边框。

使用 border-collapse 属性合并边框的代码如下所示。

```
table{ border-collapse: collapse; }
```

4.2.4 合并行与列

在制作一个表格时，有时需要对表格的单元格进行合并行或列的操作，把两个或多个相邻单元格合并成一个单元格，这就需要使用 rowspan 属性和 colspan 属性。

使用 rowspan 属性和 colspan 属性合并表格行与列的说明如表 4.7 所示。

表 4.7 合并行与列的说明

属性	语法格式	说明
rowspan	<td rowspan="数值">	规定单元格可横跨的行数，即合并表格的列。rowspan 属性通常使用在<td>和<th>标签中，其属性值为数值，这个数值代表所要合并的单元格行数
colspan	<td colspan="数值">	规定单元格可横跨的列数，即合并表格的行。colspan 属性通常使用在<td>和<th>标签中，其属性值为数值，这个数值代表所要合并的单元格列数

下面使用表格语义化标签以及 rowspan 属性和 colspan 属性制作一个统计员工信息的表格，具体代码如例 4.6 所示。

【例 4.6】员工信息表。

```
1.  <!DOCTYPE html>
2.  <html lang="en">
3.  <head>
4.      <meta charset="UTF-8">
5.      <title>员工信息</title>
6.  </head>
7.  <body>
8.      <!-- 定义表格，并添加边框 -->
9.      <table border="1">
10.         <!-- 定义表格的标题 -->
11.         <caption>员工信息</caption>
12.         <!-- 定义表格的表头 -->
13.         <thead>
14.             <!-- 定义表格内的行 -->
15.             <tr>
16.                 <!-- 定义表格内的表头单元格 -->
17.                 <th>姓名</th>
18.                 <th>工龄</th>
19.                 <!-- 合并表格的行，可横跨 2 列 -->
20.                 <th colspan="2">地区</th>
21.             </tr>
22.         </thead>
23.         <!-- 定义表格的主体 -->
24.         <tbody>
```

```
25.                 <tr>
26.                     <!-- 定义表格内的标准单元格 -->
27.                     <td>李阳阳</td>
28.                     <td>2</td>
29.                     <!-- 合并表格的列，可横跨 3 行 -->
30.                     <td rowspan="3">北京</td>
31.                     <td>海淀区</td>
32.                 </tr>
33.                 <tr>
34.                     <td>黄静</td>
35.                     <td>3</td>
36.                     <!-- 合并表格的列，可横跨 2 行 -->
37.                     <td rowspan="2">朝阳区</td>
38.                 </tr>
39.                 <tr>
40.                     <td>杨欢迎</td>
41.                     <td>5</td>
42.                 </tr>
43.                 <tr>
44.                     <td>李向来</td>
45.                     <td>1</td>
46.                     <!-- 合并表格的列，可横跨 2 行 -->
47.                     <td rowspan="2">上海</td>
48.                     <td>黄浦区</td>
49.                 </tr>
50.                 <tr>
51.                     <td>刘红</td>
52.                     <td>3</td>
53.                     <td>静安区</td>
54.                 </tr>
55.             </tbody>
56.             <!-- 定义表格的页脚 -->
57.             <tfoot>
58.                 <tr>
59.                     <!-- 合并表格的行，可横跨 4 列 -->
60.                     <td colspan="4">公司内部员工信息，禁止外泄</td>
61.                 </tr>
62.             </tfoot>
63.         </table>
64. </body>
65. </html>
```

使用表格语义化标签以及 rowspan 属性和 colspan 属性制作表格，运行效果如图 4.9 所示。

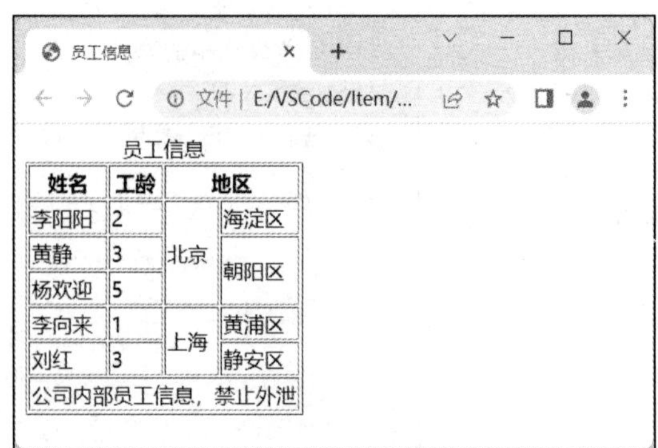

图 4.9　员工信息表

4.2.5　表格的其他属性

HTML 为表格提供了一系列属性，用于控制表格的样式，例如 border 属性、bordercolor 属性、align 属性、width 属性、bgcolor 属性、background 属性等。这些属性的说明如表 4.8 所示。

表 4.8　　表格的其他属性的说明

属性	说明
border	表示是否设置边框，取值可以为 1 和 0，1 代表有边框，0 代表没有边框（通常省略不写）
bordercolor	用于设置边框颜色。在<table>标签中，bordercolor 属性需配合 border 属性使用，可对表格的整体边框进行颜色的设置
align	用于设置单元格内容的水平对齐方式。在<tr>和<td>标签中，align 属性的默认值为左对齐（left）；在<th>标签中，align 属性的默认值为居中对齐（center）。而在<table>标签中，align 属性用于设置表格在网页中的水平对齐方式
valign	用于设置单元格内容的垂直对齐方式，默认值为居中对齐（center）
width	用于设置单元格的宽度，当一列单元格中有不同 width 属性值时，取最大值作为这一列的宽度
height	用于设置单元格的高度，当一行单元格中有不同 height 属性值时，取最大值作为这一行的高度
bgcolor	用于规定表格的背景颜色。在 HTML4.01 中，表格的 bgcolor 属性已被废弃，HTML5 已不支持表格的 bgcolor 属性，但在浏览器中仍能识别出来。当需要设置表格背景颜色时，一般在 CSS 样式中设置
background	用于设置表格的背景图片，属性值为一个有效的图片地址，不推荐使用。在实际开发中，通常使用 CSS 属性设置表格的背景图片

border 属性不会控制边框的样式，若需要设置边框样式，通常使用 CSS 样式设计表格边框，即通过 border 属性的连写设置边框，详细用法会在第 5 章节进行说明。使用 CSS 样式设计边框的示例代码如下所示。

```
table{ border:1px solid #aaa; }
```

4.2.6　案例：班级成绩表

1．页面结构分析简图

本案例是使用 HTML 表格标签制作一个班级成绩表页面。该页面的实现需要用到表格的基本标签<table>标签、<caption>标签、<tr>标签、<td>标签以及 3 个语义化标签，班级成绩表页面结构简图如图 4.10 所示。

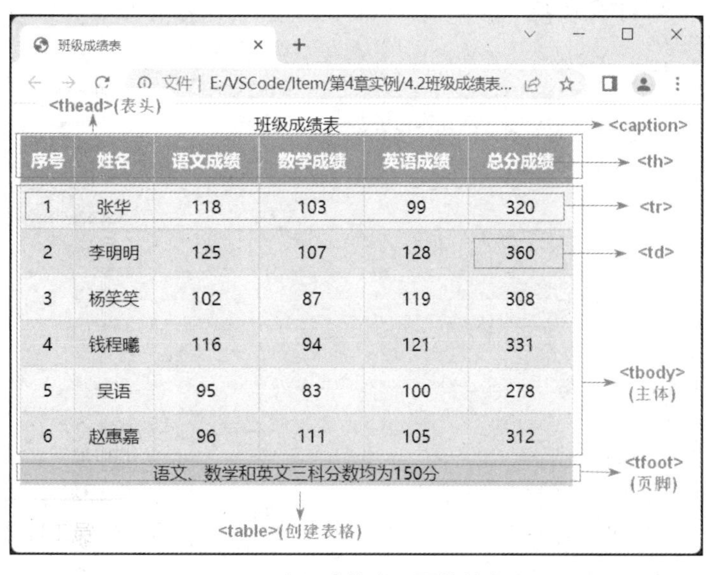

图 4.10　班级成绩表页面结构简图

2. 代码实现

（1）主体结构代码

新建一个 HTML 文件，以外链方式在该文件中引入 CSS 文件。首先使用 HTML 表格标签制作一个表格，具体代码如例 4.7 所示。

【例 4.7】班级成绩表。

```
1.  <!DOCTYPE html>
2.  <html lang="en">
3.  <head>
4.      <meta charset="UTF-8">
5.      <title>班级成绩表</title>
6.      <link type="text/css" rel="stylesheet" href="table.css">
7.  </head>
8.  <body>
9.  <table>
10.     <!-- 定义表格的标题 -->
11.     <caption>班级成绩表</caption>
12.     <!-- 定义表格的表头 -->
13.     <thead>
14.         <!-- 定义表格的行 -->
15.         <tr>
16.             <!-- 定义表格的表头单元格 -->
17.             <th>序号</th>
18.             <th>姓名</th>
19.             <th>语文成绩</th>
20.             <th>数学成绩</th>
21.             <th>英语成绩</th>
22.             <th>总分</th>
23.         </tr>
24.     </thead>
25.     <!-- 定义表格的主体 -->
26.     <tbody>
27.         <!-- 单数行 -->
28.         <tr class="odd">
29.             <!-- 定义表格的标准单元格 -->
30.             <td>1</td>
31.             <td>张华</td>
32.             <td>118</td>
33.             <td>103</td>
34.             <td>99</td>
35.             <td>320</td>
36.         </tr>
37.         <!-- 双数行 -->
38.         <tr class="even">
39.             <td>2</td>
40.             <td>李明明</td>
41.             <td>125</td>
42.             <td>107</td>
43.             <td>128</td>
```

```
44.             <td>360</td>
45.         </tr>
46.         <!-- 此处省略雷同代码 -->
47.     </tbody>
48.     <!-- 定义表格的页脚 -->
49.     <tfoot>
50.         <tr>
51.             <!-- 在表格的页脚内合并 6 个单元格 -->
52.             <td colspan="6">语文、数学和英文 3 科分数均为 150 分</td>
53.         </tr>
54.     </tfoot>
55. </table>
56. </body>
57. </html>
```

上述代码中，首先使用<table>标签创建表格，使用<caption>标签定义标题；然后使用 3 个语义化标签将表格划分为头部、主体和页脚 3 部分；最后使用<tr>标签定义表格的行，并根据情况在<tr>内插入<th>表头单元格或<td>标准单元格。

（2）CSS 代码

新建一个 CSS 文件 table.css，在该文件中加入 CSS 代码，设置页面样式，具体代码如下所示。

```
1.  /* 设置整个表格 */
2.  table{
3.      width: 520px;                /* 设置宽度和高度 */
4.      height: 320px;
5.      text-align: center;          /* 文本居中 */
6.      border:1px solid #cccccc;    /* 设置表格边框的大小、样式和颜色 */
7.      border-collapse: collapse;   /* 合并边框 */
8.  }
9.  td,th{
10.     border:1px solid #cccccc;    /* 为单元格添加边框 */
11. }
12. /* 设置表头 */
13. th{
14.     height: 40px;
15.     background-color: #5f94a6;
16.     color: white;
17. }
18. /* 设置单数行 */
19. .odd{
20.     background-color: #f6f7ba ; /* 设置指定的背景颜色 */
21. }
22. /* 设置双数行 */
23. .even{
24.     background-color: #b3e9db ;
25. }
26. /* 设置页脚 */
27. tfoot tr{
28.     background-color: #c9bdbd;
29. }
```

上述 CSS 代码中，首先使用 border 属性为表格和单元格添加边框，然后使用 border-collapse 属性合并表格中多余的边框，即可形成单线条的表格边框；最后使用 background-color 属性分别为表格的单数行与双数行设置不同的背景颜色。

4.2.7 本节小结

本节讲解了表格的基础标签和相关属性以及如何使用语义化标签划分表格内容，使结构变得更清晰。希望读者通过本节的学习，可以更加深入地了解表格的使用，设计出更美观的表格。

微课视频

4.3 制作表单

进入一个新的网站后，用户通常需要进行注册或登录验证，并且在网站中经常需要收集一些用户的反馈信息，这些都需要使用表单。表单在网站中的应用是十分普遍的。

4.3.1 表单的组成

表单是网页中常用的一种展示效果，如登录页面中用户名和密码的输入、登录按钮等都是用表单的相关标签定义的。表单是 HTML 中获取用户输入的手段，它的主要功能是收集用户的信息，并将这些信息传递给后台服务器，实现用户与 Web 服务器的交互。

在 HTML 中，一个完整的表单通常由表单元素、提示信息和表单域 3 个部分组成。下面详细介绍这 3 个部分。

① 表单元素：包含表单的具体功能项，如文本输入框、下拉列表框、复选框、密码输入框、登录按钮等。

② 提示信息：表单中通常还需包含一些说明性的文字，提示用户要进行的操作。

③ 表单域：用来容纳表单元素和提示信息，可以通过它定义处理表单数据所用程序的 URL 地址以及将数据提交到服务器的方法。如果未定义表单域，表单中的数据就无法传送到后台服务器。

其中，表单元素是表单的核心，常用的表单元素如表 4.9 所示。

表 4.9 常用的表单元素

表单元素	含义
<input>	表单输入框，可定义多种控件类型，如 text（单行文本框）、password（密码文本框）、radio（单选框）、checkbox（复选框）、button（按钮）、submit（提交按钮）、reset（重置按钮）、hidden（隐藏域）、image（图像域）、file（文件域）等
<select>	定义一个下拉列表（必须包含列表项）
<textarea>	定义多行文本框
<label>	定义表单辅助项

这里先简单了解一下常用的表单元素，本章后续小节将会对其进行详细讲解。

4.3.2 <form>标签

为了实现用户与 Web 服务器的交互，需要将表单中的数据传送给服务器，这就必须定义表单域。定义表单域与使用<table>标签定义表格类似。HTML 中的<form>标签用于定义表单域，即创建一个表单，用来实现用户信息的收集和传递，<form></form>标签中的所有内容都会提交给服务器。

1. 语法格式

<form>标签的语法格式如下所示。

```
<form action="URL 地址" method="数据提交方式">
    表单元素和提示信息
</form>
```

2. 标签属性

<form>标签常用的属性包括 action 属性、method 属性、enctype 属性和 target 属性（后面两个属性仅作了解）。接下来具体介绍这几种属性。

（1）action 属性

action 属性可用于定义表单数据的提交地址，即一个 URL 地址。HTML 表单要想和服务器进行连接，就需要在 action 属性上设置一个 URL。例如，两个人要打电话就必须要知道对方的电话号码，URL 就相当于电话号码。action 属性用于指定接收并处理表单数据的服务器的 URL 地址。

（2）method 属性

method 属性用于规定发送表单数据（即将表单数据发送到 action 属性所规定的页面）的方式。表单数据有常用的 get（默认）和 post 两种提交方式，表单数据可以以 URL 变量（method="get"）或者 HTTP post（method="post"）的方式来发送。使用 get 提交方式传输数据的效果如图 4.11 所示。

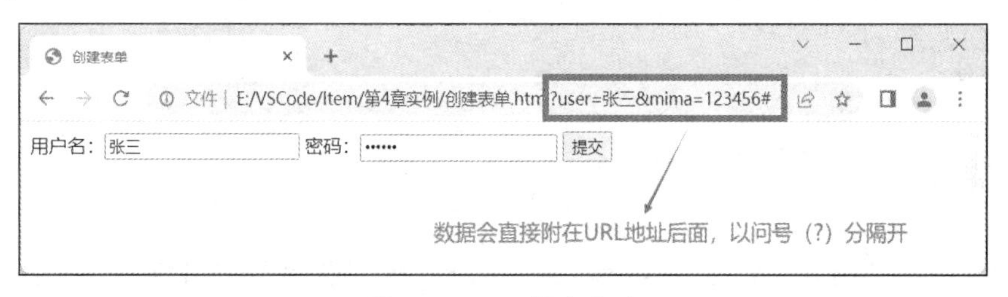

图 4.11　get 提交方式

一般浏览器通过上述任何一种方法都可以传输表单信息，但有些服务器只接收其中一种方式提交的数据。可以在<form>标签的 method 属性中指明表单处理服务器要使用 get 方式还是 post 方式来处理数据。get 方式与 post 方式的区别如表 4.10 所示。

表 4.10　get 方式与 post 方式的区别

区别点	get 方式	post 方式
传输方式	通过地址栏传输	通过报文传输
传送长度	参数有长度限制（受限于 URL 长度）	参数无长度限制
数据包	产生 1 个 TCP 数据包	产生 2 个 TCP 数据包
信息安全度	参数会直接暴露在 URL 中，信息安全度不高，不能用来传递敏感信息	信息安全度相对较好

两种方式都是向服务器提交数据，并从服务器获取数据。

（3）enctype 属性

enctype 属性用于规定在发送到服务器之前对表单数据进行编码的方式。enctype 属性的可取值为 application/x-www-form-urlencoded、multipart/form-data 和 text/plain，其属性值说明如表 4.11 所示。

表 4.11　　enctype 属性值说明

属性值	说明
application/x-www-form-urlencoded	在发送到服务器之前，所有字符都会进行编码（将空格转换为加号"+"，特殊符号转换为 ASCII HEX 值）
multipart/form-data	不对字符编码。在使用包含文件上传控件的表单时，必须使用该值
text/plain	将空格转换为加号"+"，但不对特殊字符编码

（4）target 属性

target 属性用于定义提交地址的打开方式，常用的打开方式有_self（默认）和_blank。_self 可在当前页打开，_blank 可在新页面打开。<form>标签中的 target 属性与<a>标签中的 target 属性用法一样，这里不再赘述。

3. 演示说明

下面使用<form>标签及其属性创建一个简单表单，具体代码如例 4.8 所示。

【例 4.8】创建表单。

```
1.  <!DOCTYPE html>
2.  <html lang="en">
3.  <head>
4.      <meta charset="UTF-8">
5.      <title>创建表单</title>
6.  </head>
7.  <body>
8.      <!-- 添加表单域，设置表单数据的提交地址、数据提交方式、数据提交地址的打开方式 -->
9.      <form action="#" method="get" target="_self">
10.         用户名：<input type="text" name="user">
11.         密码：<input type="password" name="mima">
12.         <input type="submit" value="提交">
13.     </form>
14. </body>
15. </html>
```

使用<form>标签及其属性创建的简单表单如图 4.12 所示。

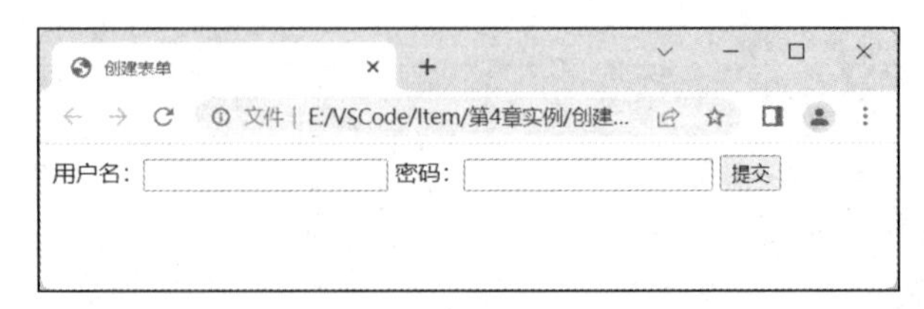

图 4.12　创建表单

4.3.3　<input>标签

<input>标签用于搜集用户信息，是一个单标签。网页中经常会包含单行文本框、密码文本框、单选框、提交按钮等，要想定义这些表单元素就需要使用<input>标签，其基本语法格式如下所示。

```
<input type="控件类型">
```

（1）type 属性

<input>标签根据 type 属性的取值不同，可以展现出不同的表单控件类型，如 text 单行文本框、password 密码文本框、submit 提交按钮等。在网页中收集用户信息时，部分信息通常会有严格的限制，不能任由用户自行输入，而只能进行选择，这就需要使用 radio 单选框或 checkbox 复选框。<input>表单控件说明如表 4.12 所示。

表 4.12　<input>表单控件说明

属性值	说明
text	单行文本框。可以输入任何类型的文本，如文字、数字等；输入的内容以单行显示，如<input type="text" name="" value="">
password	密码文本框。用于定义密码字段，该字段中的字符被掩码，如<input type="password" name="" value="">
button	普通按钮。用于定义可点击的按钮，如<input type="button" name="" value="">
submit	提交按钮。提交按钮会把表单数据发送到服务器，如<input type="submit" name="" value="">
reset	重置按钮。重置按钮会清除表单中的所有数据，如<input type="reset" name="" value="">
radio	单选框。多个 name 属性值相同的单选框控件可组合在一起，让用户进行选择；单选框只能选择 1 个选项，不能多选，如<input type="radio" name="" value="">
checkbox	复选框。多个 name 属性值相同的复选框控件可组合在一起，让用户进行选择；复选框允许选择多个选项。值得注意的是，在一组单选框或复选框中，name 属性值必须相同，如<input type="checkbox" name="" value="">
hidden	隐藏域。可用于隐藏往后台服务器发送的一些数据，如正在被请求或编辑内容的 ID。隐藏域是一种不影响页面布局的表单控件。值得注意的是，尽量不要将重要信息上传至隐藏域，避免信息泄露。如<input type="hidden" name="">
file	文件域。可用于上传文件，用户可以选择一个或多个元素以提交表单的方式上传到服务器上，如文档文件上传和图片文件上传，如<input type="file" name="">

值得注意的是，使用文件域时，<form>标签的 method 属性值必须设置成 post，enctype 属性值必须设置成 multipart/form-data。

文件域不仅支持<input>元素共享的公共属性，还支持自身的一些特定属性，如 accept、capture、multiple 和 files。文件域的特定属性说明如表 4.13 所示。

表 4.13　文件域的特定属性说明

属性	说明
accept	文件域允许接收的文件类型，多种文件类型以逗号（,）为分隔
capture	捕获图像或视频数据的源
multiple	允许用户选择多个文件
files	FileList 列出已选择的文件

（2）其他常用属性

<input>标签除了 type 属性之外，还有一些常用属性，如 name 属性、placeholder 属性、disabled 属性、readonly 属性、checked 属性等。<input>标签常用属性说明如表 4.14 所示。

表 4.14　<input>标签常用属性说明

属性	说明
name	规定<input>元素的名称，并提交给服务器端。name 属性值通常与 value 属性值配合成一对使用，后台服务器可通过 name 值找到对应的 value 值
value	规定<input>元素的值，并提交给服务器端
placeholder	输入框提示文本
readonly	用于定义元素内容为只读（不能修改编辑）
disabled	禁用，用于定义该元素不可用（显示为灰色），提交表单时不会被提交给服务器
checked	默认选择项，定义当前元素在加载时为默认选中项，适用于单选框和多选框
required	必填项。若提交时写有该属性的<input>标签没有填写内容，则会提示此为必填项
size	宽度，用于设置输入框的宽度
maxlength	最大长度，用于设置输入框的最大长度

4.3.4 <label>标签

1．概述

<label>标签是定义<input>元素的标记，可用来辅助表单元素，提高用户体验。当用户选择<label>标签内的文本进行单击时，会自动将焦点转到和标签相关的表单控件上。<label>标签中的 for 属性指出当前文本标签与哪个元素关联，其属性值一定要与<input>标签中的 id 属性值保持一致才能找到相应控件。

2．演示说明

下面使用<input>标签及其相关控件以及<label>标签创建一个基本的表单，并在表单域中添加一个单行文本框、密码框、单选框、多选框和提交按钮控件，具体代码如例 4.9 所示。

【例 4.9】表单控件。

```
1.  <!DOCTYPE html>
2.  <html lang="en">
3.  <head>
4.      <meta charset="UTF-8">
5.      <title>表单控件</title>
6.  </head>
7.  <body>
8.      <!-- 添加表单域，并在<form>标签中添加相关属性 -->
9.      <form action=" " method="get"  target="_self">
10.         <!-- 为表单添加标记，for 属性关联单行文本框 -->
11.         <label for="use">姓名：</label>
12.         <!-- 添加单行文本框控件，设置相关属性，如输入框提示文本、必选项等 -->
13.         <input type="text" name="user" value="" id="use" placeholder="输入
```

```
    用户名" required>
14.         <br>
15.         <label for="word">密码：</label>
16.         <!-- 添加密码框控件，设置相关属性，如输入框提示文本、必选项、输入框长度等 -->
17.         <input type="password" name="pass" value="" id="word" placeholder=
    "输入密码" size="15" required>
18.         <br>
19.         <!-- 添加单选框控件，name 属性值必须一致。为了避免发生漏选问题，可添加 checked
    属性，此项为默认选中 -->
20.         性别：<input type="radio" name="gender" value="" id="man" checked>
21.         <label for="man">男</label>
22.         <input type="radio" name="gender" value="" id="woman" >
23.         <label for="woman">女</label>
24.         <br>
25.         <!-- 添加多选框控件 -->
26.         爱好：<input type="checkbox" name="hobby" value="音乐" id="music">
27.         <label for="music">音乐</label>
28.         <input type="checkbox" name="hobby" value="舞蹈" id="dance" >
29.         <label for="dance">舞蹈</label>
30.         <input type="checkbox" name="hobby" value="阅读" id="read" >
31.         <label for="read">阅读</label>
32.         <input type="checkbox" name="hobby" value="运动" id="play" >
33.         <label for="play">运动</label>
34.         <br>
35.         <!-- 添加提交按钮控件，将数据提交给服务器 -->
36.         <input type="submit" name="but" value="提交" >
37.     </form>
38. </body>
39. </html>
```

表单的运行效果如图 4.13 所示。

由于单行文本框和密码框设置了 required 属性，为必填项，因此当密码框未填写内容时，单击提交按钮控件会出现提示文字，要求必须填写内容，此时数据不会传输至服务器。

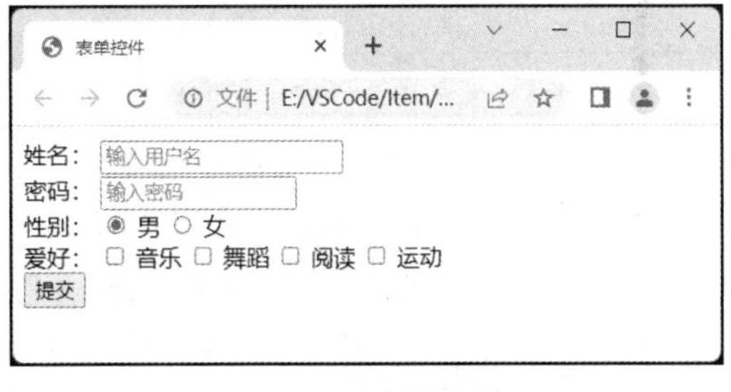

图 4.13 表单示例

4.3.5 <select>标签

<select>标签可用于定义表单中的下拉列表。网页中经常会看到多个选项的下拉菜单，如选择城市、日期、科目等。<select>标签包含一个或多个<option>标签，<option>标签可用于创建选择项。<select>标签需要与<option>标签配合使用，这个特点与列表一样，如无序列表中<ul>标签和<li>标签配合使用。为了更好地理解，可将下拉列表看作一个特殊的无序列表。

1. 语法格式

<select>标签的基本语法格式如下所示。

```
<select name="下拉列表的名称" >
        <option value="选择项 1">选择项 1</option>
```

```
        ...
        <option value="选择项 n">选择项 n</option>
</select>
```

值得注意的是，应在<select>标签中设置 name 属性，每个<option>标签中设置 value 属性，这样可方便服务器获取选择框以及用户获取选择项的值。如果在<option>标签里省略 value 值，则包含的文本就是选择项的值。

2．<select>标签的属性

<select>标签可通过定义属性改变下拉列表的外观显示效果。<select>标签的常用属性有 multiple 属性和 size 属性，这 2 种属性的说明如表 4.15 所示。

表 4.15　<select>标签常用属性的说明

属性	说明
multiple	设置多选下拉列表。默认下拉列表只能选择一项，而设置 multiple 属性后下拉列表可选择多项（按住 Ctrl 键即可选择多项）。多项下拉列表在选择项的数目超过列表框的高度时会显示滚动条，拖动滚动条可查看并选择多个选项
size	设置下拉列表可见选项的数目，取值为正整数

3．<option>标签的属性

<option>标签的常用属性有 value 属性、selected 属性和 disabled 属性，可用于设置下拉列表中的各个选择项。<option>标签常用属性说明如表 4.16 所示。

表 4.16　<option>标签常用属性说明

属性	说明
value	定义送往服务器的选项值
selected	默认此选项（首次显示在列表中时）为选中状态
disabled	规定此选项应在首次加载时被禁用

在<select>标签和<option>标签之间可以使用<optgroup>标签对选择项进行分组操作，即把相关选择项组合在一起。<optgroup>标签的 label 属性可以用来设置分组项的标题。

4．演示说明

下面制作一个下拉列表，在表单中定义单选下拉列表和多选下拉列表，在单选下拉列表中使用 selected 属性设置默认选中值，在多选下拉列表中使用<optgroup>标签对选择项进行分组操作，具体代码如例 4.10 所示。

【例 4.10】下拉列表。

```
1.  <!DOCTYPE html>
2.  <html lang="en">
3.  <head>
4.      <meta charset="UTF-8">
5.      <title>下拉列表</title>
6.  </head>
7.  <body>
```

```
8.  <form>
9.      <p>您目前所在的年级是
10.         <label for="class">
11.             <!-- 定义单选下拉列表 -->
12.             <select name="grade" id="class">
13.                 <option value="one">大一</option>
14.                 <!-- 使用 selected 属性将“大二”设置为默认选中值 -->
15.                 <option value="two" selected>大二</option>
16.                 <option value="third">大三</option>
17.                 <option value="four">大四</option>
18.             </select>
19.         </label>
20.     </p>
21.     <p>您目前所学科目有
22.         <label for="subject">
23.             <!-- 定义多选下拉列表 -->
24.             <select name="course" id="subject" multiple>
25.                 <!-- 利用<optgroup>标签对选择项进行分组操作 -->
26.                 <optgroup label="前端技术">
27.                     <option value="HTML5">HTML5</option>
28.                     <option value="Vue">Vue</option>
29.                 </optgroup>
30.                 <optgroup label="后端技术">
31.                     <option value="java">JAVA</option>
32.                     <option value="python">Python</option>
33.                 </optgroup>
34.             </select>
35.         </label>
36.     </p>
37. </form>
38. </body>
39. </html>
```

下拉列表的运行结果如图4.14所示。

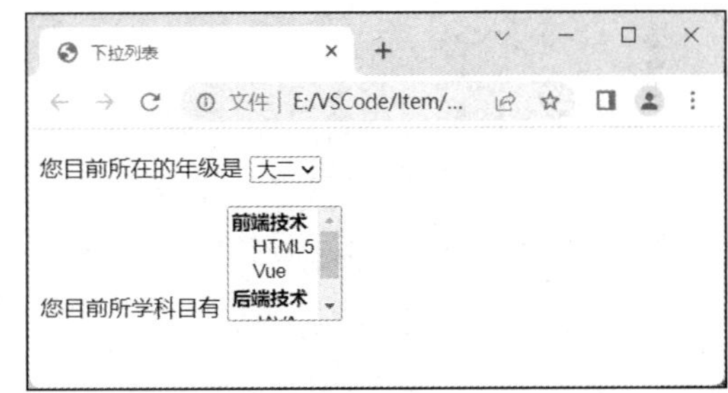

图4.14 下拉列表

4.3.6 <textarea>标签

<textarea>标签用于定义多行文本框（文本域），用户可在多行文本框内输入多行文本。文本区域内可容纳无限数量的文本，文本的默认字体是等宽字体（通常是Courier）。可以通过cols和rows属性来规定多行文本框的尺寸，不过更好的办法是使用CSS的height和width属性进行设置。

1. 语法格式

多行文本框的语法格式如下所示。

```
<textarea name="文本框名称" rows="文本框行数" cols="文本框列数"></textarea>
```

2. 标签属性

<textarea>标签的常用属性有name属性、rows属性、cols属性和antofocus属性，这些属

性具体说明如表 4.17 所示。

表 4.17　<textarea>标签属性说明

属性	说明
name	定义多行文本框的名称。该项必不可少，因为存储文本的时候必须用到
rows	定义文本域可见的行数，即文本框的高度，表示可显示的行数
cols	定义多行文本框的垂直列，表示可显示的列数，即一行中可容纳下的字节数
autofocus	规定在页面加载后文本区域自动获得焦点

3. 演示说明

下面使用<textarea>标签制作一个多行文本框，具体代码如例 4.11 所示。

【例 4.11】多行文本框。

```
1.  <!DOCTYPE html>
2.  <html lang="en">
3.  <head>
4.      <meta charset="UTF-8">
5.      <meta http-equiv="X-UA-Compatible" content="IE=edge">
6.      <meta name="viewport" content="width=device-width, initial-scale=1.0">
7.      <title>多行文本框</title>
8.  </head>
9.  <body>
10.     <form action="" method="get">
11.         <textarea name="content" id="content" cols="30" rows="10">多行文本
    框内容</textarea>
12.     </form>
13. </body>
14. </html>
```

多行文本框的运行效果如图 4.15 所示。

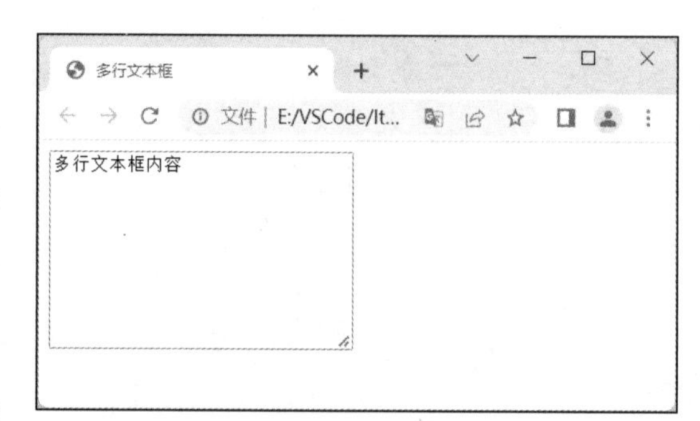

图 4.15　多行文本框

说明：在实际开发中，通常使用 CSS 的 height 和 width 属性来规定多行文本框的尺寸。

4.3.7　<fieldset>标签

<fieldset>标签可用于对表单内的相关元素进行分组，并绘制边框。<legend>标签包含于<fieldset>标签内，用于定义分组表单的标题。<fieldset>标签可以使表单域的层次更加清晰，更易于用户理解。

下面通过一个表单分组对<fieldset>标签进行演示说明，并制作一个账号注册和邮箱注册分组，具体代码如例 4.12 所示。

【例 4.12】表单分组。

```
1.  <html lang="en">
2.  <head>
3.      <meta charset="UTF-8">
4.      <title>表单分组</title>
```

```
5.  </head>
6.  <body>
7.  <form action="#" method="post">
8.      <fieldset>
9.          <legend>账号注册</legend>
10.         <label for="ming">账户名</label>
11.         <input type="text" name="ming" id="ming"><br>
12.         <label for="word">密码</label>
13.         <input type="password" name="pass" id="word">
14.     </fieldset>
15.     <fieldset>
16.         <legend>邮箱注册</legend>
17.         <label for="mail">邮箱账号</label>
18.         <input type="email" name="mail" id="mail"><br>
19.         <label for="tell">电话</label>
20.         <input type="tel" name="tell" id="tell">
21.     </fieldset>
22. </form>
23. </body>
24. </html>
```

表单分组的运行结果如图 4.16 所示。

图 4.16　表单分组

4.3.8　新增表单控件

在 HTML5 中，表单新增了多个 input 输入类型，如图像、邮箱、电话、日期等，这些新增的表单控件可以更好地实现表单的输入控制以及验证。<input>标签新增的 type 属性值，即新增的部分表单控件说明如表 4.18 所示。

表 4.18　新增的部分表单控件说明

属性值	说明
image	可定义图像形式的提交按钮。需要结合 src 属性和 alt 属性使用，src 属性用于定义图片的来源，alt 属性用于定义当图片无法显示时的提示文字，如<input type="image" src="图片地址" alt="提示文字">
email	限制用户输入必须为邮箱类型，如<input type="email" name="" value="">
number	限制用户输入必须为数字类型，如<input type="number" name="" value="">

续表

属性值	说明
url	限制用户输入必须为 url 地址，如<input type="url" name="" value="">
tel	限制用户输入必须为电话号码类型，如<input type="tel" name="" value="">
search	限制用户输入必须为搜索框关键词，如<input type="search" name="" value="">
color	定义拾色器，规定颜色，如<input type="color" name="" value="颜色值（初始值）">
date	限制用户输入必须为日期类型，选取日、月、年，如<input type="date" name="" value="">
month	限制用户输入必须为月类型，选取月、年，如<input type="month" name="" value="">
week	限制用户输入必须为周类型，选取周、年，如<input type="week" name="" value="">
time	限制用户输入必须为时间类型，选取小时、分钟，如<input type="time" name="" value="">

在制作表单时，可以使用 CSS3 的新属性对表单进行美化，使其页面效果更美观。

4.3.9 案例：信息录入表单

1．页面结构分析简图

本案例是制作一个对居民信息进行录入的表单页面。该页面的实现需要用到表单中的<from>标签、<fieldset>标签、<label>标签、<select>下拉列表和<textarea>多行文本框，以及<input>标签中的单行文本框、数字输入框、单选框、日期输入框、电话号码输入框、邮箱输入框、文件域、提交按钮和重置按钮，信息录入表单页面结构简图如图 4.17 所示。

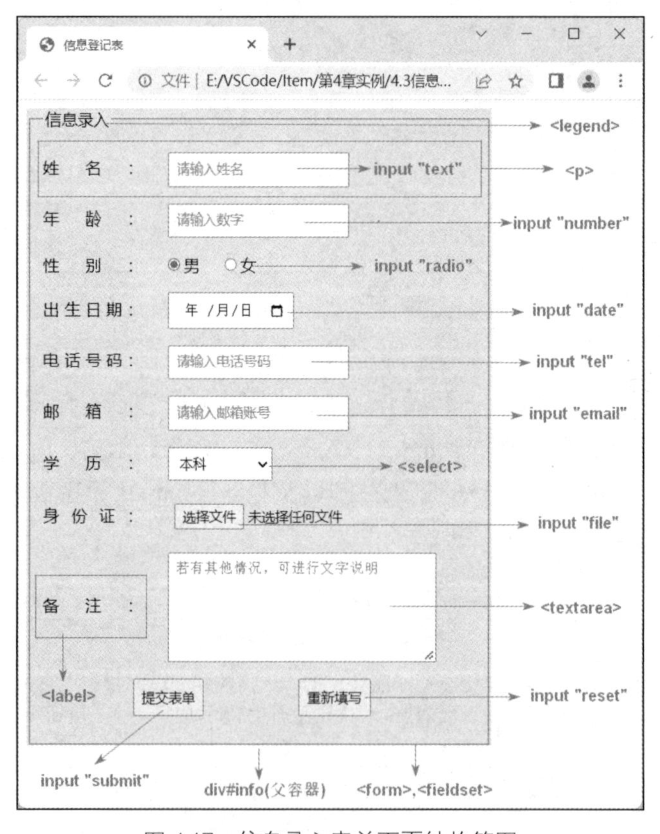

图 4.17　信息录入表单页面结构简图

2. 代码实现

（1）主体结构代码

新建一个 HTML 文件，以外链方式在该文件中引入 CSS 文件。首先，在<body>标签中定义一个父容器块<div>，并添加 ID 名为“info”；然后，使用<form>标签创建一个表单，通过<fieldset>标签对表单进行分组，再使用表单标签创建各个表单控件，具体代码如例 4.13 所示。

【例 4.13】信息录入表单。

```
1.  <!DOCTYPE html>
2.  <html lang="en">
3.  <head>
4.      <meta charset="UTF-8">
5.      <title>信息登记表</title>
6.      <link type="text/css" rel="stylesheet" href="form.css">
7.  </head>
8.  <body>
9.  <!-- 父容器 -->
10. <div id="info">
11.     <!-- 表单域 -->
12.     <form action="#" method="post" enctype="multipart/form-data">
13.         <!-- 分组 -->
14.         <fieldset>
15.             <!-- 分组的表单标题 -->
16.             <legend>信息录入</legend>
17.             <p>
18.                 <!-- 信息提示文本，可关联控件 -->
19.                 <label for="user">姓名：</label>
20.                 <!-- 单行文本框 -->
21.                 <input type="text" id="user" name="user" placeholder="请输
    入姓名" required>
22.             </p>
23.             <p>
24.                 <label for="age">年龄：</label>
25.                 <!-- 数字输入类型 -->
26.                 <input type="number" id="age" name="age" placeholder="请输
    入数字" required>
27.             </p>
28.             <p>
29.                 <label for="gender">性别：</label>
30.                 <!-- 单选框 -->
31.                 <input type="radio" name="gender" value="man" checked>男
32.                 <input type="radio" name="gender" value="woman">女
33.             </p>
34.             <p>
35.                 <label for="time">出生日期：</label>
36.                 <!-- 日期输入类型 -->
37.                 <input type="date" id="time" name="time">
38.             </p>
```

```
39.             <p>
40.                 <label for="tell">电话号码：</label>
41.                 <!-- 电话号码输入类型 -->
42.                 <input type="tel" id="tell" name="tell" placeholder="请输入
    电话号码" required>
43.             </p>
44.             <p>
45.                 <label for="mail">邮箱：</label>
46.                 <!-- 邮箱输入类型 -->
47.                 <input type="email" id="mail" name="mail" placeholder="请
    输入邮箱账号" required>
48.             </p>
49.             <p>
50.                 <label for="edu">学历：</label>
51.                 <!-- 下拉列表 -->
52.                 <select name="edu" id="edu">
53.                     <option value="beijing">大专</option>
54.                     <option value="hebei" selected>本科</option>
55.                     <option value="liaoning">硕士研究生</option>
56.                     <option value="liaoning">博士研究生</option>
57.                 </select>
58.             </p>
59.             <p>
60.                 <label for="upload">身份证：</label>
61.                 <!-- 文件域 -->
62.                 <input type="file" name="file" id="upload">
63.             </p>
64.             <p>
65.                 <label for="tip">备注：</label>
66.                 <!-- 多行文本框 -->
67.                 <textarea name="tip" id="tip" placeholder="若有其他情况，可进
    行文字说明"></textarea>
68.             </p>
69.             <p>
70.                 <!-- 提交按钮 -->
71.                 <input type="submit" value="提交表单">
72.                 <!-- 重置按钮 -->
73.                 <input type="reset" value="重新填写">
74.             </p>
75.         </fieldset>
76.     </form>
77. </div>
78. </body>
79. </html>
```

在上述代码中，表单中主要有 11 个控件，<select>标签和<textarea>标签分别定义下拉列表和多行文本框，而其余 9 个控件由<input>标签中的 type 属性来定义。<label>标签用来编辑信息提示文本，可关联相应的控件，每个控件中分别定义不同的 id 属性、name 属性、value 属性等以及一些控制控件状态的属性，如 required 属性。

（2）CSS 代码

新建一个 CSS 文件 form.css，在该文件中加入 CSS 代码，设置页面样式，具体代码如下所示。

```
1.  /* 父容器 */
2.  #info{
3.      width: 460px;
4.      background-color: #cee8f4;  /* 设置背景颜色 */
5.  }
6.  /* 信息提示文本 */
7.  label{
8.      display: inline-block;       /* 将内联元素转化为内联块元素 */
9.      width: 100px;
10.     text-align-last: justify;    /* 设置末尾文本对齐方式，justify 为内容两端对齐 */
11. }
12. /* 表单控件、下拉列表、多行文本框 */
13. input,select,textarea{
14.     margin-left: 20px;           /* 添加左外边距 */
15.     padding: 0.5em;  /* 添加内边距，em 为相对长度单位，相对于当前对象内文本的字体大小 */
16. }
17. /* 使用 CSS 属性设置多行文本框的尺寸 */
18. textarea{
19.     width: 250px;
20.     height: 90px;
21.     vertical-align: middle;      /* 垂直居中 */
22. }
23. /* 使用属性选择器选中提交按钮和重置按钮 */
24. [type="submit"],[type="reset"]{
25.     margin-left: 90px;           /* 重新设置左外边距 */
26. }
```

在上述 CSS 代码中，首先，使用 display 属性将<label>内联元素转化为内联块元素，设置其宽度，并使用 text-align-last 属性设置末尾文本两端对齐；然后，使用 margin-left 属性和 padding 属性为表单控件、下拉列表和多行文本框添加左外边距和 4 个方向的内边距；最后，使用 CSS 中的 width 属性和 height 属性设置多行文本框的尺寸，并使用 vertical-align 属性设置文本垂直居中。

4.3.10 本节小结

本节主要讲解了表单的<form>标签、<input>表单控件、<label>标签、<select>下拉列表、<textarea>多行文本框、<fieldset>标签以及 HTML5 新增的表单控件。希望读者通过本节的学习，可以了解表单的特性，能够熟练制作多样化的表单。

4.4 本章小结

本章重点讲述了制作列表、表格和表单的方式，介绍了列表、表格和表单的相关标签与属性。不同类型的列表有不同的使用场景，无序列表常被应用于制作导航栏，有序列表可被应用于排列有序的信息，自定义列表则被应用于图文结合的内容。而表格不仅可以制作常规表格，还可用于对网页进行布局。表单能够在网页上收集用户的各类信息，增强与用户之间的信息交互。

希望本章的分析和讲解能够使读者熟悉列表、表格与表单的相关标签与属性，掌握列表、表格和表单的制作，可以编写出适应于网页页面需求的列表、表格和表单，为后面的深入学习奠定基础。

4.5 习题

1．填空题

（1）list-style 属性包含________、________和________3 个子属性。

（2）<th>是________，<td>是________。

（3）语义化标签为________、________和________。

（4）一个完整的表单通常由________、________和________3 个部分构成。

（5）<select>标签需要与________标签配合使用。

2．选择题

（1）无序列表中 type 属性的常用属性值不包括的是（　　）。

A．square　　B．disc

C．circle　　D．trapezoid

（2）下列不属于表格属性的是（　　）。

A．rowspan　　B．border

C．cellpadding　　D．text-align

（3）能使下拉列表选择多项的属性是（　　）。

A．selected　　B．disabled

C．multiple　　D．size

（4）<input>标签中用于定义复选框的 type 属性值是（　　）。

A．checkbox　　B．reset

C．radio　　D．file

3．思考题

（1）简述 3 个语义化标签的含义。

（2）简述 get 方式和 post 方式的区别。

4．编程题

（1）利用列表制作嵌套多级列表的教材目录。可以在第一级列表的<li>标签中嵌套第二级列表，在第二级列表的<li>标签中嵌套第三级列表，具体效果如图 4.18 所示。

（2）使用 HTML 表格的基本标签<table>标签、<tr>标签、<td>标签和<caption>标签以及表格的相关属性制作一份简历表格，具体效果如图 4.19 所示。

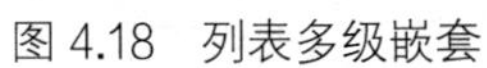
图 4.18 列表多级嵌套

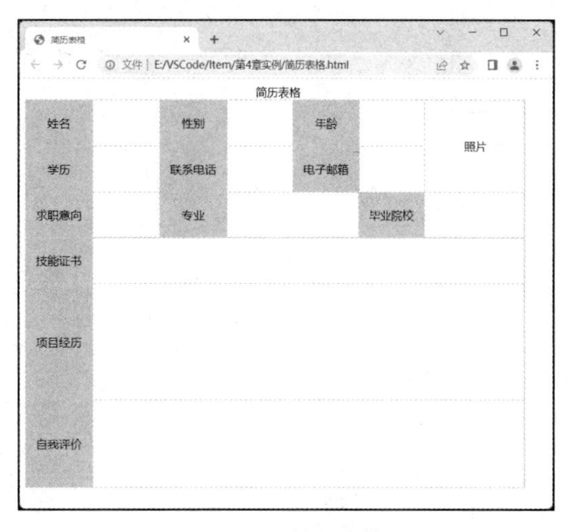

图 4.19 简历表格

第5章 页面布局与设计

本章学习目标

- 了解盒模型结构，能够使用盒模型的相关属性设置元素样式
- 掌握 CSS3 浮动属性，能够为元素添加浮动和清除浮动
- 理解 CSS3 定位的区别与应用场景

一个完整美观的静态网页主要由 HTML5 标签与具有美化功能的 CSS3 构成，HTML5 标签用于创建网页的基本布局，而 CSS3 用于为网页“换上美丽大方的衣服”。CSS3 的盒模型是 CSS3 网页布局的基础，CSS3 的浮动与定位能够控制网页的排版，使网页的布局变得更清晰、合理。CSS3 盒模型、浮动与定位的应用提升了网页的页面效果，使其更多样化。本章将重点介绍盒模型的结构、CSS3 浮动及定位的使用。

5.1 引入盒模型

微课视频

5.1.1 盒模型结构

在 CSS 中，所有的元素都被一个个的“盒子（box）”包围着。理解这些“盒子”的基本原理，是使用 CSS 实现页面布局、处理元素排列的关键。盒模型（Box Model）主要用于 CSS 设计页面布局，它规定网页元素的显示方式以及元素间的相互关系，开发者可通过 CSS 使元素拥有像盒子一样的外形和平行空间。合理使用盒模型进行网页布局的设计，可在很大程度上提升网页的美观度。

盒模型结构主要由 content（内容）、padding（内边距）、border（边框）和 margin（外边距）这 4 个部分构成，其结构如图 5.1 所示。

盒模型的 content 指块元素（“盒子”）里面所包含的文字、图片、超链接、音频、视频等，content 的尺寸由 CSS 的宽和高 2 个属性决定。

结合盒模型的 content 属性、padding 属性、border 属性和 margin 属性制作 2 个“盒子”，第 1 个“盒子”只有内容，第 2 个“盒子”添加边框、内边距和外边距，以演示盒模型的结构，具体代码如例 5.1 所示。

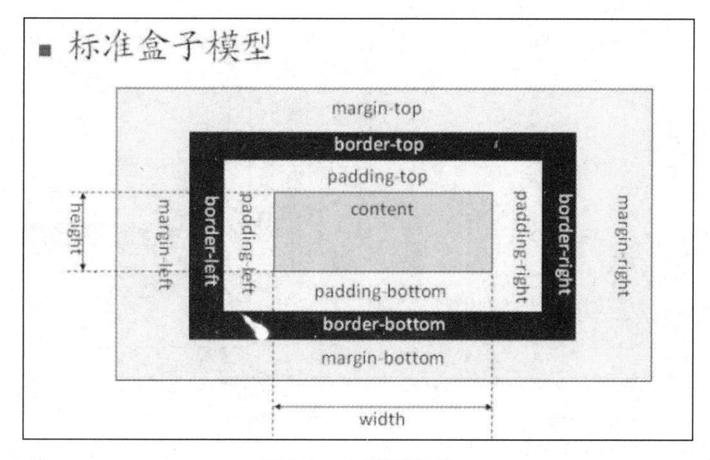

图 5.1　盒模型结构

【例 5.1】盒模型结构。

```
1.  <!DOCTYPE html>
2.  <html lang="en">
3.  <head>
4.      <meta charset="UTF-8">
5.      <title>盒模型结构</title>
6.      <style>
7.          /* 为 2 个“盒子”统一设置宽高 */
8.          .box1,.box2{
9.              width: 200px;
10.             height: 80px;
11.         }
12.         /* 第 1 个“盒子” */
13.         .box1{
14.             background-color: #CC9999;    /* 设置背景颜色 */
15.         }
16.         /* 第 2 个“盒子” */
17.         .box2{
18.             background-color: #ccd380;
19.             border: 2px dashed #2f4f4f;   /* 添加边框 */
20.             padding: 20px;                /* 设置上右下左 4 个方向内边距 */
21.             margin: 30px;                 /* 设置上右下左 4 个方向外边距 */
22.         }
23.     </style>
24. </head>
25. <body>
26. <div class="box1">坚决维护习近平总书记党中央的核心、全党的核心地位</div>
27. <div class="box2">坚决维护党中央权威和集中统一领导</div>
28. </body>
29. </html>
```

盒模型结构的运行效果如图 5.2 所示。

在例 5.1 中，第 2 个“盒子”元素的具体结构如图 5.3 所示。

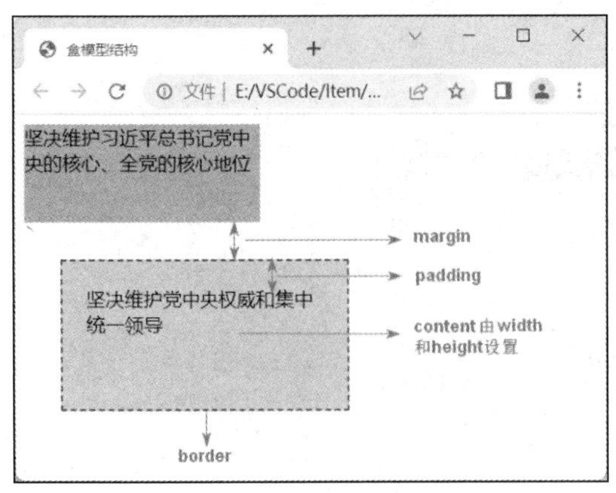

图 5.2　盒模型结构

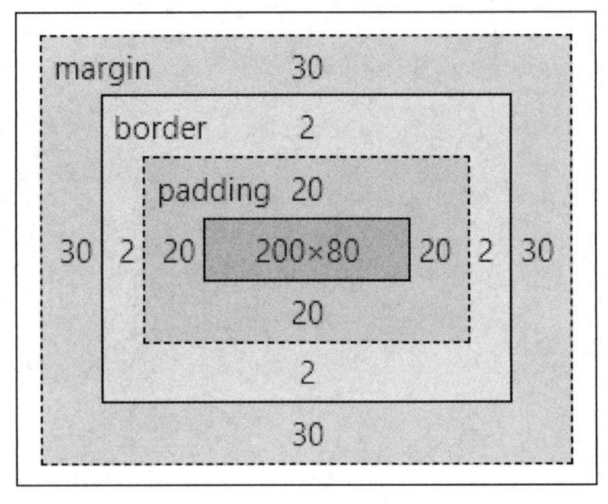

图 5.3　元素结构模型

5.1.2　padding 属性

padding 属性也称为填充属性，可用于控制元素各边所对应的内边距区域。元素的内边距区域指的是其内容与边框之间的空间。padding 属性可用于调整内容在容器中的位置关系，它的值是额外加在元素原有大小之上的，会将元素撑大。若想使元素保持原有的大小，则需要事先减去额外添加的 padding。

1．相关属性

padding 属性是其相关属性 padding-top、padding-bottom、padding-left 和 padding-right 的简写。padding 属性说明如表 5.1 所示。

表 5.1　padding 属性说明

属性	说明
padding	在一个声明中设置所有内边距的属性，属性值通常为像素值或百分比
padding-top	设置元素的上内边距
padding-bottom	设置元素的下内边距
padding-left	设置元素的左内边距
padding-right	设置元素的右内边距

2．语法格式

padding 属性的值可以通过复合写法实现多种设置方式，其基本语法格式如下所示。

```
padding:上内边距 右内边距 下内边距 左内边距
padding:上内边距 左右内边距 下内边距
padding:上下内边距 左右内边距
padding:上下左右内边距
```

3．padding 属性的注意事项

（1）padding 属性不会出现撑开父元素“盒子”的情况

撑开父元素是指父元素跟随子元素的 padding 值一起变大。子元素不设置宽度和高度，

而是继承父元素的宽度。此时为子元素设置 padding 的值，若子元素整体高度未超过父元素，则高度不会超出父元素；若子元素整体高度超过父元素，则高度会超出父元素。总而言之，子元素的 padding 属性永远不会撑开父元素的宽度，但高度可以超出父元素，因此一般没必要给子元素设置宽度，会默认继承父元素。

下面通过示例说明 padding 属性不撑开父元素“盒子”，具体代码如例 5.2 所示。

【例 5.2】padding 属性。

```
1.  <!DOCTYPE html>
2.  <html lang="en">
3.  <head>
4.      <meta charset="UTF-8">
5.      <title>padding 属性</title>
6.      <style>
7.          /* 统一设置 2 个父元素 */
8.          .box{
9.              width: 300px;
10.             height: 100px;
11.             border: 2px solid #333;                /* 添加边框 */
12.             margin: 20px;     /* 添加上右下左 4 个方向外边距 */
13.         }
14.         .box1{
15.             background-color: rgb(186, 203, 239);  /* 设置背景颜色 */
16.             padding: 10px;    /* 添加上右下左 4 个方向内边距 */
17.         }
18.         .box2{
19.             background-color: rgb(239, 193, 221);
20.             padding: 35px;    /* 添加上右下左 4 个方向内边距 */
21.         }
22.     </style>
23. </head>
24. <body>
25.     <div class="box">
26.         <div class="box1">
27.             为子元素设置 padding 的值，若子元素整体高度未超过父元素，则高度不会超出父元素
28.         </div>
29.     </div>
30.     <div class="box">
31.         <div class="box2">
32.             为子元素设置 padding 的值，若子元素整体高度超过父元素，则高度会超出父元素
33.         </div>
34.     </div>
35. </body>
36. </html>
```

例 5.2 的运行效果如图 5.4 所示。

从例 5.2 中可看出，为子元素添加 padding 属性，不会影响到父元素的整体大小。子元素会默认继承父元素的宽度。当为子元素添加 padding 属性时，子元素会根据自身所设置的 padding 值（只针对 padding-left 和 padding-right）自动调整自身宽度。

（2）padding 属性的值只对内容产生效果，而不会对背景图产生任何效果

对于带有背景图的元素而言，增加 padding 属性不会改变背景图的大小或位置，只会在背景图和边框之间添加一些空白区域。如果想改变背景图的大小或位置，则需要使用 background-size、background-position 等 CSS 属性。

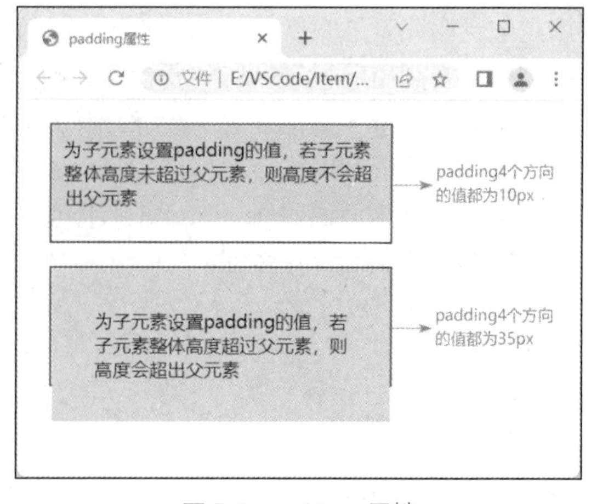

图 5.4　padding 属性

5.1.3　border 属性

border 属性可用于定义一个元素的边框宽度、边框样式和边框颜色。

1. 相关属性

在 CSS 样式中，border 属性是其 3 个相关属性 border-width、border-style 和 border-color 的简写。border 的相关属性说明如表 5.2 所示。

表 5.2　border 的相关属性说明

属性	说明
border-width	设置边框宽度，属性值为数值，常用单位为像素（px）
border-style	设置边框样式，属性值有 none（无边框）、solid（实线）、dashed（虚线）、dotted（点状）和 double（双线）
border-color	设置边框颜色，属性值可以是颜色的英文单词、十六进制值或 RGB 值

2. 语法格式

border 属性的 3 个边框属性可进行连写，连写顺序为边框宽度（border-width）、边框样式（border-style）和边框颜色（border-color）。在进行边框样式的设置时，使用连写格式不仅能够提升开发者的代码编写速度，还能够提升代码可读性，示例代码如下所示。

```
border: 1px solid #aaa;
```

5.1.4　margin 属性

margin 属性用于定义元素周围的空间，即元素与元素之间的距离。

1. 相关属性

margin 属性是其相关属性 margin-top、margin-bottom、margin-left 和 margin-right 的简称。margin 属性说明如表 5.3 所示。

表 5.3　margin 属性说明

属性	说明
margin	在一个声明中设置所有外边距的属性，属性值通常为像素值或百分比，可以取负值
margin-top	设置元素的上外边距

续表

属性	说明
margin-bottom	设置元素的下外边距
margin-left	设置元素的左外边距
margin-right	设置元素的右外边距

margin 属性的 auto 属性值可使浏览器自行选择一个合适的外边距。在一些特殊情况下，auto 值可以使元素居中，代码如下所示。

```
margin: auto;或margin:0 auto;  //使元素居中
```

2. 语法格式

margin 属性的值可以通过复合写法实现多种设置方式，其基本语法格式如下所示。

```
margin:上外边距 右外边距 下外边距 左外边距
margin:上外边距 左右外边距 下外边距
margin:上下外边距 左右外边距
margin:上下左右外边距
```

3. margin 属性的注意事项

（1）margin 属性的上下重叠问题

2 个相邻块元素同时添加上下外边距时，会出现外边距重叠的问题。例如，为前一个块元素 div.box1 添加 margin-bottom:50px，为后一个块元素 div.box2 添加 margin-top:10px，则这 2 个块元素之间的距离为 50px。在这种情况下，哪个元素设置的 margin 值比较大，元素之间的外边距（margin 距离）就显示为该元素的 margin 值。

（2）margin 属性的外边距塌陷问题

当父元素没有边框时，子元素添加 margin-top 属性之后，会带着父元素一起下沉，这便是 margin 属性的外边距塌陷问题。该问题只会出现在嵌套结构中，且只有 margin-top 会有这类问题，其他 3 个方向是没有外边距塌陷问题的。通常使用以下 3 种方式解决 margin 的外边距塌陷问题。

① 为父元素添加 overflow 属性。将 overflow 属性值设置为 hidden，即可解决外边距塌陷问题，推荐使用。示例代码如下所示。

```
overflow:hidden;
```

② 为父元素添加一个边框。边框颜色推荐使用透明色，这样不会影响原来的整体效果，示例代码如下所示。

```
border:1px solid transparent;
```

③ 为父元素添加 padding-top 属性。这种方式需要重新计算高度值，从而保证父元素“盒子”大小，不推荐使用。

下面通过示例说明如何解决 margin 属性的外边距塌陷问题，具体代码如例 5.3 所示。

【例 5.3】解决外边距塌陷问题。

```
1.  <!DOCTYPE html>
2.  <html lang="en">
3.  <head>
4.      <meta charset="UTF-8">
```

```
5.        <title>外边距塌陷问题</title>
6.        <style>
7.            .box{
8.                width: 400px;
9.                height: 180px;
10.               background-color: rgb(242, 208, 157);  /* 设置背景颜色 */
11.               overflow: hidden;    /* 第 1 种方式，为父元素添加 overflow 属性 */
12.               /* border: 1px solid transparent; 第 2 种方式，为父元素添加透明边框 */
13.           }
14.           .box1{
15.               width: 300px;
16.               height: 120px;
17.               background-color: rgb(186, 203, 239);
18.               margin-top: 30px;                         /* 添加上外边距 */
19.           }
20.       </style>
21. </head>
22. <body>
23.     <div class="box">
24.         <div class="box1">
25.             父元素没有边框时，为子元素添加 margin-top 属性之后，会带着父元素一起下沉，
    即外边距塌陷问题。<br>
26.             为父元素添加 overflow 属性，即可解决外边距塌陷问题。
27.         </div>
28.     </div>
29. </body>
30. </html>
```

例 5.3 的运行效果如图 5.5 所示。

若不通过为父元素添加 overflow 属性或添加透明边框的方式解决外边距塌陷问题，即删除例 5.3 中第 11～12 行代码，则会出现外边距塌陷问题，如图 5.6 所示。

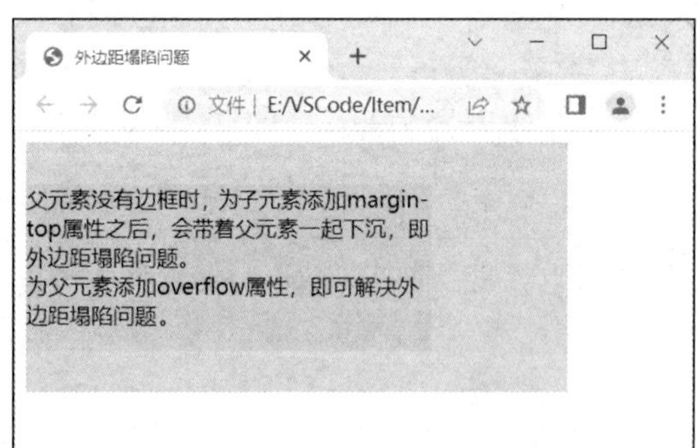

图 5.5　解决外边距塌陷问题

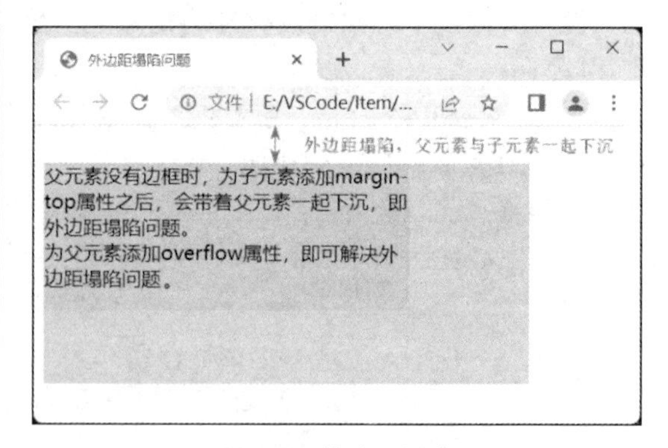

图 5.6　外边距塌陷

5.1.5　怪异盒模型

盒模型分为标准盒模型和怪异盒模型（也称为 IE 盒模型），两者都由 content、padding、border 和 margin 4 个部分构成。怪异盒模型的结构如图 5.7 所示。

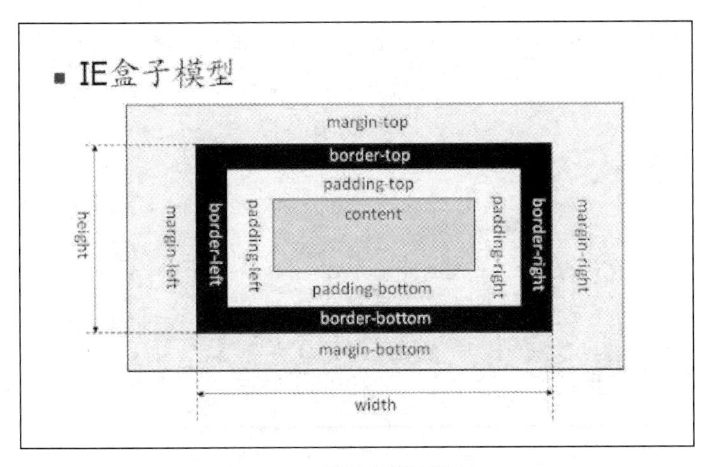

图 5.7　怪异盒模型结构

1. 区别

两种盒模型的区别在于盒子内容宽高的取值范围不一样。

在标准盒模型的情况下，盒子总宽高的值为“width/height（内容宽高）+padding（内边距）+border（边框）+margin（外边距）”，其中内容宽高为 content 部分的 width/height。

在怪异盒模型的情况下，盒子总宽高的值为“width/height（内容宽高）+margin（外边距）”，其中内容宽高为 content 部分的 width/height+padding（内边距）+border（边框）。

2. 模型间的转换

可采用 CSS3 的 box-sizing 属性对标准盒模型和怪异盒模型进行转换。box-sizing 属性用于定义如何计算一个元素的总宽度和总高度，计算方式的区别在于是否需要加上内边距（padding）和边框（border）等。box-sizing 属性值说明如表 5.4 所示。

表 5.4　box-sizing 属性值说明

属性值	说明
content-box	默认值，计算一个元素的总宽度和总高度，需要加上 padding 内边距和 border 边框等，即默认采用标准盒模型
border-box	元素内容的宽度和高度中已包含了 padding 内边距和 border 边框，即默认采用怪异盒模型
inherit	指定 box-sizing 属性的值应该从父元素继承

5.1.6　案例：公告小卡片

1. 页面结构分析简图

本案例是制作一个公告小卡片的文案页面。该页面的实现需要用到<div>块元素、<p>段落标签、<img>图片标签、<a>超链接等，页面结构简图如图 5.8 所示。

图 5.8　公告小卡片页面的结构简图

2. 代码实现

（1）主体结构代码

新建一个 HTML 文件，以外链方式在该文件中引入 CSS 文件。首先，在<body>标签中定义一个<div>父容器块，并添加 ID 名为“card”；然后，在父容器中添加子元素，并加入文本内容，具体代码如例 5.4 所示。

【例 5.4】公告小卡片。

```
1.  <!DOCTYPE html>
2.  <html lang="en">
3.  <head>
4.      <meta charset="UTF-8">
5.      <title>公告小卡片</title>
6.      <link type="text/css" rel="stylesheet" href="card.css">
7.  </head>
8.  <body>
9.      <!-- 父容器 -->
10.     <div id="card">
11.         <img src="../images/5.png" alt="">
12.         <p class="text">
13.             新产品已全面升级，即将投入到新型产业链中，将为企业带来巨大改变，敬请期待！
14.         </p>
15.         <p>
16.             <a class="more" href="1.html">查看更多</a>
17.         </p>
18.     </div>
19. </body>
20. </html>
```

在上述代码中，首先使用<img>标签在页面中嵌入一张图片，然后使用<p>标签添加一段文本，最后添加一个<a>超链接。单击超链接可跳转至其他页面，了解更多详情。

（2）CSS 代码

新建一个 CSS 文件 card.css，在该文件中加入 CSS 代码，设置页面样式，具体代码如下所示。

```
1.  /* 清除页面默认边距 */
2.  *{
3.      margin: 0;
4.      padding: 0;
5.  }
6.  /* 父容器 */
7.  #card{
8.      width: 500px;
9.      border: 1px solid #969588;  /* 添加边框，设置边框宽度、样式、颜色 */
10.     margin: 10px auto;  /* 添加外边距，上、下外边距为 10px，左右处于页面居中位置 */
11. }
12. img{
13.     width: 100%;          /* 图片宽度为其父元素宽度的 100%，可自动适应其父元素的宽度 */
14. }
15. /* 文本 */
16. .text{
17.     padding: 20px;        /* 添加内边距，上、右、下、左内边距皆为 20px */
18.     color: #495664;       /* 字体颜色 */
19. }
20. /* 超链接 */
21. .more{
22.     display: inline-block;      /* 转化为内联块元素 */
23.     border: 1px solid #999;     /* 添加边框 */
24.     border-radius: 30px;        /* 添加圆角效果 */
25.     color: #7b7373;
26.     text-decoration: none;      /* 设置文本修饰，取消下画线 */
27.     padding: 10px 20px;   /* 添加内边距，上、下内边距为 10px，左、右内边距为 20px */
28.     margin: 0 20px 20px;  /* 添加外边距，上外边距为 0，左、右、下外边距为 20px */
29. }
30. /* 光标移到超链接时 */
31. .more:hover{
32.     background-color: #eaf3f7;  /* 添加背景颜色 */
33.     color: #50708c;             /* 改变字体颜色 */
34.     cursor: pointer;            /* 光标形状变为一只手 */
35. }
```

在上述 CSS 代码中，首先，使用通用选择器进行样式重置，通过 padding 属性和 margin 属性清除页面默认边距；然后，使用 border 属性和 margin 属性为父容器添加边框和外边距，再使用 padding 属性为文本添加内边距；接下来，使用 display 属性将<a>超链接转化为内联块元素，使用 border-radius 属性为其添加圆角，再为其添加内边距和外边距；

最后，应用超链接的:hover 伪类，当光标移到超链接时，为超链接添加背景颜色并改变字体颜色。

5.1.7 本节小结

本节主要讲解了盒模型的结构构成以及 padding、border 和 margin 属性的相关内容。希望读者通过本节的学习，可以利用盒模型的结构设计出更优美的网页页面。

微课视频

5.2 CSS3 浮动

CSS 浮动是网页布局中重要的组成元素。“浮”指元素可以脱离文档流，漂浮在网页上面；“动”指元素可以偏移位置，移动到指定位置。

浮动的本质是使块级元素在同一行显示，脱离文档流，不占用原来的位置。文档流指的是元素在页面中出现的先后顺序，即元素在窗体中自上而下按行排列，并在每行中按从左到右的顺序排放。

5.2.1 float 属性

1. float 属性值

在 CSS 中，块元素的浮动是通过 float 属性进行设置的。设置浮动之后，元素会按一个指定的方向移动，直至到达父容器的边界或另一个浮动元素才停止。float 属性有 none、left 和 right 这 3 个属性值，其属性值的说明如表 5.5 所示。

表 5.5 float 属性值说明

属性值	说明
none	none 值为不浮动（默认值），表示对元素不进行浮动操作，元素处于正常文档流
left	left 值为左浮动，表示对元素进行左浮动，元素会沿着父容器靠左排列并脱离文档流
right	right 值为右浮动，表示对元素进行右浮动，元素会沿着父容器靠右排列并脱离文档流

2. 演示说明

下面通过浮动属性使 4 个带有文字内容的块元素分别实现左右浮动，具体代码如例 5.5 所示。

【例 5.5】块元素浮动。

```
1.  <!DOCTYPE html>
2.  <html lang="en">
3.  <head>
4.      <meta charset="UTF-8">
5.      <title>块元素的浮动</title>
6.      <style>
7.          /* 清除页面默认边距 */
8.          *{
9.              margin: 0;
```

```
10.             padding: 0;
11.         }
12.         /* 为父容器设置宽度为body的100%。由于样式优先级id选择器>标签选择器，父元素
    宽高不受标签选择器影响 */
13.         #box{
14.             width: 100%;
15.         }
16.         /*  统一设置为4个子块元素  */
17.         div{
18.             width: 150px;
19.             height: 60px;
20.             font-size: 18px;            /* 设置字体大小 */
21.             margin-right: 10px;         /* 设置右外边距 */
22.         }
23.         /*  设置前2个块元素  */
24.         .box1,.box2{
25.             background-color: #dcbfdc;  /* 设置背景颜色 */
26.             float: left;                /* 设置左浮动 */
27.         }
28.         /*  设置后2个块元素  */
29.         .box3,.box4{
30.             background-color: #a3b9de;
31.             float: right;               /* 设置右浮动 */
32.         }
33.     </style>
34. </head>
35. <body>
36. <div id="box">
37.     <div class="box1">牛羊散漫落日下</div>
38.     <div class="box2">野草生香乳酪甜</div>
39.     <div class="box3">卷地朔风沙似雪</div>
40.     <div class="box4">家家行帐下毡帘</div>
41. </div>
42. </body>
43. </html>
```

块元素浮动的运行效果图如图5.9所示。

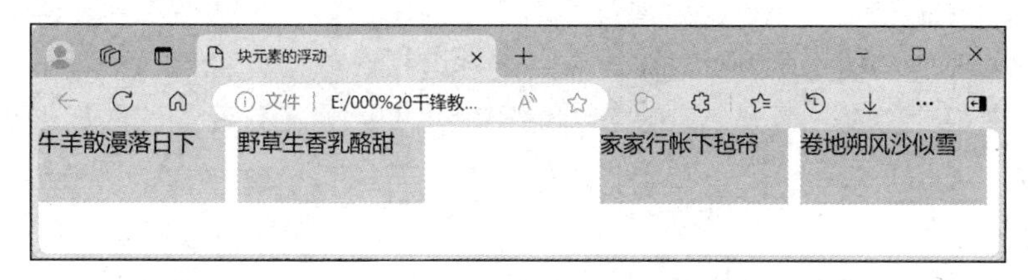

图5.9　块元素浮动

5.2.2　清除浮动

使用float属性对元素进行浮动操作时，不会对之前的元素造成任何影响，但元素浮动后

会脱离正常文档流，影响后面元素的布局，导致发生错位。

例如，在一个父元素“盒子”中，有 2 个子元素自上而下排列，若为第 1 个子元素设置浮动，则第 2 个子元素会移动到第 1 个子元素的原有位置，而第 1 个子元素会“浮”在第 2 个子元素上面。父元素未设置宽度和高度时，父元素的宽度和高度是由子元素决定的，因此，此时父元素的高度与第 2 个子元素的高度一样，相当于第 1 个子元素的那部分高度“消失”了，效果如图 5.10 所示。

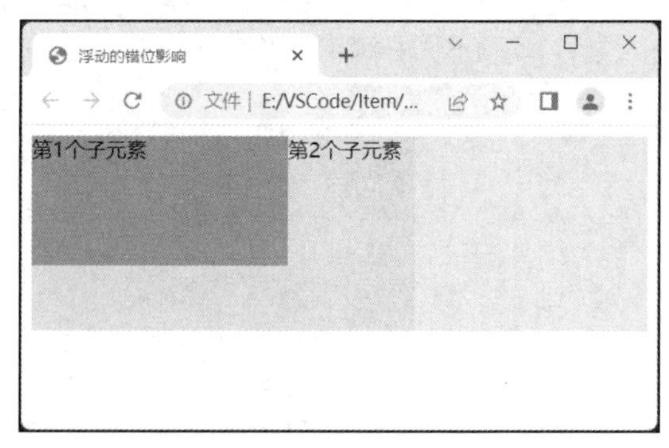

图 5.10　浮动的影响

为了解决浮动带来的影响，可在 CSS 中通过 clear 属性来实现清除浮动的操作。

1．clear 属性

clear 属性用于清除浮动，有 both、left 和 right 这 3 个属性值，其属性值说明如表 5.6 所示。

表 5.6　clear 属性值说明

属性值	说明
left	left 值用于清除左浮动
right	right 值用于清除右浮动
both	both 值可以同时清除左右浮动

2．清除浮动的方式

解决浮动带来的影响有以下 4 种方式。

（1）为父容器设置一个固定高度

如果父容器不设置高度，子元素浮动脱离文档流时，会导致父容器和子元素不在同一个层面，父容器内若没有任何内容，则无法被撑开。通过固定父容器高度，可以限制容器大小，不影响后续元素的位置，但不方便对父容器的内容进行扩展，在实际的大型应用开发中不建议使用此方式。

（2）为父容器添加一个 overflow 属性

将 overflow 属性的值设为 hidden（对溢出内容进行修剪）或 scroll（对元素设置滚动条），可以清除浮动带来的影响。但 overflow 属性会对溢出的元素进行隐藏或添加滚动条，在实际开发中不推荐使用此方式。

（3）为父容器添加一个空标签

在父容器中添加一个类名为 clear 的空标签，再利用 clear 属性清除浮动，可使空标签保持在正常位置，同时父容器和空标签在同一个层面上，父容器会被空标签撑开，具体代码如下所示。

```
<style>
.clear{
```

```
clear:both;
}
</style>
<body>
<div id=="photo">
   ...
    <div class="clear"></div>
</div>
</body>
```

此种方式十分巧妙，但需要在页面中多添加一个标签元素，使用不方便，不利于后期对代码的维护，因此不建议在实际开发中使用。

（4）使用伪元素（::after）清除浮动

after 伪元素是优化空标签方式的一种做法，在父容器中添加一个 class 类名（如 clearfix），然后通过 CSS 中的 content 属性为 HTML 标签添加一个空内容，相当于添加一个空标签。该空标签默认为内联元素，再将 display 属性的值设为 block，使其转化为块级元素，便可默认该空标签具备块级元素的特点，然后通过清除浮动的方式撑开父容器。

使用伪元素清除浮动的具体代码如下所示。

```
<style>
     .clearfix::after{
         content: "";
         display: block;
         clear: both;
     }
         /*兼容 IE 浏览器*/
     .clearfix{
       *zoom:1;
     }
</style>
```

此种方式易于后期维护，是实际开发中清除浮动的常用方式。

5.2.3 案例：运输服务流程

1. 页面结构分析简图

本案例是制作一个运输服务流程的介绍页面。该页面的实现需要用到<div>块元素、<ul>无序列表、<a>超链接、<span>内联元素、<p>段落标签、<img>图片标签等，页面结构简图如图 5.11 所示。

2. 代码实现

（1）主体结构代码

新建一个 HTML 文件，以外链方式在该文件中引入 CSS 文件。首先，在<body>标签中定义<div>父容器块，并添加 ID 名为“service”；然后，在父容器中添加<ul>无序列表、<span>内联元素、<img>图像标签、<p>段落标签等，具体代码如例 5.6 所示。

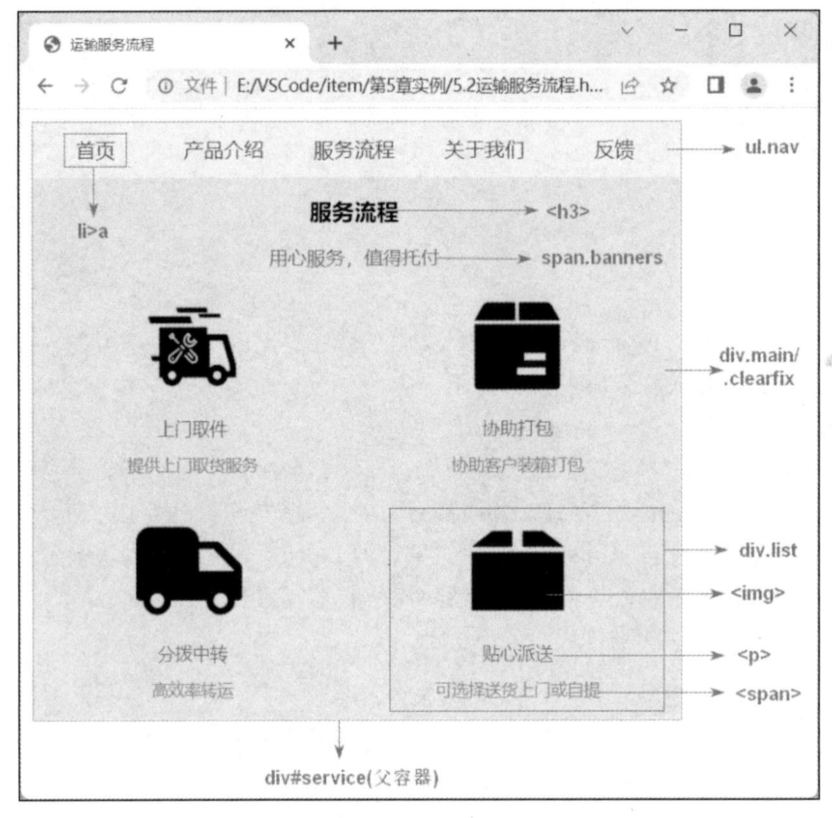

图 5.11　运输服务流程页面结构简图

【例 5.6】运输服务流程。

```
1.  <!DOCTYPE html>
2.  <html lang="en">
3.  <head>
4.      <meta charset="UTF-8">
5.      <title>运输服务流程</title>
6.      <link type="text/css" rel="stylesheet" href="service.css">
7.  </head>
8.  <body>
9.      <!-- 父容器 -->
10.     <div id="service">
11.         <!-- 导航菜单 -->
12.         <ul class="nav">
13.             <!-- 项目列表 -->
14.             <li><a href="#">首页</a></li>
15.             <li><a href="#">产品介绍</a></li>
16.             <li><a href="#">服务流程</a></li>
17.             <li><a href="#">关于我们</a></li>
18.             <li><a href="#">反馈</a></li>
19.         </ul>
20.         <!-- 主体内容 -->
21.         <div class="main clearfix">
22.             <!-- 标题 -->
23.             <h3>服务流程</h3>
```

```
24.             <!-- 标语 -->
25.             <span class="banners">用心服务，值得托付</span>
26.             <!-- 服务流程列表 -->
27.             <div class="list">
28.                 <!-- 图片 -->
29.                 <img src="../images/service-1.png" alt="">
30.                 <!-- 服务名称 -->
31.                 <p>上门取件</p>
32.                 <!-- 服务说明 -->
33.                 <span>提供上门取货服务</span>
34.             </div>
35.             <div class="list">
36.                 <img src="../images/service-2.png" alt="">
37.                 <p>协助打包</p>
38.                 <span>协助客户装箱打包</span>
39.             </div>
40.             <div class="list">
41.                 <img src="../images/service-3.png" alt="">
42.                 <p>分拨中转</p>
43.                 <span>高效率转运</span>
44.             </div>
45.             <div class="list">
46.                 <img src="../images/service-4.png" alt="">
47.                 <p>贴心派送</p>
48.                 <span>可选择送货上门或自提</span>
49.             </div>
50.         </div>
51.     </div>
52. </body>
53. </html>
```

在上述代码中，首先，<ul>无序列表用于制作导航菜单，每个<li>项目列表中嵌套一个<a>超链接；然后，在主体内容“.main”块元素中添加一个“.clearfix”类名，利用伪元素清除浮动带来的影响；最后，在每个服务流程列表中分别嵌套一个<img>图片标签、<p>段落标签和<span>内联元素。

（2）CSS 代码

新建一个 CSS 文件 service.css，在该文件中加入 CSS 代码，设置页面样式，具体代码如下所示。

```
1.  /* 取消页面默认边距 */
2.  *{
3.      margin: 0;
4.      padding: 0;
5.  }
6.  /* 父容器 */
7.  #service{
8.      width: 550px;
9.      border: 1px solid #999;      /* 添加边框 */
10.     margin: 10px;                /* 添加外边距 */
11. }
```

```
12. /* 导航菜单 */
13. .nav{
14.     width: 100%;
15.     height: 46px;
16.     list-style: none;               /* 取消列表标记 */
17.     background-color: #f4f0f5;  /* 添加背景颜色 */
18.     overflow: hidden;               /* 清除浮动 */
19. }
20. /* 项目列表 */
21. .nav>li{
22.     width: 20%;
23.     height: 46px;
24.     line-height: 46px;  /* 行高与高的值相同，可使元素中的内容垂直居中 */
25.     text-align: center;             /* 文本左右方向居中 */
26.     float: left;                    /* 设置元素向左浮动 */
27. }
28. /* 超链接 */
29. a{
30.     text-decoration: none;          /* 设置文本修饰，取消下画线 */
31.     font-size: 17px;                /* 字体大小 */
32.     color: #3e4552;                 /* 字体颜色 */
33. }
34. /* 当光标移到项目列表上时 */
35. li:hover a{
36.     color: #78a5cb;                 /* 字体颜色 */
37. }
38. /* 主体 */
39. .main{
40.     width: 100%;
41.     background-color: #ebdfee;
42. }
43. /* 使用伪元素清除浮动 */
44. .clearfix::after{
45.     content: "";
46.     display: block;
47.     clear: both;
48. }
49. /*兼容 IE 浏览器*/
50. .clearfix{
51.     *zoom:1;
52. }
53. /* 标题 */
54. h3{
55.     text-align: center;
56.     padding: 15px 0;                /* 添加上、下内边距 */
57. }
58. /* 标语 */
59. .banners{
```

```
60.     color: #626565;
61.     font-size: 16px;
62. }
63. /* 服务流程列表 */
64. .list{
65.     width: 50%;
66.     float: left;                    /* 设置元素向左浮动 */
67.     margin: 15px 0;                 /* 添加上、下外边距 */
68. }
69. /* 图片 */
70. img{
71.     display: block;                 /* 转化为块元素 */
72.     width: 35%;
73.     margin: 0 auto;                 /* 使元素居中 */
74. }
75. /* 服务名称 */
76. p{
77.     color: #5d5f72;
78.     text-align: center;
79.     font-size: 15px;
80.     padding: 10px 0;                /* 添加上下内边距 */
81. }
82. /* 服务说明 */
83. span{
84.     display: block;                 /* 转化为块元素 */
85.     width: 100%;
86.     text-align: center;
87.     color: #7b7b79;
88.     font-size: 14px;
89. }
```

在上述 CSS 代码中，设置元素浮动和清除浮动是本节的重点内容。首先，使用 float 属性将<ul>无序列表中的每个<li>项目列表设置为向左浮动，并在<ul>无序列表中添加 overflow 属性，清除浮动带来的影响；然后，使用 float 属性将 4 个服务流程列表设置为向左浮动，其宽度为“.main”主体内容（父元素）宽度的 50%，可排列为 2 行；最后，在“.main”主体内容中添加“.clearfix”类名，使用伪元素结合 display 属性和 clear 属性清除浮动带来的影响。

5.2.4　本节小结

本节主要讲解了 CSS 浮动的原理以及清除浮动的 4 种方式。希望读者通过本节的学习，可以掌握浮动的使用方法，并且能够选择合理的方式清除浮动带来的影响。

5.3　CSS3 定位

微课视频

5.3.1　定位的概述

在 CSS 中，通过 CSS 定位可以实现网页元素的精确定位。定位可设置元素所处的位置，使其脱离标准文档流，改变当前位置。CSS 定位和 CSS 浮动类似，也是控制网页布局的操作，CSS 定位更加灵活，可服务于更多个性化的布局方案。在设计网页布局时，灵活使用这 2 种布局方式，能够创建多种高级且精确的布局。

1．定位模式

在 CSS 中，position 属性用于定义元素的定位模式。position 属性有 4 个常用属性值 static、relative、absolute 和 fixed，分别对应 4 种定位方式，即静态定位、相对定位、绝对定位和固定定位。

静态定位是 CSS 定位的默认定位方式，其 position 属性值为 static，可将元素定位于静态位置，此时元素不会以任何特殊方式进行定位。静态定位的元素不受 top、bottom、left 和 right 位置属性的影响，始终根据页面的标准文档流进行定位。在默认状态下，任何元素都会以静态定位来确定其位置。因此，不设置 position 定位属性时，元素会遵循默认值，显示为静态位置。

2．位置属性

在网页中定义了元素的定位方式之后，并不能确定元素的具体位置，需要配合位置属性来精确设置元素的具体位置。位置属性共有 4 个，包括 top、bottom、left 和 right。这 4 个位置属性可以取值为不同单位（如 px、mm、rems）的数值或百分比，位置属性的含义说明如表 5.7 所示。

表 5.7　　位置属性的含义说明

位置属性	说明
top	顶部偏移量
bottom	底部偏移量
left	左侧偏移量
right	右侧偏移量

5.3.2　相对定位

相对定位的元素是相对于其正常位置进行定位的，其 position 属性值为 relative。相对定位的元素会以自身位置为基准设置位置，即根据 left、right、top、bottom 等位置属性在标准文档流中进行位置偏移。相对定位不会对其余内容进行调整来适应元素留下的任何空间，移动的元素仍然占用原本的位置。

1．相对定位的特性

相对定位有以下 3 个特性。

① 相对于自身的初始位置来定位。

② 元素位置发生偏移后，会占用原来的位置，之前的空间会被保留下来。

③ 层级提高，可以覆盖标准文档流中的元素及浮动元素。

2. 使用场景

相对定位一般情况下很少单独使用，可以配合绝对定位使用，通常作为绝对定位元素的父元素，而又不设置偏移量，也就是所谓的“子绝父相”。

3. 演示说明

下面定义 3 个块元素，并对其中一个元素进行相对定位，然后观察它们的位置变化，具体代码如例 5.7 所示。

【例 5.7】相对定位。

```
1.  <!DOCTYPE html>
2.  <html lang="en">
3.  <head>
4.      <meta charset="UTF-8">
5.      <title>相对定位</title>
6.    <style>
7.      /* 为 3 个块元素统一设置宽高 */
8.      div{
9.        width: 200px;
10.       height: 50px;
11.     }
12.     /* 为每个块元素分别设置背景颜色 */
13.     .box1{
14.       background-color: #ea9b7c;
15.     }
16.     .box2{
17.       background-color: #c389c3;
18.       position: relative;    /* 为第 2 个块元素设置相对定位 */
19.       left: 150px;           /* 根据左上角位置距离左侧偏移 150px，往右移动 */
20.       top: 120px;            /* 根据左上角位置距离顶部偏移 120px，往下移动 */
21.     }
22.     .box3{
23.       background-color: #7a98d4;
24.     }
25.   </style>
26. </head>
27. <body>
28.     <div class="box1">1.先天下之忧而忧</div>
29.     <div class="box2">2.为中华之崛起而读书</div>
30.     <div class="box3">3.天下兴亡匹夫有责</div>
31. </body>
32. </html>
```

元素相对定位的运行效果如图 5.12 所示。

相对定位的元素仍然在标准文档流中，占据原有的位置空间。为元素设置相对定位时，位置属性是根据元素左上角进行位置偏移的。例如在例 5.7 中，元素首先根据左上角的位置距离左侧偏移 150px（往右移动），然后距离顶部偏移 120px（往下移动）。

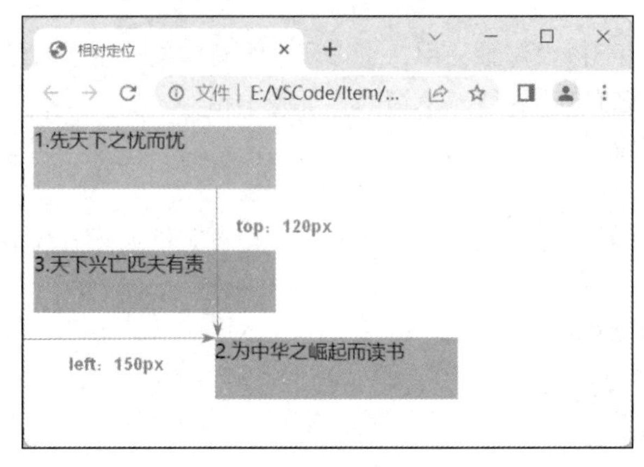

图 5.12　相对定位

5.3.3　绝对定位

绝对定位的元素是相对于最近的、已定位的祖先元素进行定位的。若祖先元素未进行定位，则会按照文档主体（body）的左上角进行定位，并随页面滚动一起移动。绝对定位的 position 属性值为 absolute。绝对定位的元素会以最近的、已定位的祖先元素为基准设置位置，即根据 left、right、top、bottom 等位置属性相对于祖先元素进行位置偏移，类似于坐标值定位。被设置了绝对定位的元素在文档标准流中的位置会被删除，是不占据空间的。

1. 绝对定位的特性

绝对定位有以下 4 个特性。

① 相对于最近的、已定位的祖先元素位置进行定位。如果祖先元素没有设置定位，则相对文档主体（body）的左上角来定位。

② 元素位置发生偏移后，不会占用原来的位置。

③ 元素层级提高，可以覆盖标准文档流中的其他元素及浮动元素。

④ 设置绝对定位的元素会脱离标准文档流。

2. 使用场景

绝对定位一般情况下可用于下拉菜单、弹出数字气泡、焦点图轮播、信息内容显示等场景。

绝对定位可将元素定位到网页的正中心，具体实现代码如下所示。

```
#box{
            position: absolute;      /* 为该元素设置绝对定位方式 */
            left: 0;                 /* 设置上下左右 4 个位置属性的值为 0 */
            right: 0;
            top: 0;
            bottom: 0;
            margin: auto;            /* 设置外边距值为 auto */
    }
```

3. 演示说明

一个父块元素中有 3 个子块元素，为父块元素设置相对定位，为其中一个子块元素设置绝对定位，然后观察它们的位置变化，具体代码如例 5.8 所示。

【例 5.8】绝对定位。

```
1.  <!DOCTYPE html>
2.  <html lang="en">
3.  <head>
4.      <meta charset="UTF-8">
5.      <title>绝对定位</title>
6.      <style>
7.          /* 为 3 个子块元素统一设置宽高 */
8.          div{
9.              width: 150px;
10.             height: 50px;
11.         }
12.         /* 设置父块元素 */
13.         #box{
14.             width: 460px;
15.             height: 200px;
16.             border: 1px solid #666;    /* 添加边框 */
17.             background-color: #f5f6fa ;
18.             position: relative;        /* 为父块元素设置相对定位 */
19.         }
20.         /* 为子块元素分别设置背景颜色 */
21.         .box1{
22.             background-color: #f0cd8c;
23.         }
24.         .box2{
25.             background-color: #a7ca85;
26.             position: absolute;        /* 为第 2 个块元素设置绝对定位 */
27.             right: 120px ;             /* 根据父块元素位置距离右侧偏移 120px */
28.             bottom: 60px;              /* 根据父块元素位置距离底部偏移 60px */
29.         }
30.         .box3{
31.             background-color: #dda4a4;
32.         }
33.     </style>
34. </head>
35. <body>
36.     <div id="box">
37.         <div class="box1">1.位卑未敢忘忧国</div>
38.         <div class="box2">2.乐以天下忧以天下</div>
39.         <div class="box3">3.少年强则国强</div>
40.     </div>
41. </body>
42. </html>
```

绝对定位的运行效果如图 5.13 所示。

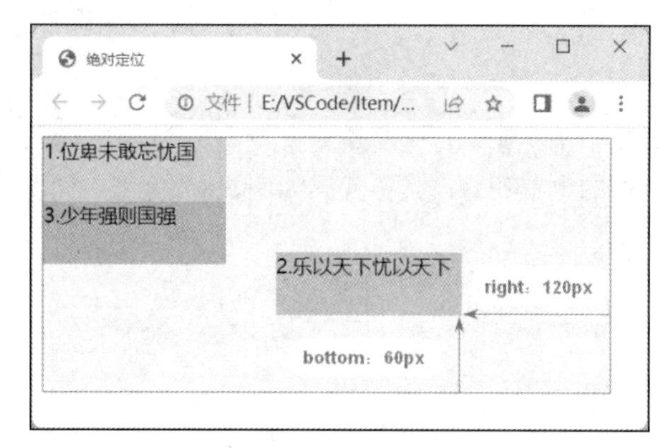

图 5.13 绝对定位

绝对定位的元素不在标准文档流中，不占据原有的位置空间。为元素设置绝对定位时，位置属性是根据已定位的祖先元素进行位置偏移的。例如在例 5.8 中，类似于坐标值定位，元素首先在距离父元素右侧 120px 的位置进行偏移，然后在距离父元素底部 60px 的位置进行偏移。

5.3.4 固定定位

固定定位的元素是相对于浏览器窗口进行定位的，使用固定定位的元素不会因浏览器窗口的滚动而移动。固定定位的 position 属性值为 fixed。固定定位的元素会以浏览器窗口为基准设置位置，即根据 left、right、top、bottom 等位置属性相对于浏览器窗口进行位置偏移，即使滚动页面，该元素也始终位于同一位置。但是，一旦元素被定位到浏览器窗口的可见视图之外，就不能被看见了。

1．固定定位的特性

固定定位有以下 3 个特性。

① 元素相对于浏览器窗口来定位。

② 偏移量不会随滚动条的滚动而移动。

③ 元素不占用原来的位置空间。

2．使用场景

固定定位一般情况下在网页中可用于返回顶部图标、固定顶部导航栏以及在窗口左右两边固定广告等。

3．演示说明

一个父块元素中有 2 个子块元素，为其中一个子块元素设置固定定位，然后观察它们的位置变化，具体代码如例 5.9 所示。

【例 5.9】固定定位。

```
1.  <!DOCTYPE html>
2.  <html lang="en">
3.  <head>
```

```
4.      <meta charset="UTF-8">
5.      <title>固定定位</title>
6.      <style>
7.          /* 设置父块元素 */
8.          #box{
9.              width: 320px;
10.             height: 150px;
11.             background-color: #f0f6fa ; /* 设置背景颜色 */
12.             border: 1px solid #999;     /* 设置边框 */
13.         }
14.         /* 统一设置 2 个子块元素的宽高 */
15.         .box1,.box2{
16.             width: 200px;
17.             height: 50px;
18.         }
19.         .box1{
20.             background-color: #d38e8e;
21.             position: fixed;            /* 为第 1 个子元素设置固定定位 */
22.             right: 20px;                /* 距离浏览器窗口右侧 20px */
23.             bottom: 10px;               /* 距离浏览器窗口底部 10px */
24.         }
25.         .box2{
26.             background-color: #8ca4d3;
27.         }
28.     </style>
29. </head>
30. <body>
31.     <div id="box">
32.         <div class="box1">1.砥砺前行，繁荣昌盛</div>
33.         <div class="box2">2.以国家之务为己任</div>
34.     </div>
35. </body>
36. </html>
```

固定定位的运行效果如图 5.14 所示。

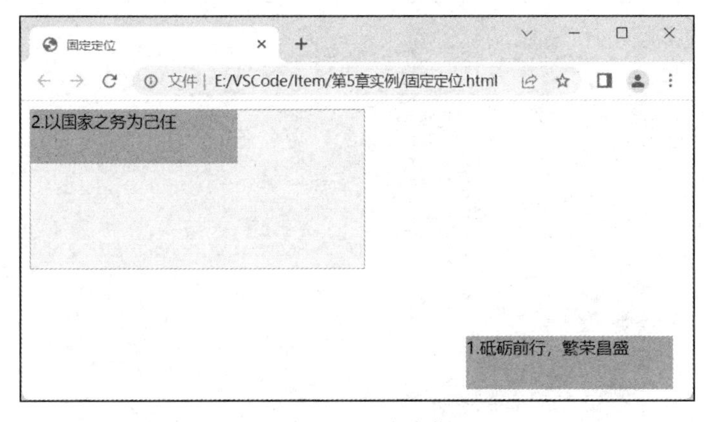

图 5.14　固定定位

固定定位的元素不会占据原有的位置空间。为元素设置固定定位时，位置属性是根据浏览器窗口进行位置偏移的。例如在例 5.9 中，无论浏览器窗口大小如何变化，元素始终在距离浏览器窗口右侧 20px、底部 10px 的位置进行偏移，位置始终不变。

5.3.5 z-index 属性

z-index 是针对网页显示引入的一个特殊属性。显示器通常显示的是一个二维平面图案，用 x 轴和 y 轴来表示位置属性。为了表示三维立体的概念，在元素显示的上下层叠加顺序中引入了 z-index 属性来表示 z 轴（显示屏方向），从而表示一个元素在叠加顺序上的上下立体关系。

z-index 属性用于设置元素的堆叠顺序。拥有更高堆叠顺序的元素总是会处于堆叠顺序较低的元素前面。z-index 属性适用于具有定位元素的模式。当为多个元素添加定位操作时，可能会出现叠加情况，此时可以使用 z-index 属性来确定定位元素在垂直于显示屏上的层叠顺序。z-index 属性值说明如表 5.8 所示。

表 5.8　　z-index 属性值说明

属性值	说明
auto	默认值，堆叠顺序与父元素相同
number（数值）	设置元素的堆叠顺序，数值可为负数。z-index 值较大的元素将叠加在 z-index 值较小的元素之上

对于未指定 z-index 属性的定位对象，z-index 值为正数的对象会在其之上，而 z-index 值为负数的对象在其之下。

5.3.6 案例：单号查询界面

1．页面结构分析简图

本案例是制作一个单号查询的页面。该页面的实现需要用到<div>块元素、<p>段落标签、<img>图片标签、<a>超链接和<input>表单控件，页面结构简图如图 5.15 所示。

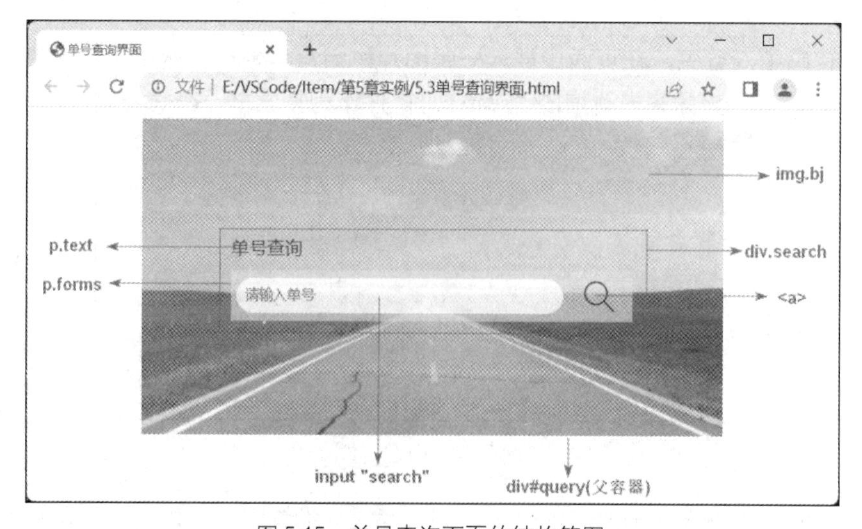

图 5.15　单号查询页面的结构简图

2. 代码实现

(1) 主体结构代码

新建一个 HTML 文件，以外链方式在该文件中引入 CSS 文件。首先，在<body>标签中定义一个<div>父容器块，并添加 ID 名为“query”；然后，在父容器中添加子元素，并加入表单控件和文本内容，具体代码如例 5.10 所示。

【例 5.10】单号查询界面。

```
1.  <!DOCTYPE html>
2.  <html lang="en">
3.  <head>
4.      <meta charset="UTF-8">
5.      <title>单号查询界面</title>
6.      <link type="text/css" rel="stylesheet" href="search.css">
7.  </head>
8.  <body>
9.      <!-- 父容器 -->
10.     <div id="query">
11.         <!-- 背景图片 -->
12.         <img class="bj" src="../images/6.png" alt="">
13.         <!-- 查询模块 -->
14.         <div class="search">
15.             <p class="text">单号查询</p>
16.             <!-- 搜索表单 -->
17.             <p class="forms">
18.                 <!-- 搜索框 -->
19.                 <input type="search" placeholder="请输入单号">
20.                 <!-- 搜索图标 -->
21.                 <a href="#"></a>
22.             </p>
23.         </div>
24.     </div>
25. </body>
26. </html>
```

在上述代码中，首先，在页面中嵌入一张图片作为背景图片；然后，在搜索模块中添加搜索表单，使用<input>标签中新增的“search”控件作为搜索框，在<a>超链接中添加一个背景图片作为搜索图标。

(2) CSS 代码

新建一个 CSS 文件 search.css，在该文件中加入 CSS 代码，设置页面样式，具体代码如下所示。

```
1.  /* 取消页面默认边距 */
2.  *{
3.      margin: 0;
4.      padding: 0;
5.  }
6.  /* 父容器 */
7.  #query{
8.      width: 550px;
```

```
9.      margin: 10px auto;              /* 添加外边距 */
10.     position: relative;             /* 为父元素添加相对定位 */
11. }
12. /* 背景图片 */
13. .bj{
14.     width: 100%;                    /* 设置背景图片宽度 */
15. }
16. /* 单号查询模块 */
17. .search{
18.     width: 380px;
19.     height: 100px;
20.     /* 绝对定位到正中心的位置 */
21.     position: absolute;
22.     left: 0;                        /* 设置上下左右 4 个位置属性的值为 0 */
23.     right: 0;
24.     top: 0;
25.     bottom: 0;
26.     margin: auto;                   /* 设置外边距值为 auto */
27.     z-index: 9;                     /* 设置堆叠顺序，提高层级 */
28. }
29. .text{
30.     margin: 10px 0;                 /* 添加外边距 */
31.     color: #414357;                 /* 字体颜色 */
32.     font-size: 17px;                /* 字体大小 */
33. }
34. /* 搜索表单 */
35. .forms{
36.     width: 100%;
37.     height: 46px;
38.     background-color: rgba(231, 232, 202 , 0.6);  /* 设置背景颜色的不透明度 */
39.     position: relative;             /* 为父元素添加相对定位 */
40. }
41. /* 搜索框 */
42. input[type="search"]{
43.     width: 310px;
44.     background-color: rgba(255, 255, 255 , 0.8);
45.     border-radius: 25px;            /* 添加圆角效果 */
46.     border: 0;                      /* 取消边框 */
47.     outline: none;                  /* 取消点击文本框时的边框效果 */
48.     padding: 8px;                   /* 添加内边距 */
49.     position: absolute;             /* 添加绝对定位 */
50.     top: 7px;                       /* 使用位置属性设置具体位置 */
51.     left: 5px;
52. }
53. /* 搜索图标 */
54. a{
55.     display: inline-block;          /* 转化为内联块元素 */
56.     width: 32px;
57.     height: 32px;
58.     background: url(../images/glass.png) no-repeat; /* 添加背景图片 */
59.     background-size: 32px 32px;   /* 设置背景图片尺寸 */
```

```
60.     position: absolute;          /* 添加绝对定位 */
61.     top: 7px;
62.     right: 15px;
63. }
```

在上述 CSS 代码中，使用 CSS 定位设置元素的具体位置是本节的重点内容。首先，为单号查询模块的父元素——父容器——添加相对定位，并为单号查询模块添加绝对定位，使用位置属性将其定位到父元素的正中心位置，再使用 z-index 属性提高查询模块的层级；然后，用相同的方法为搜索表单添加相对定位，并使用绝对定位为搜索框和搜索图标设置具体的位置。

5.3.7 本节小结

本节主要讲解了元素的 3 种定位模式（即相对定位、绝对定位和固定定位）以及设置元素堆叠顺序的 z-index 属性。希望读者通过本节的学习，可以掌握 CSS 定位中 3 种模式的区别和应用场景，能够通过 CSS 定位设置元素在网页中的具体位置。

5.4 本章小结

本章重点讲述了如何设计页面布局，主要介绍了盒模型的相关结构属性以及 CSS 浮动与 CSS 定位的使用方法。了解盒模型可进一步理解网页布局，掌握 CSS3 浮动与 CSS3 定位能够更好地对网页进行排版。

希望本章的分析和讲解能够使读者掌握盒模型的结构以及相关应用，并配合 CSS3 样式设计出更加美观的网页页面，为后面的深入学习奠定基础。

5.5 习题

1．填空题

（1）盒模型结构主要由________、________、________和________4 个部分构成。

（2）定位属性有________、________、________和________4 种定位方式。

（3）border 属性是________、________和________属性的简写。

（4）________属性能对标准盒模型和怪异盒模型进行转换。

（5）位置属性有________、________、________和________。

2．选择题

（1）相对于浏览器窗口进行定位的是（　　）。

A．静态定位　　B．绝对定位

C．相对定位　　D．固定定位

（2）下列不属于 clear 属性的属性值的是（　　）。

A．both　　B．none

C．right　　D．left

（3）没有简写属性的是（　　）。

A．float　　B．margin

C．padding　　D．border

（4）可以提高元素层级的属性是（　　）。

A．opacity　　B．z-index

C．cursor　　D．display

3．思考题

（1）简述解决 margin 属性外边距塌陷问题的 4 种方式。

（2）简述标准盒模型和怪异盒模型的区别。

4．编程题

使用盒模型结构与 CSS 浮动制作一个用户满意度评价页面，具体实现效果如图 5.16 所示。

图 5.16　用户满意度评价

第6章 HTML5多媒体应用

本章学习目标

- 了解 HTML5 支持的视频与音频格式
- 掌握<video>视频的相关属性，能够在网页中添加视频文件
- 掌握<audio>音频的相关属性，能够在网页中添加音频文件

多媒体指的是多种媒体的综合，一般包括文本、声音、图像等多种形式，如视频、音频等。在 HTML5 出现之前，并没有将视频和音频嵌入页面的标准方式，多媒体内容在大多数情况下都是通过第三方插件或集成在 Web 浏览器的应用程序置于页面中。如今，HTML5 中引入的 video 和 audio 元素解决了多媒体代码复杂冗长并且需要第三方插件的问题，用户不再需要下载第三方插件来观看网页中的多媒体元素。使用 video 和 audio 元素在网页中添加媒体文件，不仅可以极大地提升用户体验，而且还可以减少代码的冗余和后期的维护工作。

6.1 添加视频

微课视频

6.1.1 <video>标签

1. 概述

<video>标签用于定义视频，例如电影片段或其他视频流等。<video>标签是 HTML5 的新标签，使用<video>标签可以在网页中直接插入视频文件，而不需要任何第三方插件。<video>标签有以下 3 点优势。

① 跨平台，好升级，好维护；相对于原生 App 而言，其开发成本较低。

② 具有良好的移动支持，例如支持手势、本地存储和视频续播等，通过 HTML5 可实现网站移动化。

③ 代码更加简洁，交互性更好。

但<video>标签也存在着不足之处，即兼容性差，不同的浏览器支持的视频格式并不相同，这就导致了可能在网页上无法播放该视频。

2．语法格式

<video>标签的语法格式如下所示。

```
<video src="视频文件路径"></video>
```

或者

```
<video>
    <source src="视频文件路径" type="视频格式"></source>
    ...
</video>
```

在上述语法中，src 是 source 的缩写，意思是来源，用于指定视频的路径。<source>标签为媒体元素（比如<video>视频和<audio>音频）定义媒介资源，src 属性用于规定媒体文件的 URL 地址，type 属性用于规定资源的媒体类型。source 标签可以写多个，这是为了兼容各个浏览器，但里面只能有一个 src 属性说明文件路径，指定 type 属性兼容不同浏览器的解码支持。type 属性的属性值有 video/ogg、video/mp4 和 video/webm，例如，<source src="happy.mp4" type="video/mp4"></source>。

3．<video>标签属性

<video>标签的常用属性有 controls、autoplay、loop、muted、poster、preload、width、height 等，这些属性的说明如表 6.1 所示。

表 6.1　<video>标签常用属性说明

属性	值	说明
controls	controls	如果出现该属性，则向用户显示控件，比如播放按钮
autoplay	autoplay	如果出现该属性，则视频在加载就绪后马上播放。注意：HTML 中布尔属性的值不是 true 和 false。正确的用法是在标签中使用此属性表示 true，在标签中不使用此属性则表示 false
loop	loop	如果出现该属性，媒介文件完成播放后会再次开始播放
muted	muted	规定视频的音频输出应该被静音
poster	URL	规定视频下载时显示的图像，或者在用户点击播放按钮前显示的图像
preload	none/metadata/auto	如果出现该属性，则视频在页面加载时进行加载，并预备播放。如果使用 autoplay，则忽略该属性
width	pixels	设置视频播放器的宽度
height	pixels	设置视频播放器的高度

在上述表格中，preload 属性有 3 个值，分别为 none、metadata、auto。auto 表示页面加载后载入整个视频；metadata 表示页面加载后只载入元数据，包括尺寸、第一帧、曲目列表、持续时间等；none 表示页面加载后不载入视频。

4．演示说明

下面在网页中添加一个视频文件，使用<video>标签属性设置该文件，具体代码如例 6.1 所示。

【例 6.1】<video>标签。

```
1.  <!DOCTYPE html>
2.  <html lang="en">
```

```
3.  <head>
4.      <meta charset="UTF-8">
5.      <title>添加视频</title>
6.  </head>
7.  <body>
8.      <!-- 添加一个视频文件,设置未播放前的图像、视频宽度、自动播放、循环播放、显示控件 -->
9.      <video src="media/1.mp4" poster="media/bj.png" width="600" autoplay
   loop controls></video>
10. </body>
11. </html>
```

在网页中添加视频文件的运行结果如图 6.1 所示。

图 6.1 添加视频

6.1.2 视频格式

<video>标签支持的视频格式有 MPEG4、WebM 和 Ogg，这 3 种视频格式的说明如下。

① MPEG4 简称 MP4，是带有 H.264 视频编码和 AAC（Advanced Audio Coding，高级音频编码）音频编码的 MPEG4 文件。

② WebM 是带有 VP8 视频编码和 Vorbis 音频编码的 WebM 文件。

③ Ogg 是带有 Theora 视频编码和 Vorbis 音频编码的 Ogg 文件。

Internet Explorer 9+、Chrome、Firefox、Opera 和 Safari 浏览器支持<video>标签，但部分视频格式不支持。浏览器对视频格式的支持情况如表 6.2 所示。

表 6.2 浏览器对视频格式的支持情况

视频格式	浏览器				
	Internet Explorer 9+	Chrome	Firefox	Opera	Safari
MPEG4	支持	支持			支持
WebM		支持	支持	支持	
Ogg		支持	支持	支持	

6.1.3 视频编码技术

视频编码技术定义视频数据流的编码算法，主要用于存储和传输数据。目前，在 HTML5

中使用最多的视频编码技术是 H.264 和 VP8。

H.264 是目前公认的效率最高的视频编码技术，它是由国际电信联盟电信标准化部（International Telecommunication Union Telecommunication Standardization Sector，ITU-T）和动态图像专家组（Moving Picture Experts Group，MPEG）共同开发的一种视频压缩技术。H.264 的另外一个名称是 MPEG4 AVC（Advanced Video Coding，高级视频编码）。目前 H.264 被广泛地运用在蓝光电影、数字电视、卫星电视、网络媒体等领域。可以说，H.264 是目前使用最广泛的视频编码技术之一。

VP8 是类似于 H.264 的另一种视频编码技术，由 On2 公司开发。后来 Google 收购了 On2，因此 VP8 现在归 Google 所有。据称，为了避开 H.264 的专利问题，VP8 没有采用一些特别的算法，使得其压缩效率略低于 H.264。

6.1.4 案例：建军节宣传片

1. 页面结构分析简图

本案例是制作一个关于建军节宣传片的页面。该页面的实现需要用到<video>视频标签、<div>块元素、<p>段落标签和<span>内联标签，页面结构简图如图 6.2 所示。

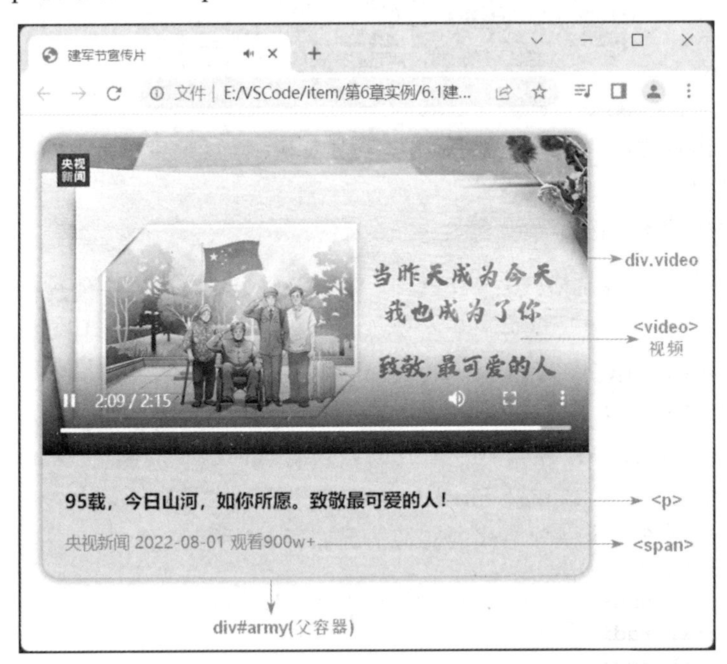

图 6.2 建军节宣传片页面结构简图

2. 代码实现

（1）主体结构代码

新建一个 HTML 文件，以外链方式在该文件中引入 CSS 文件。首先，在<body>标签中定义一个<div>父容器块，并添加 ID 名为“army”；然后，在父容器中添加视频，并加入文本内容，具体代码如例 6.2 所示。

【例6.2】建军节宣传片。

```
1. <!DOCTYPE html>
2. <html lang="en">
3. <head>
4.     <meta charset="UTF-8">
5.     <title>建军节宣传片</title>
6.     <link type="text/css" rel="stylesheet" href="video.css">
7. </head>
8. <body>
9.     <!-- 父容器 -->
10.    <div id="army">
11.        <!-- 视频模块 -->
12.        <div class="video">
13.            <!-- 添加视频，设置循环播放、显示控件-->
14.            <video src="media/army.mp4" loop controls></video>
15.        </div>
16.        <!-- 标题 -->
17.        <p>95载，今日山河，如你所愿。致敬最可爱的人！</p>
18.        <!-- 作者栏 -->
19.        <span>央视新闻 2022-08-01 观看900w+</span>
20.    </div>
21. </body>
22. </html>
```

在上述代码的视频模块中插入一个视频，并在<video>标签中设置视频属性；然后在视频底部添加标题与作者栏。

（2）CSS代码

新建一个CSS文件video.css，在该文件中加入CSS代码，设置页面样式，具体代码如下所示。

```
1. /* 取消页面默认边距 */
2. *{
3.     margin: 0;
4.     padding: 0;
5. }
6. /* 父容器 */
7. #army{
8.     width: 500px;
9.     height: 390px;
10.    background-color: #ddd8d3;
11.    border-radius: 15px;      /* 添加圆角效果 */
12.    box-shadow: 0px 0px 6px 2px #9295a9;  /* 添加阴影效果 */
13.    margin: 20px;             /* 添加外边距 */
14.    overflow: hidden;         /* 取消异常显示（视频适应父容器圆角效果） */
15. }
16. /* 视频 */
17. video{
18.    width: 100%;
19.    vertical-align: middle;  /* 去除视频/图片底部空白间隙 */
20. }
21. /* 标题 */
```

```
22. p{
23.     font-size: 17px;
24.     font-weight: bold;          /* 字体加粗 */
25.     padding: 30px 20px 10px;    /* 添加上、左右、下内边距 */
26. }
27. /* 作者栏 */
28. span{
29.     display: block;             /* 转化为块元素 */
30.     color: #666;
31.     font-size: 15px;
32.     padding: 5px 20px;          /* 添加上下、左右内边距 */
33. }
```

在上述 CSS 代码中，首先，为父容器添加样式，分别使用 border-radius 属性和 box-shadow 属性添加圆角效果和阴影效果，并设置 overflow:hidden 使视频适应父容器的圆角效果；然后，使用 vertical-align:middle 去除视频底部的空白间隙；最后，设置标题和作者栏的样式，使用 padding 属性添加内边距，并设置字体大小、字体粗细、字体颜色等。

6.1.5 本节小结

本节主要讲解了<video>视频的特点、标签属性和文件格式以及视频编码技术的分类。希望读者通过本节的学习，可以掌握<video>视频的基础知识，能够使用<video>标签在页面中添加视频。

6.2 添加音频

微课视频

6.2.1 <audio>标签

<audio>标签用于定义声音，例如音乐或其他音频流等。<audio>标签是 HTML5 的新标签，使用<audio>标签可以在网页中直接插入音频文件，而不需要任何第三方插件。

1. 语法格式

<audio>标签的语法格式如下所示。

```
<audio src="音频文件路径"></audio>
```

或者

```
<audio>
    <source src="音频文件路径" type="音频格式"></source>
    ...
</audio>
```

<audio>标签的使用方法与<video>标签基本相同。

2. <audio>标签属性

<audio>标签的常用属性有 controls、autoplay、loop、preload、src、muted、width 等，这些属性的说明如表 6.3 所示。

表 6.3　　　　　　　　　　<audio>常用属性说明

属性	值	说明
controls	controls	如果出现该属性，则向用户显示控件，比如播放按钮
autoplay	autoplay	如果出现该属性，则音频在就绪后马上播放
loop	loop	如果出现该属性，媒介文件完成播放后会再次开始播放
preload	none/metadata/auto	如果出现该属性，则音频在页面加载时进行加载，并预备播放。如果使用 autoplay，则忽略该属性
src	url	设置要播放音频的 URL
muted	true 或 false	指定音频是否静音。如果设置为 true，音频在播放时将没有声音；如果设置为 false 或未设置，音频将正常播放。
width	像素值	用于设置音频播放器的显示宽度。如果设置了该属性，音频播放器的宽度将按照指定的值进行显示。如果未设置，音频播放器将使用其默认的宽度。

3. 演示说明

下面在网页中添加一个音频文件，使用<audio>标签属性设置该文件，具体代码如例 6.3 所示。

【例 6.3】<audio>标签。

```
1.  <!DOCTYPE html>
2.  <html lang="en">
3.  <head>
4.      <meta charset="UTF-8">
5.      <title>添加音频</title>
6.  </head>
7.  <body>
8.      <!-- 添加一个音频文件，设置循环播放，显示控件 -->
9.      <audio src="media/music.mp3" loop controls></audio>
10. </body>
11. </html>
```

在网页中添加音频文件的运行结果如图 6.3 所示。

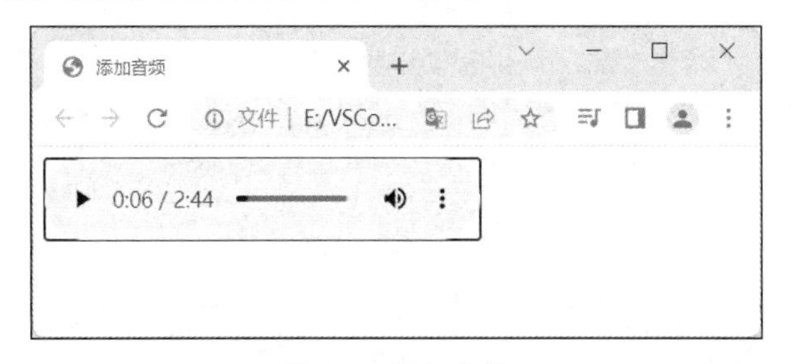

图 6.3　添加音频

6.2.2　音频格式

<audio>标签支持的音频格式有 MP3、Vorbis 和 WAV，这 3 种音频格式的说明如下。

① MP3 是一种音频压缩技术，其全称为动态影像专家压缩标准音频层面 3（Moving Picture Experts Group Audio Layer III，MP3），主要用来大幅度地降低音频数据量。

② Vorbis 是类似于 AAC 的另一种免费和开源的音频编码，是用于替代 MP3 的下一代音频压缩技术。

③ WAV 是录音时用的标准 Windows 文件格式，文件的扩展名为“wav”，数据本身的格式为 PCM（Pulse Code Modulation，脉冲编码调制）或压缩型，属于无损音乐格式的一种。

Internet Explorer 9+、Chrome、Firefox、Opera 和 Safari 浏览器支持<audio>标签，但部分音频格式不支持。浏览器对音频格式的支持情况如表 6.4 所示。

表 6.4　浏览器对音频格式的支持情况

音频格式	浏览器				
	Internet Explorer 9+	Chrome	Firefox	Opera	Safari
MP3	支持	支持			支持
Vorbis		支持	支持	支持	
WAV			支持	支持	支持

6.2.3　音频编码技术

音频编码技术定义音频数据流编码和解码的算法，主要用于存储和传输数据。目前，在 HTML5 中使用最多的音频编码技术是 AAC 和 Vorbis。

AAC 是 ISO/IEC 标准化的音频编码技术。它是比 MP3 更先进的音频压缩技术，目的在于取代陈旧的 MP3。AAC 音频编码被广泛地运用在数字广播、数字电视等领域。音乐零售商苹果的 iTunes 音乐商店的所有数字音乐也全部采用的是 AAC 音频编码。

Vorbis 是类似 AAC 的另一种免费、开源的音频编码技术，由非营利组织 Xiph 开发。业界的普遍共识为 Vorbis 是和 AAC 一样优秀的、可替代 MP3 的下一代音频压缩技术。由于 Vorbis 是免费的、开源的，并且没有 AAC 的专利问题，因此许多游戏厂商采用 Vorbis 编码游戏中的音频资料，例如著名的 Halo、Guitar Hero 等。最近流行的在线音乐网站 Spotify 也使用 Vorbis 音频编码技术。

6.2.4　案例：倾听音乐

1．页面结构分析简图

本案例是制作一个在网页中添加音频的页面。该页面的实现需要用到<audio>音频标签、<div>块元素和<p>段落标签，页面结构简图如图 6.4 所示。

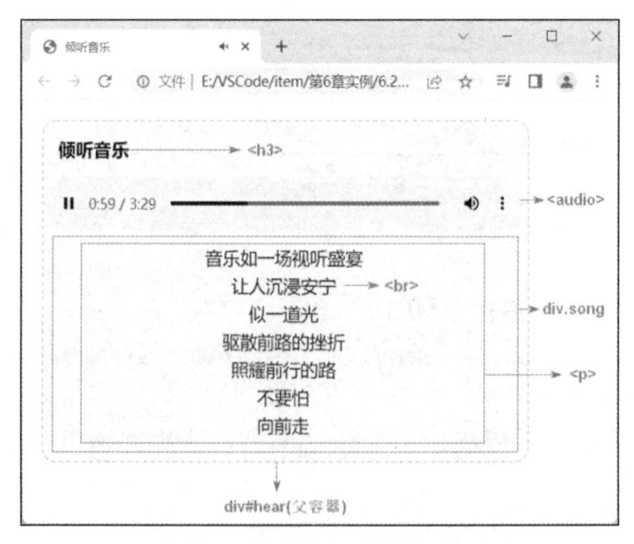

图 6.4　倾听音乐页面结构简图

2. 代码实现

(1) 主体结构代码

新建一个 HTML 文件，以外链方式在该文件中引入 CSS 文件。首先，在<body>标签中定义一个<div>父容器块，并添加 ID 名为“hear”；然后，在父容器中添加音频，并加入歌词文本内容，具体代码如例 6.4 所示。

【例 6.4】倾听音乐。

```
1.  <!DOCTYPE html>
2.  <html lang="en">
3.  <head>
4.      <meta charset="UTF-8">
5.      <title>倾听音乐</title>
6.      <link type="text/css" rel="stylesheet" href="audio.css">
7.  </head>
8.  <body>
9.      <!-- 父容器 -->
10.     <div id="hear">
11.         <!-- 标题 -->
12.         <h3>倾听音乐</h3>
13.         <!-- 添加音频，设置循环播放、显示控件 -->
14.         <audio src="media/1.mp3" loop controls></audio>
15.         <!-- 歌词模块 -->
16.         <div class="song">
17.             <p>
18.                 音乐如一场视听盛宴<br>
19.                 让人沉浸安宁<br>
20.                 似一道光<br>
21.                 驱散前路的挫折<br>
22.                 照耀前行的路<br>
23.                 不要怕<br>
24.                 向前走<br>
25.             </p>
26.         </div>
27.     </div>
28. </body>
29. </html>
```

(2) CSS 代码

新建一个 CSS 文件 audio.css，在该文件中加入 CSS 代码，设置页面样式，具体代码如下所示。

```
1.  /* 取消页面默认边距 */
2.  *{
3.      margin: 0;
4.      padding: 0;
5.  }
6.  /* 父容器 */
7.  #hear{
8.      width: 500px;
9.      height: 340px;
```

```
10.     background-color: #faf7ed;
11.     border: 2px dashed #ccc;    /* 添加边框 */
12.     border-radius: 15px;        /* 添加圆角效果 */
13.     margin: 20px;               /* 添加外边距 */
14.     text-align: center;         /* 文本居中对齐 */
15. }
16. /* 标题 */
17. h3{
18.     padding: 15px;              /* 添加内边距 */
19.     text-align: left;           /* 文本左侧对齐 */
20. }
21. /* 音频 */
22. audio{
23.     width: 100%;
24.     margin-bottom: 10px;        /* 添加下外边距 */
25. }
26. /* 歌词 */
27. .song p{
28.     font-size: 18px;
29.     line-height: 28px;          /* 设置行高 */
30. }
```

在上述 CSS 代码中，首先，使用 border-radius 属性为父容器的边框添加圆角效果；然后，使用 width 属性将音频的宽度设置为父容器宽度的 100%；最后，使用 line-height 属性为歌词文本内容设置行高。

6.2.5 本节小结

本节主要讲解了<audio>音频的标签属性和文件格式以及音频编码技术的分类。希望读者通过本节的学习，可以掌握<audio>音频的基础知识，能够使用<audio>标签在页面中添加音频。

6.3 本章小结

本章重点讲述了如何通过 video 和 audio 元素在网页中插入媒体文件，主要介绍了<video>视频和<audio>音频的标签属性、文件格式和编码技术的分类。

希望本章的分析和讲解能够使读者了解并掌握<video>视频标签和<audio>音频标签的使用，在网页中能够更便捷地添加媒体文件。

6.4 习题

1. 填空题

（1）<video>标签支持的视频格式有________、________和________。

（2）<audio>标签支持的音频格式有________、________和________。

（3）视频解码器定义视频________和________的算法。

（4）________是目前公认的效率最高的视频编码技术。

2. 选择题

（1）控制<video>视频和<audio>音频显示控件的属性是（　　）。

A. controls　　B. loop

C. autoplay　　D. muted

（2）Internet Explorer 9+浏览器支持的音频格式是（　　）。

A. WAV　　B. MP3

C. Vorbis　　D. Ogg

（3）以下不属于 preload 属性的值的是（　　）。

A. metadata　　B. auto

C. none　　D. loop

3. 思考题

简述<video>标签的优势和劣势。

4. 编程题

请仿照例 6.2 实现一个保护海洋的宣传片，具体效果如图 6.5 所示。

图 6.5　保护海洋

第7章 实现 CSS3 动画

本章学习目标

- 掌握 CSS3 中 transition 属性的使用，能够实现过渡效果
- 掌握 CSS3 中的 2D 和 3D transform 变形，能够实现元素变形
- 掌握 CSS3 中 animation 属性的使用，能够实现动画效果

早期的 Web 设计通常依赖于 Flash 或 JavaScript 脚本来实现网页中的动画或特效。但在后期的 Web 设计中，CSS3 提供了对动画的强大支持。CSS3 动画包括 transition 过渡、transform 变形和 animation 动画 3 大模块，transition 可实现 CSS 属性的过渡变化，transform 可对网页元素进行变形操作，animation 可实现帧动画的效果。CSS3 动画的应用极大地提高了网页设计的灵活性。

微课视频

7.1 实现 transition 过渡

7.1.1 transition 属性

CSS3 的 transition 过渡属性允许 CSS 的属性值在一定的时间区间内平滑地过渡。这种效果可以在光标单击、光标移过、获得焦点或对元素的任何改变中触发，并平滑地以动画效果改变 CSS 的属性值。transition 过渡属性是一个简写属性，主要包含 transition-property、transition-duration、transition-timing-function 和 transition-delay 这 4 个子属性。

1．transition-property 属性

transition-property 属性用于规定应用过渡效果的 CSS 属性的名称，也就是表明需要对元素的哪一个属性进行过渡操作。transition-property 属性的语法格式如下所示。

```
transition-property: none | all | property ;
```

transition-property 属性值说明如表 7.1 所示。

表 7.1　　transition-property 属性值说明

值	说明
none	表示没有属性获得过渡效果
all	表示所有属性获得过渡效果
property	定义应用过渡效果的 CSS 属性的名称列表，列表以“,”（逗号）分隔

2．transition-duration 属性

transition-duration 属性表示过渡的持续时间，单位可以设置成 s（秒）或 ms（毫秒）。transition-duration 属性的语法格式如下所示。

```
transition-duration: time;
```

3．transition-timing-function 属性

transition-timing-function 属性表示过渡的速度曲线，用于指定过渡将以何种状态或速度完成一个周期。transition-timing-function 属性的语法格式如下所示。

```
transition-timing-function: value;
```

transition-timing-function 属性值说明如表 7.2 所示。

表 7.2　　transition-timing-function 属性值说明

属性值	说明
ease	默认值。动画以低速开始，然后转为快速，最后在动画结束前转为低速
linear	匀速。动画从开始到结束始终保持相同的速度
ease-in	动画以低速开始
ease-out	动画以低速结束
ease-in-out	动画以低速开始并以低速结束
cubic-bezier(n,n,n,n)	在 cubic-bezier 函数中自定义贝塞尔曲线的效果，其中的 4 个参数为从 0 到 1 的数字
step-start	在变化过程中，都是以下一帧的显示效果来填充间隔动画
step-end	在变化过程中，都是以上一帧的显示效果来填充间隔动画
steps()	可传入 2 个参数，第 1 个是大于 0 的整数，将动画等分成指定数目的小间隔动画，根据第 2 个参数来决定显示效果；第 2 个参数设置后和 step-start、step-end 同义，在分成的小间隔动画中判断显示效果

transition-timing-function 属性常用的 5 种速度曲线如图 7.1 所示。

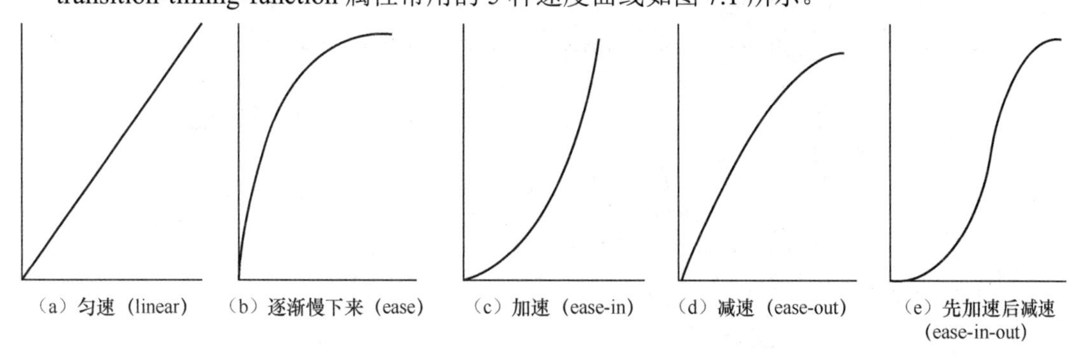

图 7.1　速度曲线

除了简单的速度曲线之外，transition 属性还提供了 cubic-bezier 函数，也就是贝塞尔曲线。

贝塞尔曲线是应用于二维图形应用程序的数学曲线，可以通过 http://cubic-bezier.com（贝塞尔官网，如图 7.2 所示）来获取想要设置的样式。

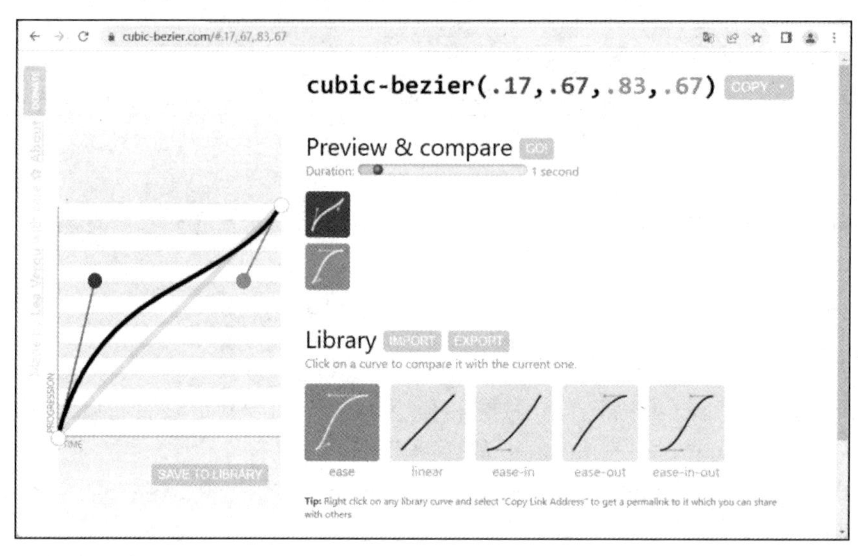

图 7.2　贝塞尔官网

下面使用 cubic-bezier 函数定义元素的速度曲线，通过 transition 属性将一个文本元素从父容器的顶部过渡到底部，其中，过渡的属性有背景颜色、字体颜色、字体大小和元素外边距，具体代码如例 7.1 所示。

【例 7.1】贝塞尔曲线。

```
1.  <!DOCTYPE html>
2.  <html lang="en">
3.  <head>
4.      <meta charset="UTF-8">
5.      <meta http-equiv="X-UA-Compatible" content="IE=edge">
6.      <meta name="viewport" content="width=device-width, initial-scale=1.0">
7.      <title>贝塞尔曲线</title>
8.      <style>
9.          /* 取消页面默认边距 */
10.         *{
11.             margin: 0;
12.             padding: 0;
13.         }
14.         /* 父容器 */
15.         .box{
16.             width: 400px;
17.             height: 200px;
18.             border: 1px solid #333;  /* 添加边框 */
19.             margin: 20px;            /* 添加外边距 */
20.         }
21.         /* 文本元素 */
22.         p{
23.             width: 300px;
24.             height: 50px;
```

```
25.             line-height: 50px;  /* 设置行高与高度相等，元素内容垂直居中 */
26.             text-align: center;         /* 元素内容水平居中 */
27.             background-color: #e4e2bc;  /* 添加背景颜色 */
28.             margin: 0 auto;     /* 设置外边距，元素在父容器中水平方向居中 */
29.             transition: all 3s cubic-bezier(.04,.57,.92,.64);  /* 添加过渡
    效果、过渡属性、持续时间、速度曲线 */
30.             -webkit-transition: all 3s cubic-bezier(.04,.57,.92,.64);
31.         }
32.         /* 当光标移至父容器时，文本元素改变样式，实现过渡效果 */
33.         .box:hover p{
34.             background-color: #c9b6bf;  /* 过渡背景颜色 */
35.             color: #39465d;             /* 过渡字体颜色 */
36.             font-size: 20px;            /* 过渡字体大小 */
37.             margin: 150px auto;         /* 过渡外边距 */
38.         }
39.     </style>
40. </head>
41. <body>
42.     <!-- 父容器 -->
43.     <div class="box">
44.         <!-- 文本元素 -->
45.         <p>天高地迥，觉宇宙之无穷</p>
46.     </div>
47. </body>
48. </html>
```

元素实现过渡效果前的原始状态如图 7.3 所示。

通过 transition 属性实现元素过渡效果，其最终状态如图 7.4 所示。

图 7.3　实现过渡效果前的原始状态

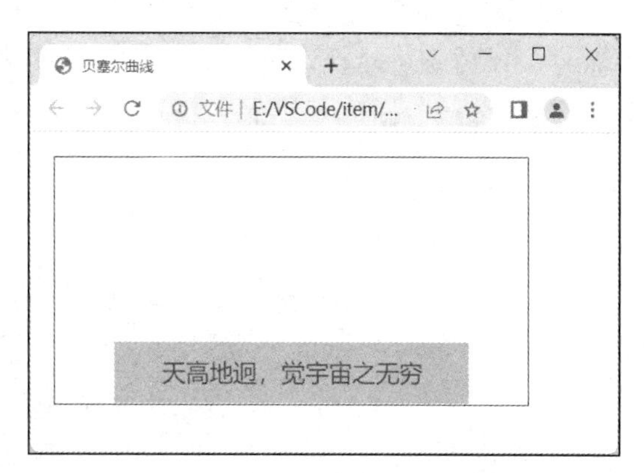

图 7.4　实现过渡效果后的状态

4．transition-delay 属性

transition-delay 属性表示执行过渡效果的延迟时间，默认值为 0，单位是 s（秒）或 ms（毫秒）。transition-delay 属性的语法格式如下所示。

```
transition-delay: time;
```

过渡延迟时间的数值可以是正数或负数，transition-delay 与 animation-delay 的效果完全一样。

transition 属性的简写格式如下所示。

```
transition: property duration timing-function delay;
```

例如，transition: all 3s linear 1s;

transition: width 2s, height 2s, color 2s;

说明：如果有多个属性需要过渡，需使用逗号隔开，而多个属性值之间则使用空格隔开。

7.1.2　浏览器私有前缀

浏览器私有前缀是浏览器对 CSS3 新属性的一个提前支持。在 CSS3 属性中加入浏览器私有前缀，可确保这种属性只在特定的浏览器渲染引擎下才能识别和生效。常见的浏览私有前缀的具体说明如表 7.3 所示。

表 7.3　常见的浏览器私有前缀

浏览器	内核	前缀
Chrome（谷歌浏览器）和 Safari（苹果浏览器）	WebKit 内核	-webkit-
Firefox（火狐浏览器）	Gecko 内核	-moz-
IE（IE 浏览器）	Trident 内核	-ms-
Opera（欧朋浏览器）	Presto 内核	-o-

7.1.3　案例：元素平滑过渡

1．页面结构分析简图

本案例是制作一个实现元素平滑过渡的页面。当光标移到父容器上时，过渡显示背景图片尺寸、字体颜色，且元素从父容器底部平滑移动到页面上。该页面的实现需要用到<div>块元素和<p>段落标签，页面结构简图如图 7.5 所示。

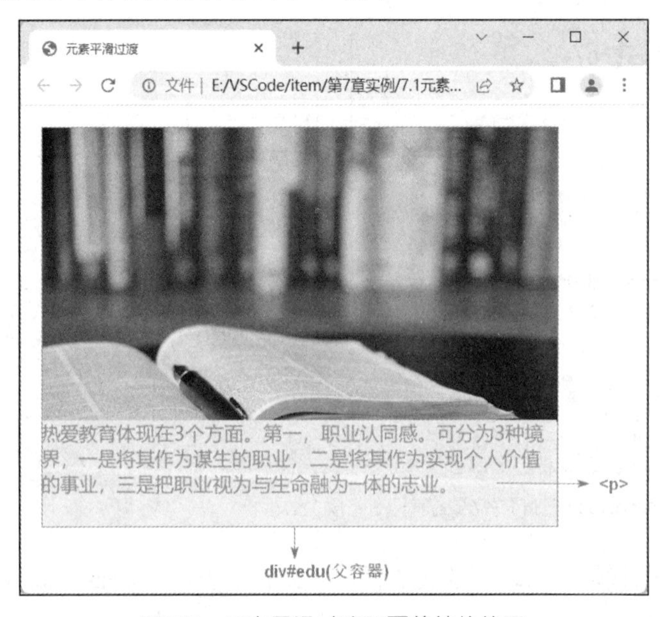

图 7.5　元素平滑过渡页面的结构简图

2. 代码实现

(1) 主体结构代码

新建一个 HTML 文件，以外链方式在该文件中引入 CSS 文件。首先，在<body>标签中定义一个<div>父容器块，并添加 ID 名为“edu”；然后，在父容器中添加一个<p>元素，并加入文本内容，具体代码如例 7.2 所示。

【例 7.2】元素平滑过渡。

```
1.  <!DOCTYPE html>
2.  <html lang="en">
3.  <head>
4.      <meta charset="UTF-8">
5.      <title>元素平滑过渡</title>
6.      <link type="text/css" rel="stylesheet" href="transition.css">
7.  </head>
8.  <body>
9.      <!-- 父容器 -->
10.     <div id="edu">
11.         <!-- 文本元素 -->
12.         <p>热爱教育体现在 3 个方面。第一，职业认同感。可分为 3 种境界，一是将其作为谋生的
    职业，二是将其作为实现个人价值的事业，三是把职业视为与生命融为一体的志业。</p>
13.     </div>
14. </body>
15. </html>
```

(2) CSS 代码

新建一个 CSS 文件 transition.css，在该文件中加入 CSS 代码，设置页面样式，具体代码如下所示。

```
1.  /* 取消页面默认边距 */
2.  *{
3.      margin: 0;
4.      padding: 0;
5.  }
6.  /* 父容器 */
7.  #edu{
8.      width: 500px;
9.      height: 375px;
10.     background: url("../images/2.jpg") no-repeat;  /* 添加背景图片 */
11.     background-size: 100% 100%;  /* 设置背景图片尺寸 */
12.     border: 1px solid #7d83b7;   /* 添加边框 */
13.     margin: 20px;                /* 设置外边距 */
14.     position: relative;          /* 添加相对定位 */
15.     overflow: hidden;            /* 溢出隐藏 */
16.     transition: all 3s;          /* 设置所有属性变化时过渡效果，持续时间为 3 秒 */
17.     -webkit-transition: all 3s;  /* 添加浏览器私有前缀 */
18.     -moz-transition: all 3s;
19. }
20. /* 文本元素 */
21. p{
22.     width: 100%;
```

```
23.      height: 100px;
24.      background-color: #eee;
25.      font-size: 18px;
26.      position: absolute;              /* 添加绝对定位 */
27.      left: 0;                         /* 根据父元素位置距离左侧偏移 0 */
28.      bottom: -100px;                  /* 根据父元素位置距离底部偏移-100px */
29.      transition: all 3s;              /* 添加过渡效果 */
30.      -webkit-transition: all 3s;
31.      -moz-transition: all 3s;
32. }
33. /* 当光标移到父容器上时，背景图片尺寸放大 120% */
34. #edu:hover{
35.      background-size: 120% 120%;
36. }
37. /* 当光标移到父容器上时，移动元素改变样式 */
38. #edu:hover p{
39.      bottom: 0;                       /* 根据父元素位置距离底部偏移 0 */
40.      color: #7d83b7;
41. }
```

在上述 CSS 代码中，首先，通过 background 属性为父容器添加背景图片，通过 background-size 属性设置背景图片尺寸，并设置父容器的定位方式为相对定位；然后，使用 position 属性为文本元素添加绝对定位，使用位置属性将文本元素定位到距离父容器底部−100px 的位置，再通过 overflow:hidden 将父容器溢出的内容隐藏，即文本元素被隐藏；最后，使用 transition 属性为父容器和文本元素分别添加过渡效果，当光标移到父容器上时，背景图片尺寸放大 120%，文本元素向上平滑移动到父容器底部，并且过渡文本元素的字体颜色。

7.1.4 本节小结

本节主要讲解了 transition 属性的 4 个子属性（即 transition-property、transition-duration、transition-timing-function 和 transition-delay）以及浏览器的私有前缀。希望读者通过本节的学习，可以使用 CSS3 的 transition 属性在网页中实现元素的过渡效果。

7.2 实现 2D transform 变形

微课视频

7.2.1 transform-origin 属性

在 CSS3 中，2D 变形使用 transform 属性来实现文字或图像的各种变形效果，如位移、旋转、缩放、倾斜等变形方法。这些变形方法的使用使网页效果更丰富，提升了用户的体验。

在 CSS3 中，位移、旋转、缩放和倾斜均默认以元素的中心为原点进行变形。开发者可通过 transform-origin 属性设置原点的位置，一旦中心原点改变，变形的效果就会不一样。

1. 语法格式

transform-origin 属性可用来设置 transform 变形的原点位置。默认情况下，原点位置为元素的中心点。transform-origin 属性的语法格式如下所示。

```
transform-origin: x-axis y-axis z-axis;
```

2. 属性值

transform-origin 属性值可取位置、百分数或 px 值。上述语法格式中，属性值的说明如表 7.4 所示。

表 7.4　transform-origin 属性值说明

名称	说明	值
x-axis	*X* 轴原点坐标	位置（left、center、right）/百分数/px 值
y-axis	*Y* 轴原点坐标	位置（top、center、bottom）/百分数/px 值
z-axis	*Z* 轴原点坐标	数值

例如，transform-origin:left bottom;/transform-origin:50% 30%;/transform-origin:20px 40px;。由于 2D 转换没有 *Z* 轴，transform-origin 属性可不设置 *Z* 轴的值。

7.2.2　translate()位移

translate()位移是 2D 变形的一种位移方法，用于实现元素的位移操作。在 CSS3 中，可以应用 translate()位移使元素沿着水平方向（*X* 轴）和垂直方向（*Y* 轴）移动。translate()位移与相对定位相似，元素位置的改变不会影响到其他元素。

1. 语法格式

translate()位移的语法格式如下所示。

```
transform:translate(x,y);
```

或者分开写。

```
transform:translateX(n);
transform:translateY(n);
```

2. translate()位移说明

translate()位移可以改变元素的位置，元素以自身位置为基准进行移动，其值可为正数或负数，单位是 px（像素）或%（百分比）。translate()位移方法可实现 3 种情况的移动，说明如表 7.5 所示。

表 7.5　translate()位移方法说明

translate()位移	说明
translate(x,y)	元素在水平方向（*X* 轴）和垂直方向（*Y* 轴）同时移动
translateX(n)	元素在水平方向（*X* 轴）移动。*n* 值为正数时，以自身位置为基准向右移动
translateY(n)	元素在垂直方向（*Y* 轴）移动。*n* 值为正数时，以自身位置为基准向下移动

原点的改变对于位移没有任何效果。

3. 演示说明

下面使用 translate()位移方法让元素以自身位置为基准进行移动，具体代码如例 7.3 所示。

【例 7.3】2D 位移。

```
1.  <!DOCTYPE html>
2.  <html lang="en">
3.  <head>
4.      <meta charset="UTF-8">
5.      <title>位移</title>
6.      <style>
7.          .late-1{
8.              width: 120px;
9.              height: 80px;
10.             border: 1px solid #000;          /* 添加边框 */
11.             transform: translate(250px,120px);  /* 水平和垂直方向皆移动 */
12.             /* 添加浏览器私有前缀 */
13.             -webkit-transform: translate(250px,120px);
14.             -moz-transform: translate(250px,120px);
15.             -ms-transform: translate(250px,120px);
16.             -o-transform: translate(250px,120px);
17.         }
18.     </style>
19. </head>
20. <body>
21.     <div class="late-1">水平方向移动 250px 和垂直方向移动 120px</div>
22. </body>
23. </html>
```

使用 translate()位移方法让元素以自身位置为基准进行移动，运行效果如图 7.6 所示。

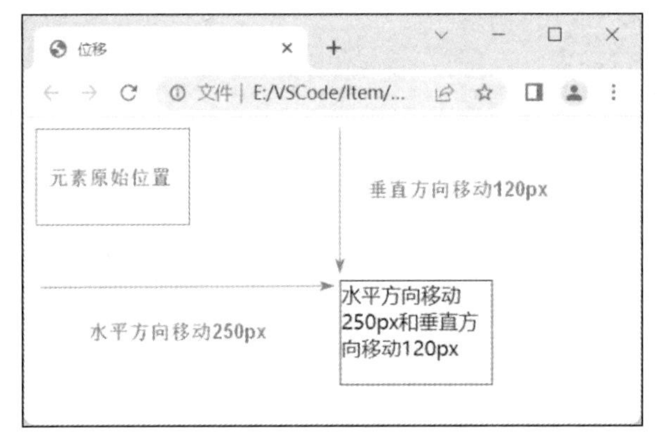

图 7.6　2D 位移

7.2.3　rotate()旋转

rotate()旋转是 2D 变形的一种旋转方法，用于实现元素的旋转操作。在 CSS3 中，可以应用 rotate()旋转使元素相对于原点进行旋转。

1. 语法格式

rotate()旋转的语法格式如下所示。

```
transform:rotate(度数);
```

2．rotate()旋转说明

rotate()旋转可根据给定的角度顺时针或逆时针旋转元素，其旋转角度可为正数或负数，单位是 deg（角度单位）。角度值的取值范围为 0～360 度，当角度值为正数时，以顺时针（默认值）方向进行旋转；当角度值为负数时，以逆时针方向进行旋转。

rotate()旋转方法采用就近旋转目标角度的原则，当旋转角度大于或等于 180 度时，会逆时针旋转。如设置值为 200deg，则会逆时针旋转 160deg。

原点的改变会影响旋转的效果，rotate()旋转方法默认以中心为原点进行旋转。

3．演示说明

使用 rotate()旋转方法对元素进行旋转，具体代码如例 7.4 所示。

【例 7.4】2D 旋转。

```
1.  <!DOCTYPE html>
2.  <html lang="en">
3.  <head>
4.      <meta charset="UTF-8">
5.      <title>2D 旋转</title>
6.      <style>
7.          /* 取消页面默认边距 */
8.          *{
9.              margin: 0;
10.             padding: 0;
11.         }
12.         /* 统一设置 4 个元素 */
13.         div{
14.             width: 120px;
15.             height: 60px;
16.             border: 1px solid #333;      /* 添加边框 */
17.             margin: 50px;                /* 添加外边距 */
18.             float: left;                 /* 设置左浮动 */
19.         }
20.         .rotate-1{
21.             transform: rotate(45deg);    /* 旋转 45 度 */
22.             -webkit-transform: rotate(45deg);
23.         }
24.         .rotate-2{
25.             transform: rotate(-45deg);   /* 旋转-45 度 */
26.             -webkit-transform: rotate(-45deg);
27.         }
28.         .rotate-3{
29.             transform-origin:left top;   /* 改变原点为左上角 */
30.             -webkit-transform-origin:left top;
31.             transform: rotate(45deg);    /* 旋转 45 度 */
32.             -webkit-transform: rotate(45deg);
33.         }
34.         .rotate-4{
35.             transform: rotate(250deg);   /* 旋转 250 度 */
```

```
36.             -webkit-transform: rotate(250deg);
37.         }
38.     </style>
39. </head>
40. <body>
41.     <div class="rotate-1">1.旋转 45 度</div>
42.     <div class="rotate-2">2.旋转-45 度</div>
43.     <div class="rotate-3">3.改变原点，旋转 45 度</div>
44.     <div class="rotate-4">4.旋转 250 度</div>
45. </body>
46. </html>
```

使用 rotate()旋转方法对元素进行旋转，运行效果如图 7.7 所示。

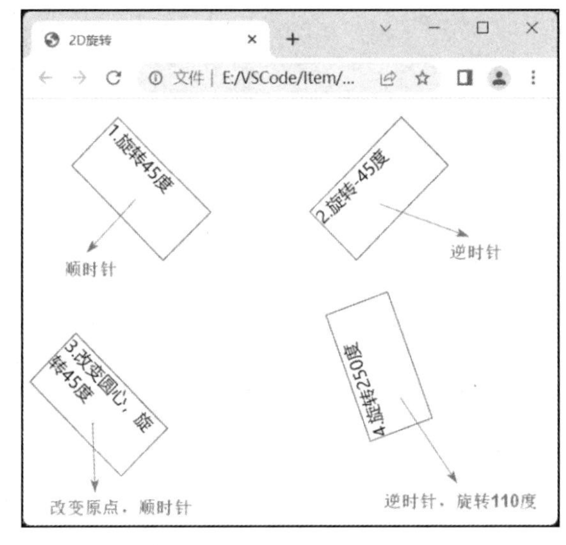

图 7.7　2D 旋转

7.2.4　scale()缩放

scale()缩放是 2D 变形的一种缩放方法，用于实现元素的缩放操作，缩放指的是元素缩小或放大。在 CSS3 中，可以应用 scale()缩放将元素相对于原点进行缩放。

1. 语法格式

scale()缩放的语法格式如下所示。

```
transform:scale(w,h);
```

或者分开写：

```
transform:scaleX(w);
transform:scaleY(h);
```

2. scale()缩放说明

scale()缩放根据给定的宽度和高度参数增加或减少元素的大小，其值可为正数或负数。scale()缩放方法可实现 3 种情况的缩放，说明如表 7.6 所示。

表 7.6 scale()缩放方法说明

scale()缩放	说明
scale(w,h)	元素在水平方向（*X* 轴）和垂直方向（*Y* 轴）同时缩放。当 2 个参数值一样时，可以只写一个
scaleX(w)	元素在水平方向（*X* 轴）缩放，*w* 值为宽度缩放的比例值
scaleY(h)	元素在垂直方向（*Y* 轴）移动，*h* 值为高度缩放的比例值

比例值为 0～1 时，表示元素缩小；比例值大于 1 时，表示元素放大；比例值为 1 时，元素处于默认状态，既不放大，也不缩小；比例值为负数时，元素翻转后再缩放。

原点的改变会影响缩放的效果，scale()缩放方法默认以中心为原点进行缩放。利用 scale()缩放方法进行缩放的元素不影响网页的布局。

3. 演示说明

下面使用 scale()缩放方法对元素进行缩放，具体代码如例 7.5 所示。

【例 7.5】2D 缩放。

```
1.  <!DOCTYPE html>
2.  <html lang="en">
3.  <head>
4.      <meta charset="UTF-8">
5.      <title>2D 缩放</title>
6.      <style>
7.          /* 取消页面默认边距 */
8.          *{
9.              margin: 0;
10.             padding: 0;
11.         }
12.         /* 统一设置 6 个正方形元素 */
13.         div{
14.             width: 100px;
15.             height: 100px;
16.             border: 1px solid #333;     /* 添加边框 */
17.             margin: 30px 40px;          /* 添加外边距 */
18.             float: left;                /* 设置左浮动 */
19.         }
20.         .scale-1{
21.             transform: scaleX(1);       /* 不变化 */
22.             -webkit-transform: scaleX(1);
23.         }
24.         .scale-2{
25.             transform: scaleX(1.3);     /* 水平方向放大 1.3 倍 */
26.             -webkit-transform: scaleX(1.3);
27.         }
28.         .scale-3{
29.             transform: scaleY(0.7);     /* 垂直方向缩小 0.7 */
30.             -webkit-transform: scaleY(0.7);
31.         }
32.         .scale-4{
```

```
33.            transform: scale(0.7);      /* 缩小 0.7 */
34.            -webkit-transform: scale(0.7);
35.        }
36.        .scale-5{
37.            transform: scale(-0.7);     /* 缩小-0.7 */
38.            -webkit-transform: scale(-0.7);
39.        }
40.        .scale-6{
41.            transform-origin:left top;  /* 改变原点为左上角 */
42.            -webkit-transform-origin:left top;
43.            transform: scale(0.7);      /* 缩小 0.7 */
44.            -webkit-transform: scale(0.7);
45.        }
46.    </style>
47. </head>
48. <body>
49.    <div class="scale-1">1.元素原始形状</div>
50.    <div class="scale-2">2.水平方向放大 1.3</div>
51.    <div class="scale-3">3.垂直方向缩小 0.7</div>
52.    <div class="scale-4">4.水平和垂直方向同时缩小 0.7</div>
53.    <div class="scale-5">5.水平和垂直方向同时缩小-0.7</div>
54.    <div class="scale-6">6.改变原点，进行缩放</div>
55. </body>
56. </html>
```

使用 scale()缩放方法对元素进行缩放，运行效果如图 7.8 所示。

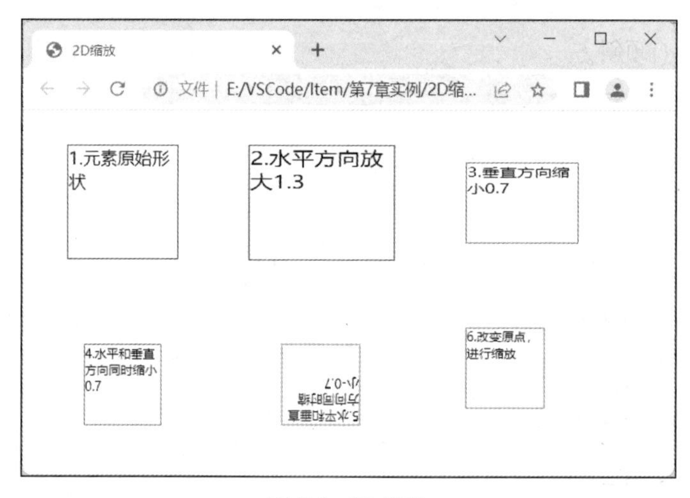

图 7.8　2D 缩放

7.2.5　skew()倾斜

skew()倾斜是 2D 变形的一种倾斜方法，用于实现元素的倾斜操作。在 CSS3 中，可以应用 skew()倾斜使元素倾斜显示。

1．语法格式

skew()倾斜的语法格式如下所示。

```
transform:skew(x,y);
```

或者分开写：

```
transform:skewX(x);
transform:skewY(y);
```

2. skew()倾斜说明

skew()倾斜可使元素沿指定方向倾斜给定角度，可以将一个元素以其中心位置围绕着 *X* 轴和 *Y* 轴按照一定的角度倾斜。角度值表示元素的倾斜角度，角度值可为正数或负数，单位是 deg（角度单位）。skew()倾斜方法可实现 3 种情况的倾斜，说明如表 7.7 所示。

表 7.7 skew()倾斜方法说明

skew()倾斜	说明
skew(x,y)	元素在水平方向（*X* 轴）和垂直方向（*Y* 轴）同时倾斜，即元素沿水平方向（*X* 轴）和垂直方向（*Y* 轴）倾斜给定角度
skewX(x)	元素在水平方向（*X* 轴）倾斜，即元素沿水平方向（*X* 轴）倾斜给定角度
skewY(y)	元素在垂直方向（*Y* 轴）倾斜，即元素沿垂直方向（*Y* 轴）倾斜给定角度

角度值的取值范围为 0～360 度，当角度值为正数时，以顺时针（默认值）方向进行倾斜；当角度值为负数时，以逆时针方向进行倾斜。

原点的改变会影响倾斜的效果，skew()倾斜方法默认以中心为原点进行倾斜。

3. 演示说明

下面使用 skew()倾斜方法对元素进行倾斜，具体代码如例 7.6 所示。

【例 7.6】倾斜。

```
1.  <!DOCTYPE html>
2.  <html lang="en">
3.  <head>
4.      <meta charset="UTF-8">
5.      <title>倾斜</title>
6.      <style>
7.          /* 取消页面默认边距 */
8.          *{
9.              margin: 0;
10.             padding: 0;
11.         }
12.         /* 统一设置 6 个元素 */
13.         div{
14.             width: 120px;
15.             height: 60px;
16.             border: 1px solid #333;         /* 添加边框 */
17.             margin: 50px;                   /* 添加外边距 */
18.             float: left;                    /* 设置左浮动 */
19.         }
20.         .skew-1{
21.             transform: skew(30deg,30deg);   /* X 轴和 Y 轴同时倾斜 30 度 */
22.             -webkit-transform: skew(30deg,30deg);
```

```
23.         }
24.         .skew-2{
25.             transform: skewX(30deg);         /* X 轴方向倾斜 30 度 */
26.             -webkit-transform: skewX(30deg);
27.         }
28.         .skew-3{
29.             transform: skewY(30deg);         /* Y 轴方向倾斜 30 度 */
30.             -webkit-transform: skewY(30deg);
31.         }
32.         .skew-4{
33.             transform: skew(-30deg,-30deg); /* X 轴和 Y 轴同时倾斜-30 度 */
34.             -webkit-transform: skew(-30deg,-30deg);
35.         }
36.         .skew-5{
37.             transform: skew(90deg);          /* 倾斜 90 度，没有图像 */
38.             -webkit-transform: skew(90deg);
39.         }
40.         .skew-6{
41.             transform-origin:left top;       /* 改变原点为左上角 */
42.             -webkit-transform-origin:left top;
43.             transform: skew(30deg);          /* 倾斜 30 度 */
44.             -webkit-transform: skew(30deg);
45.         }
46.     </style>
47. </head>
48. <body>
49.     <div class="skew-1">1.X 轴和 Y 轴同时倾斜 30 度</div>
50.     <div class="skew-2">2.X 轴方向倾斜 30 度</div>
51.     <div class="skew-3">3.Y 轴方向倾斜 30 度</div>
52.     <div class="skew-4">4.X 轴和 Y 轴同时倾斜-30 度</div>
53.     <div class="skew-5">5.倾斜 90 度，没有图片</div>
54.     <div class="skew-6">6.改变原点，倾斜 30 度</div>
55. </body>
56. </html>
```

使用 skew()倾斜方法对元素进行倾斜，运行效果如图 7.9 所示。

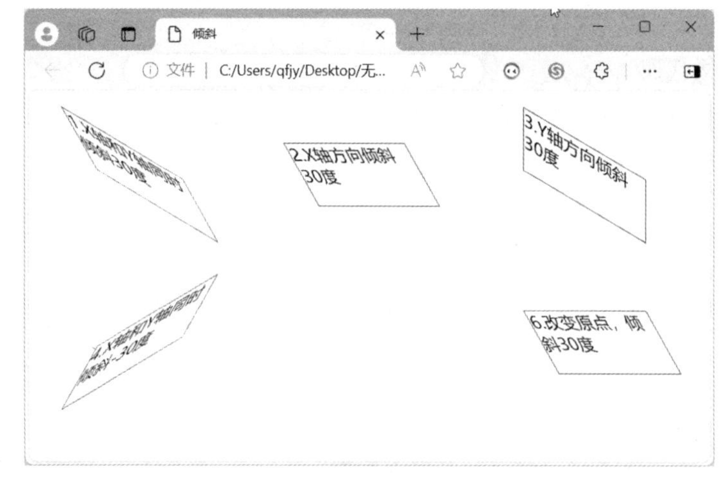

图 7.9 倾斜

7.2.6　案例：元素变形

1．页面结构分析简图

本案例是制作一个实现元素变形的页面。当光标移到图标模块上时，赋予其过渡效果，即过渡背景颜色，图标缩小为原来的 0.85 并旋转 360 度；当光标移到标题上时，标题的字体放大 1.1 倍；当光标经过超链接时，超链接的字体颜色变深且字体加粗，超链接中的右箭头向右移动 375px。该页面的实现需要用到<div>块元素、<h3>标题标签、<img>图片标签、<p>段落标签、<a>超链接和<span>内联元素，页面结构简图如图 7.10 所示。

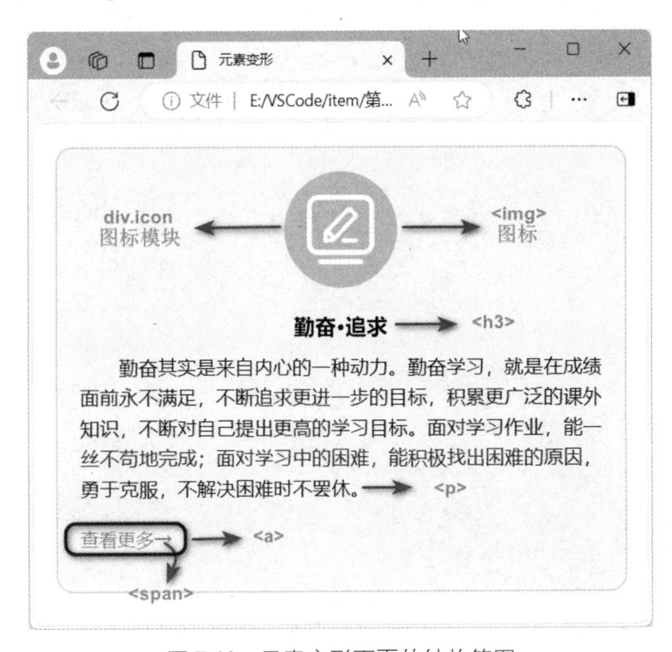

图 7.10　元素变形页面的结构简图

2．代码实现

（1）主体结构代码

新建一个 HTML 文件，以外链方式在该文件中引入 CSS 文件。首先，在<body>标签中定义<div>父容器块，并添加 ID 名为“hard”；然后，在父容器中添加子元素，并加入图片和文本内容，具体代码如例 7.7 所示。

【例 7.7】元素变形。

```
1.  <!DOCTYPE html>
2.  <html lang="en">
3.  <head>
4.      <meta charset="UTF-8">
5.      <link type="text/css" rel="stylesheet" href="transform.css">
6.      <title>元素变形</title>
7.  </head>
8.  <body>
```

```
9.        <!-- 父容器 -->
10.       <div id="hard">
11.           <!-- 图标模块 -->
12.           <div class="icon">
13.               <!-- 图标 -->
14.               <img src="../images/stu.png" alt="">
15.           </div>
16.           <!-- 文本模块 -->
17.           <div class="details">
18.               <!-- 标题 -->
19.               <h3>勤奋·追求</h3>
20.               <!-- 段落文本 -->
21.               <p>
22.               勤奋其实是来自内心的一种动力。勤奋学习，就是在成绩面前永不满足，不断追求更进
    一步的目标，积累更广泛的课外知识，不断对自己提出更高的学习目标。面对学习作业，能一丝不苟地
    完成；面对学习中的困难，能积极找出困难的原因，勇于克服，不解决困难时不罢休。
23.               </p>
24.               <!-- 超链接 -->
25.               <a href="#">查看更多<span>→</span></a>
26.           </div>
27.       </div>
28. </body>
29. </html>
```

在上述代码中，首先，在父元素中添加 2 个<div>块元素作为图标模块和文本模块，在图标模块中嵌入一张图片作为图标；然后，在文本模块中分别添加<h3>标题、段落文本和<a>超链接，并为其添加相应内容。

（2）CSS 代码

新建一个 CSS 文件 transform.css，在该文件中加入 CSS 代码，设置页面样式，具体代码如下所示。

```
1.  /* 取消页面默认边距 */
2.  *{
3.      margin: 0;
4.      padding: 0;
5.  }
6.  /* 父容器 */
7.  #hard{
8.      width: 500px;
9.      height: 380px;
10.     background-color: #f5f5f1;
11.     border: 2px solid #ccc;       /* 添加边框 */
12.     border-radius: 15px;          /* 添加圆角效果 */
13.     margin: 20px;                 /* 添加外边距 */
14. }
15. /* 图标模块 */
16. .icon {
17.     width: 100px;
18.     height: 100px;
19.     background-color: #94aad8;
20.     border-radius: 50px;          /* 添加圆角，角度为宽度的 50%，即圆形效果 */
```

```
21.     margin: 20px auto 0;          /* 添加上、左右、下外边距 */
22.     position: relative;           /* 添加相对定位 */
23.     transition: all 4s linear;    /* 过渡效果，过渡持续 4s，匀速 */
24. }
25. /* 图标 */
26. img{
27.     display: block;               /* 转化为块元素 */
28.     width: 60%;
29.     height: 60%;
30.     position: absolute;           /* 添加绝对定位 */
31.     left: 0;                      /* 位置属性，设置正中心位置 */
32.     right: 0;
33.     top: 0;
34.     bottom: 0;
35.     margin: auto;
36. }
37. /* 当光标经过图标模块时 */
38. .icon:hover {
39.     background-color: #7e6989;    /* 过渡背景颜色 */
40.     transform: scale(0.85) rotate(360deg); /* 图片缩小为原来的0.85，顺时针旋转 360 度 */
41. }
42. /* 文本模块 */
43. .details{
44.     margin: 10px 20px;            /* 添加上下、左右外边距 */
45. }
46. /* 标题 */
47. h3{
48.     text-align: center;
49.     padding: 10px 0;              /* 添加上下、左右内边距 */
50. }
51. /* 当光标经过标题时 */
52. h3:hover{
53.     transform: scale(1.1);        /* 放大 1.1 倍 */
54. }
55. /* 段落文本 */
56. p{
57.     font-size: 17px;
58.     text-indent: 2em;             /* 首行缩进 2 个字符 */
59.     line-height: 26px;            /* 设置行高 */
60. }
61. /* 超链接 */
62. a{
63.     color: #6d6868;
64.     text-decoration: none;        /* 取消文本修饰 */
65.     display: block;               /* 转化为块元素 */
66.     margin-top: 20px;             /* 添加上外边距 */
67. }
68. /* 当光标经过超链接时 */
69. a:hover {
70.     color: #000;
71.     font-weight: bold;            /* 字体加粗 */
```

```
72. }
73. /* 当光标经过超链接时，设置 span 元素（右箭头） */
74. a:hover span{
75.     display: inline-block;         /* 转化为内联块元素 */
76.     transform: translateX(375px);  /* x 轴位移 375px  */
77.     transition: all 3s cubic-bezier(.13,.57,.92,.62);  /* 过渡效果，过渡持续
    3s，贝塞尔曲线 */
78. }
```

在上述 CSS 代码中，首先，使用 border-radius 属性设置图标模块的圆角角度为宽度的 50%，即产生圆形效果；使用 margin 属性的 auto 值使其元素水平居中，并使用 position 属性和 transition 属性为图标模块添加相对定位和过渡效果，再使用绝对定位将图标模块中的图片定位到其正中心的位置；当光标经过图标模块时，使用 transform 属性中的 scale()和 rotate()方法为图标添加缩放和旋转效果；当光标经过标题时，使用 transform 属性中的 scale()方法为标题添加缩放效果；然后设置超链接中的样式，使用 display 属性将<a>超链接转化为块元素；当光标经过超链接时，使用 color 属性和 font-weight 属性设置字体颜色与字体加粗，使用 transform 属性中的 translateX()方法为<span>元素（右箭头）添加位移效果，并加入过渡效果。

7.2.7 本节小结

本节主要讲解了 transform 变形中设置原点位置的 transform-origin 属性以及 4 种 transform 变形方法，包括 translate()位移、rotate()旋转、scale()缩放和 skew()倾斜。希望读者通过本节的学习，可以了解 CSS 动画中的 4 种变形效果，并掌握其使用方法。

7.3 实现 3D transform 变形

微课视频

7.3.1 3D 变形的概述

CSS3 的 3D 变形功能与 2D 变形功能类似，2D 变形的元素可以在平面空间内进行位置或形状的变形，而 3D 变形的元素可以在三维空间（也就是立体空间）内进行位置或形状的变形，具有更丰富的视觉效果。

3D 即三维空间，是指在平面二维系中再次加入一个方向向量后构成的空间系。3D 指的是坐标轴的 3 个轴，即 *X* 轴、*Y* 轴、*Z* 轴，其中 *X* 表示左右空间，*Y* 表示上下空间，*Z* 表示前后空间，这样就形成了视觉立体感。三维世界中的坐标系如图 7.11 所示。

想要了解 3D 变形，首先需要了解变形元素、观察者和被透视元素这 3 个概念。

① 变形元素是进行 3D 变形的元素，主要进行 transform、transform-origin、backface-visibility 等属性的设置。

② 观察者是浏览器模拟出来的用来观察被透视元素的一个没有尺寸的点。观察者发出视线，类似于一个点状光源发出光线。

③ 被透视元素即被观察者观察的元素。根据属性设置的不同，被透视元素可能是变形元素本身，也可能是其父元素或祖先元素，主要进行 perspective、perspective-origin 等属性的设置。

3D 变形的模拟视图如图 7.12 所示。

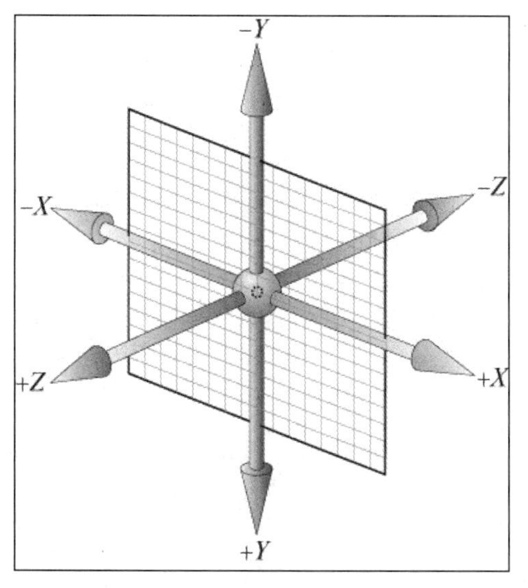

图 7.11　三维坐标系

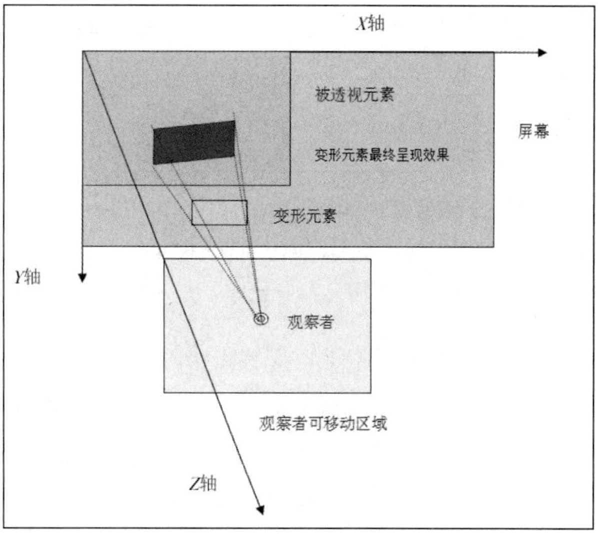

图 7.12　3D 变形模拟视图

3D 变形主要有 perspective、transform-style、perspective-origin 和 backface-visibility 这 4 个属性。接下来将具体介绍这几个属性。

7.3.2　perspective 属性

perspective 属性用于规定 3D 元素的透视效果。perspective 属性可以简单理解为视距，用来设置观察者和元素 3D 空间 Z 平面之间的距离。而其效应由自身的值来决定，值越小，用户与 3D 空间 Z 平面距离越近，视觉效果越令人印象深刻；反之，值越大，用户与 3D 空间 Z 平面距离越远，视觉效果就越小。

通常设置 perspective 属性的元素即被透视元素。一般地，perspective 属性只能对变形元素的父元素或祖先元素设置，这是因为浏览器会为其子元素的变形产生透视效果，但并不会为其自身产生透视效果。perspective 属性的模拟视图如图 7.13 所示。

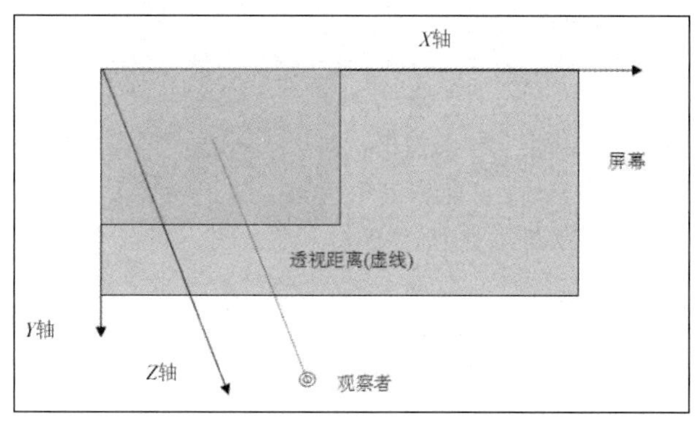

图 7.13　perspective 属性模拟视图

perspective 属性的语法格式如下所示。

```
perspective: number | none ;
```

perspective 属性的属性值为 none 和像素值，其说明如表 7.8 所示。

表 7.8　　perspective 属性的属性值说明

值	说明
none	默认值。与 0 相同，不设置透视
number	元素距离视图的距离，单位为 px（像素）

值得注意的是，perspective 属性只影响 3D 变形元素。perspective 属性值不可为 0 和负数，这是由于观察者与屏幕距离为 0 时或者在屏幕背面时是不可以观察到被透视元素的正面的。同时，perspective 属性不可取值为百分比，因为百分比需要相对的元素，而 *Z* 轴并没有可相对的元素尺寸。

7.3.3　transform-style 属性

transform-style 属性用于规定被嵌套元素在 3D 空间中的显示方式。transform-style 属性的语法格式如下所示。

```
transform-style: flat | preserve-3d ;
```

transform-style 属性的属性值为 flat 和 preserve-3d，其说明如表 7.9 所示。

表 7.9　　transform-style 属性的属性值说明

值	说明
flat	表示所有子元素在 2D 平面呈现
preserve-3d	表示所有子元素在 3D 空间中呈现

transform-style 属性需要设置在父元素中，并且高于任何嵌套的变形元素。

7.3.4　perspective-origin 属性

perspective-origin 属性用于定义 3D 元素所基于的 *X* 轴和 *Y* 轴，即设置 3D 元素的基点位置，允许改变 3D 元素的底部位置。perspective-origin 基点位置是指观察者的位置，通常观察者位于与屏幕平行的另一个平面上，观察者始终是与屏幕垂直的。perspective-origin 属性的模拟视图如图 7.14 所示。

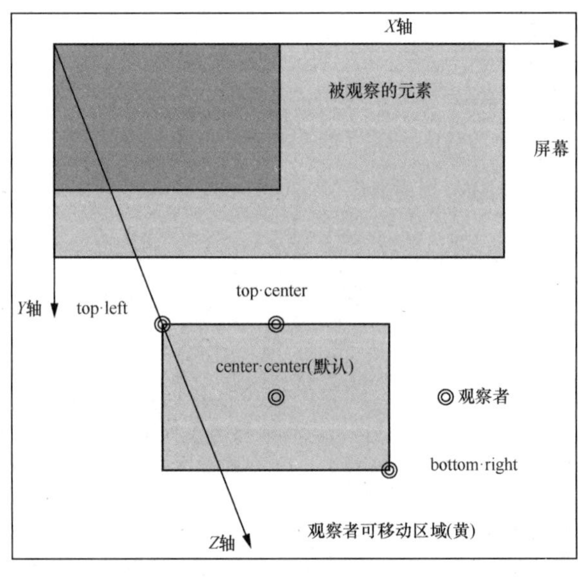

图 7.14　perspective-origin 属性模拟视图

perspective-origin 属性的语法格式如下所示。

```
perspective-origin: x-axis y-axis;
```

perspective-origin 与 transform-origin 的属性取值相似，可参考 transform-origin 的属性值。值得注意的是，perspective-origin 属性必须定义在父元素上，需要与 perspective 属性一同使用，以便将视点移至元素的中心以外位置。

7.3.5 backface-visibility 属性

backface-visibility 属性用于定义元素不面向屏幕时是否可见，即决定当元素旋转后，背面是否可见。backface-visibility 属性的语法格式如下所示。

```
backface-visibility: visible | hidden
```

backface-visibility 属性值说明如表 7.10 所示。

表 7.10 backface-visibility 属性值说明

值	说明
visible	表示背面是可见的
hidden	表示背面是不可见的

7.3.6 3D rotate()旋转

3D 变形使用与 2D 变形相同的属性。CSS3 中的 3D 旋转主要包括 rotateX()、rotateY()、rotateZ()和 rotate3d()这 4 个功能函数，这 4 种方法的说明如表 7.11 所示。

表 7.11 3D 旋转效果说明

方法	说明
rotateX(a)	元素以坐标轴 *X* 轴为中心轴，从下往上旋转。rotateX(a)函数功能等同于 rotate3d(1,0,0,a)
rotateY(a)	元素以坐标轴 *Y* 轴为中心轴，从左往右旋转。rotateY(a)函数功能等同于 rotate3d(0,1,0,a)
rotateZ(a)	元素以坐标轴中心为原点，顺时针旋转。rotateZ(a)函数功能等同于 rotate3d(0,0,1,a)
rotate3d(x,y,z,a)	表示围绕自定义旋转轴进行旋转

根据表 7.11 中的说明，*X* 轴、*Y* 轴和 *Z* 轴这 3 个方向轴的旋转方向模拟视图如图 7.15 所示。

Z旋转 X旋转 Y旋转

图 7.15 3 轴旋转方向

rotate3d(x,y,z,a)中的取值说明如下。

① x 是一个 0～1 的数值，主要用来描述元素围绕 *X* 轴旋转的矢量值。

② y 是一个 0～1 的数值，主要用来描述元素围绕 *Y* 轴旋转的矢量值。

③ z 是一个 0～1 的数值，主要用来描述元素围绕 *Z* 轴旋转的矢量值。

④ a 是一个角度值，主要用来指定元素在 3D 空间旋转的角度。如果其值为正值，则元素顺时针旋转；其值为负值，则元素逆时针旋转。

当 x、y、z 这 3 个值同时为 0 时，元素在 3D 空间不做任何旋转。

使用 rotate()旋转方法对元素进行旋转，具体代码如例 7.8 所示。

【例 7.8】3D 旋转。

```
1.  <!DOCTYPE html>
2.  <html lang="en">
3.  <head>
4.      <meta charset="UTF-8">
5.      <title>3D 旋转</title>
6.      <style>
7.          *{
8.              margin: 0;
9.              padding: 0;
10.         }
11.         /* 统一设置所有 div 元素的宽高 */
12.         div{
13.             width: 200px;
14.             height: 150px;
15.         }
16.         /* 4 个 3D 变形元素的父元素 */
17.         .box{
18.             border: 1px dashed #aaa;
19.             font-size: 18px;
20.             margin: 30px;
21.             float: left;
22.             perspective: 600px;              /* 设置 3D 元素的透视效果 */
23.             transform-style: preserve-3d;   /* 所有子元素可在 3D 空间中呈现 */
24.             backface-visibility: visible;   /* 背面为可见 */
25.         }
26.         /* 第 1 个元素，沿 X 轴旋转 */
27.         .rotate-x{
28.             background-color: rgba(232, 156, 156, 0.6);
29.             transform: rotateX(40deg);       /* 围绕 X 轴从下往上旋转 40 度 */
30.         }
31.         /* 第 2 个元素，沿 Y 轴旋转 */
32.         .rotate-y{
33.             background-color: rgba(207, 200, 124, 0.6);
34.             transform: rotateY(40deg);       /* 围绕 Y 轴从左往右旋转 40 度 */
35.         }
36.         /* 第 3 个元素，沿 Z 轴旋转 */
37.         .rotate-z{
38.             background-color: rgba(200, 160, 220, 0.6);
39.             transform: rotateZ(40deg);       /* 围绕 Z 轴顺时针旋转 40 度 */
40.         }
41.         /* 第 4 个元素，自定义旋转轴进行旋转 */
42.         .rotate-3d{
43.             background-color: rgba(235, 192, 127, 0.6);
44.             transform: rotate3d(.5, .8, .2, 40deg);     /* 围绕自定义旋转轴旋转
    40 度 */
45.         }
46.     </style>
47. </head>
48. <body>
49.     <!-- 第 1 个元素，沿 X 轴旋转 -->
```

```
50.       <div class="box">
51.           <div class="rotate-x">元素围绕 X 轴从下往上旋转 40 度</div>
52.       </div>
53.       <!-- 第 2 个元素，沿 Y 轴旋转 -->
54.       <div class="box">
55.           <div class="rotate-y">元素围绕 Y 轴从左往右旋转 40 度</div>
56.       </div>
57.       <!-- 第 3 个元素，沿 Z 轴旋转 -->
58.       <div class="box">
59.           <div class="rotate-z">元素围绕 Z 轴顺时针旋转 40 度</div>
60.       </div>
61.       <!-- 第 4 个元素，自定义旋转轴进行旋转 -->
62.       <div class="box">
63.           <div class="rotate-3d">围绕自定义旋转轴旋转 40 度</div>
64.       </div>
65.   </body>
66.   </html>
```

使用 3D rotate()旋转方法对元素进行 3D 旋转，运行效果如图 7.16 所示。

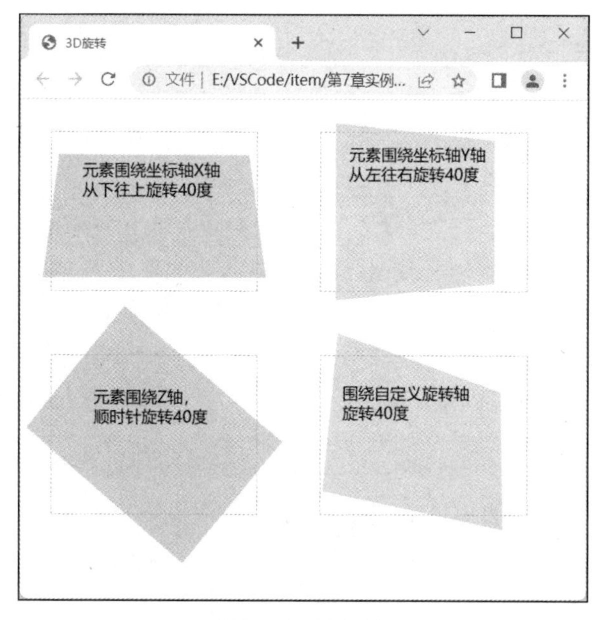

图 7.16　3D 旋转

7.3.7　3D translate()位移

在 CSS3 中，3D 位移主要包括 translateZ()和 translate3d()这 2 个功能函数。3D 位移可使元素在三维空间里进行移动，translateZ()位移和 translate3d()位移的说明如表 7.12 所示。

表 7.12　3D 位移说明

方法	说明
translateZ()	元素在坐标轴 *Z* 轴上进行位移，其效果等同于缩放。translateZ(a)函数功能等同于 translate3d(0,0,a)
translate3d(x,y,z)	元素在三维空间里移动，使用三维向量坐标定义元素在每个方向的移动位置

translate3d(x,y,z)中的取值说明如下。

① x 通常为像素值，表示元素在三维空间里沿 *X* 轴进行位移。

② y 通常为像素值，表示元素在三维空间里沿 *Y* 轴进行位移。

③ z 通常为像素值，表示元素在三维空间里沿 *Z* 轴进行位移，视觉效果如同以坐标轴原点为基准，放大或缩小该元素。

使用 translate()位移方法对元素进行位移，具体代码如例 7.9 所示。

【例 7.9】3D 位移。

```
1.  <!DOCTYPE html>
2.  <html lang="en">
3.  <head>
4.      <meta charset="UTF-8">
5.      <title>3D 位移</title>
6.      <style>
7.          *{
8.              margin: 0;
9.              padding: 0;
10.         }
11.         /* 统一设置所有 div 元素的宽高 */
12.         div{
13.             width: 150px;
14.             height: 100px;
15.         }
16.         /* 4 个 3D 变形元素的父级元素 */
17.         .box{
18.             border: 2px dashed #aaa;
19.             font-size: 18px;
20.             margin: 30px;
21.             float: left;
22.             perspective: 600px;              /* 设置 3D 元素的透视效果 */
23.             transform-style: preserve-3d;    /* 所有子元素可在 3D 空间中呈现 */
24.             backface-visibility: visible;    /* 背面为可见 */
25.         }
26.         /* 第 1 个元素，沿 Z 轴位移，正数 */
27.         .late-z1{
28.             background-color: rgb(178, 143, 206, .6);
29.             transform: translateZ(100px);    /* 在 Z 轴上位移 100px，类似放大效果*/
30.         }
31.         /* 第 2 个元素，沿 Z 轴位移，正数 */
32.         .late-z2{
33.             background-color: rgba(197, 212, 185, 0.6);
34.             transform: translateZ(50px);     /* 在 Z 轴上位移 50px,类似放大效果 */
35.         }
36.         /* 第 3 个元素，沿 Z 轴位移，负数 */
37.         .late-z3{
38.             background-color: rgba(237, 120, 74, .6);
39.             transform: translateZ(-100px);   /*在 Z 轴上位移-100px，类似缩小效果*/
40.         }
41.         /* 第 4 个元素，沿 Z 轴位移，负数 */
42.         .late-z4{
```

```
43.             background-color: rgba(148, 193, 198, 0.6);
44.             transform: translateZ(-200px);  /*在 Z 轴上位移-200px，类似缩小效果*/
45.         }
46.         /* 第 5 个元素，在 3 个轴上进行位移 */
47.         .late-3d{
48.             background-color: rgb(188, 159, 119, .6);
49.             transform: translate3d(40px, 20px, 60px); /* 元素在 X 轴、Y 轴和 Z 轴
    3 个方向位移 */
50.         }
51.     </style>
52. </head>
53. <body>
54.     <!-- 第 1 个元素，沿 Z 轴位移，正数 -->
55.     <div class="box">
56.         <div class="late-z1">元素在 Z 轴上位移 100px,类似放大效果</div>
57.     </div>
58.     <!-- 第 2 个元素，沿 Z 轴位移，正数 -->
59.     <div class="box">
60.         <div class="late-z2">元素在 Z 轴上位移 50px,类似放大效果</div>
61.     </div>
62.     <!-- 第 3 个元素，沿 Z 轴位移，负数 -->
63.     <div class="box">
64.         <div class="late-z3">元素在 Z 轴上位移-100px,类似缩小效果</div>
65.     </div>
66.     <!-- 第 4 个元素，沿 Z 轴位移，负数 -->
67.     <div class="box">
68.         <div class="late-z4">元素在 Z 轴上位移-200px,类似缩小效果</div>
69.     </div>
70.     <!-- 第 5 个元素，在 3 个轴上进行位移 -->
71.     <div class="box">
72.         <div class="late-3d">元素在 X 轴、Y 轴和 Z 轴 3 个方向位移</div>
73.     </div>
74. </body>
75. </html>
```

使用 3D translateZ()位移方法对元素进行 3D 位移，运行效果如图 7.17 所示。

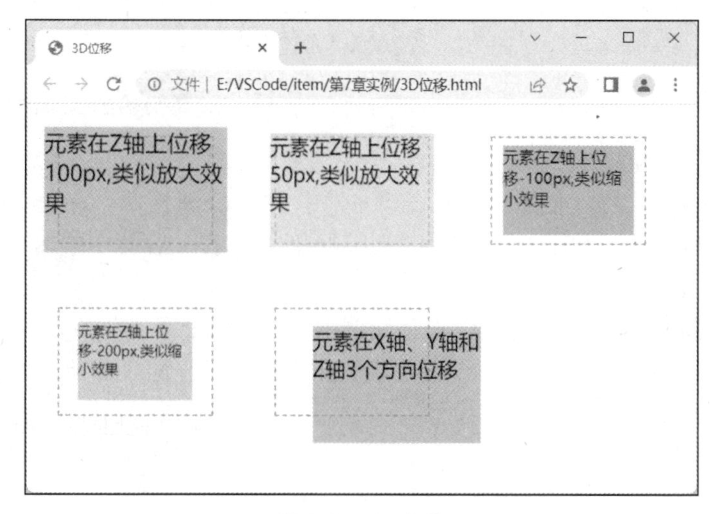

图 7.17　3D 位移

从例 7.9 的代码和图 7.17 可看出，当数值为正数时，数值越大，元素离观察者的距离越近，放大效果越显著；反之，数值越小，放大效果越不明显，直至数值为 0，元素变为原始状态。当数值为负数时，元素呈缩小效果，数值越小，元素离观察者的距离越远，缩小效果越显著。

7.3.8 案例：正方体

1．页面结构分析简图

本案例是制作一个实现元素 3D 变形的页面，使用 3D 变形的旋转和位移方法依次设置正方体 6 个平面的具体位置。当光标移到正方体上时，正方体进行 360 度的 3D 旋转。该页面的实现需要用到<div>块元素和<ul>无序列表，页面结构简图如图 7.18 所示。

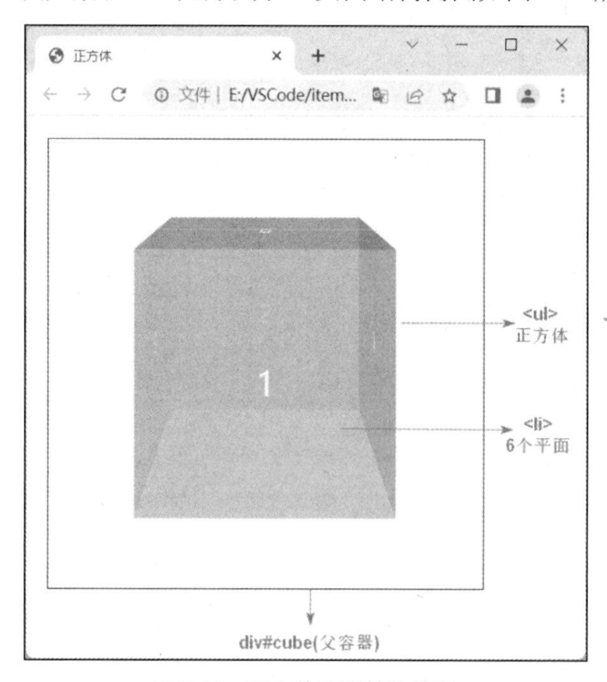

图 7.18　正方体页面结构简图

2．代码实现

（1）主体结构代码

新建一个 HTML 文件，以外链方式在该文件中引入 CSS 文件。首先，在<body>标签中定义一个<div>父容器块，并添加 ID 名为“cube”；然后，在父容器中添加无序列表，用来制作正方体的 6 个平面。

为了拓宽读者对所学技能的掌握，在该案例中可以使用 2 种方法实现正方体的 3D 效果，即使用 translateZ()方法与绝对定位方法皆可设置正方体 4 个平面（除前、后 2 个平面）的位置，具体代码如例 7.10 所示。

【例 7.10】正方体。

```
1.   <!Doctype html>
2.   <html lang="en">
```

```
3.  <head>
4.      <meta charset="utf-8">
5.      <link type="text/css" rel="stylesheet" href="cube.css">
6.      <title>正方体</title>
7.  </head>
8.  <body>
9.      <!-- 父容器 -->
10.     <div id="cube">
11.         <!-- 正方体 -->
12.         <ul>
13.             <!-- 正方体的 6 个平面 -->
14.             <li>1</li>
15.             <li>2</li>
16.             <li>3</li>
17.             <li>4</li>
18.             <li>5</li>
19.             <li>6</li>
20.         </ul>
21.     </div>
22. </body>
23. </html>
```

（2）CSS 代码

新建一个 CSS 文件 cube.css，在该文件中加入 CSS 代码，设置页面样式，具体代码如下所示。

```
1.  /* 取消页面默认边距 */
2.  *{
3.      padding: 0;
4.      margin: 0;
5.  }
6.  /* 父容器 */
7.  #cube{
8.      width: 400px;
9.      height: 400px;
10.     border: 1px #100 solid;
11.     margin: 20px;
12.     perspective: 600px;                /* 设置 3D 元素的透视效果 */
13.     perspective-origin: center top;    /* 设置 3D 元素的基点位置 */
14.     backface-visibility: visible;      /* 背面为可见 */
15. }
16. /* 正方体 */
17. ul{
18.     transform-style: preserve-3d;      /* 所有子元素可在 3D 空间中呈现 */
19.     width: 200px;
20.     height: 200px;
21.     border: 1px dotted #ccc;
22.     margin: 80px auto;
23.     transition: all 5s;                /* 添加过渡 */
24.     position: relative;                /* 添加相对定位 */
25. }
26. /* 正方体的 6 个平面 */
```

```
27. ul>li{
28.     width: 200px;
29.     height: 200px;
30.     line-height: 200px;
31.     color: white;
32.     font-size: 25px;
33.     text-align: center;
34.     list-style: none;                    /* 取消项目列表标记 */
35.     position: absolute;                  /* 添加绝对定位 */
36. }
37. /* 第 1 个平面 */
38. ul>li:nth-child(1){
39.     background-color: rgba(222, 141, 213, 0.6);  /* 添加背景颜色的不透明度 */
40.     transform: translateZ(100px);       /* 添加 3D 变形，在 Z 轴上进行位移 */
41. }
42. /* 第 2 个平面 */
43. ul>li:nth-child(2){
44.     background-color: rgba(136, 202, 142, 0.6);
45.     transform: translateZ(-100px);
46. }
47. /* 第 3 个平面 */
48. ul>li:nth-child(3){
49.     background-color: rgba(218, 155, 155, 0.6);
50.     transform: rotateY(90deg) translateZ(-100px);  /* 添加 3D 变形，围绕 Y 轴从左
    往右旋转，在 Z 轴上进行位移 */
51. }
52. /* 第 3 个平面的 CSS 代码可进行改写，"在 Z 轴上进行位移"可用"绝对定位的位置属性"替代
53. ul>li:nth-child(3){
54.     left: -100px;
55.     background-color: rgba(218, 155, 155, 0.6);
56.     transform: rotateY(90deg) ;
57. } */
58. /* 第 4 个平面 */
59. ul>li:nth-child(4){
60.     background-color: rgba(90, 82, 205, 0.6);
61.     transform: rotateY(90deg) translateZ(100px);  /* 围绕 Y 轴从左往右旋转，
    translateZ(100px)可替换为 left: 100px */
62. }
63. /* 第 5 个平面 */
64. ul>li:nth-child(5){
65.     background-color: rgba(80, 110, 193, 0.6);
66.     transform: rotateX(90deg) translateZ(100px);  /* 围绕 X 轴从下往上旋转，
    translateZ(100px)可替换为 top: -100px */
67. }
68. /* 第 6 个平面 */
69. ul>li:nth-child(6){
70.     background-color: rgba(221, 226, 182, 0.6);
71.     transform: rotateX(90deg) translateZ(-100px); /* 围绕 X 轴从下往上旋转，
    translateZ(-100px)可替换为 top: 100px */
72. }
73. /* 当光标移到正方体上时 */
```

```
74. ul:hover{
75.     transform: rotate3d(1, 1, 0, 360deg); /* 进行3D旋转，围绕X轴和Y轴旋转360度 */
76. }
```

在上述CSS代码中，首先，给父容器设置3D变形属性，使用perspective属性设置3D元素的透视效果，使用perspective-origin属性设置3D元素的基点位置为“中上”，使用backface-visibility属性设置元素背面为可见；然后，使用transform-style属性设置正方体中的所有子元素都可在3D空间中呈现，并使用transition属性为正方体添加过渡效果；最后，使用3D变形方法依次设置正方体6个平面的具体位置。当光标移到正方体上时，正方体进行3D旋转，围绕X轴和Y轴旋转360度。

7.3.9 本节小结

本节主要讲解了3D变形的perspective-origin、perspective、transform-style和backface-visibility4个属性以及3D变形的旋转、位移和缩放方法。希望读者通过本节的学习，可以使用CSS3的3D变形方法在网页中实现多样的动态效果。

微课视频

7.4 制作animation动画

随着前端技术的不断升级，在网页上实现动画效果的方式也随之增多。其中，CSS3的animation属性可直接实现动画效果，并取代许多网页的动画图像、Flash动画以及JavaScript实现的效果。animation动画不需要触发任何事件，就可以显式地随时间变化来改变元素的CSS属性，从而实现动画效果。animation动画主要由keyframes关键帧、animation属性和CSS样式属性3个部分组成，其资源占用少，不仅可以减少内存空间，还可使网页更具灵动性。

7.4.1 @keyframes规则

@keyframes规则用于创建动画。在@keyframes中规定某项CSS样式，就能创建由当前样式逐渐过渡为新样式的动画效果。

1．设置方式

在动画过程中，可以多次更改CSS样式的设定。动画过程变化的发生有2种设置方式，一种是使用关键字“from”“to”，另一种是使用百分比。

在创建动画时，通常以百分比来规定变化发生的时间，0%是开头动画，100%是结束动画，其中0%对应关键字“from”，100%对应关键字“to”。

2．语法格式

@keyframes规则的语法格式如下所示。

```
@keyframes 动画名称{
    from {CSS样式}
    to {CSS样式}
}
```

或

```
@keyframes 动画名称{
    0%{CSS样式}
```

```
    ...
    100%{CSS 样式}
}
```

一个@keyframes 规则可以由多个百分比构成，即在 0%～100%之间创建多个百分比，为每个百分比中的动画效果元素添加上不同的 CSS 样式，从而达到一种不断变化的效果，使动画效果呈现得更细腻。

7.4.2 animation 属性

animation 属性通过定义多个关键帧以及定义每个关键帧中的元素属性来实现复杂的动画效果。animation 属性是一个简写属性，主要包含 animation-name、animation-duration、animation-timing-function、animation-delay、animation-iteration-count、animation-direction、animation-fill-mode 和 animation-play-state 这 8 个子属性。接下来具体介绍这 8 个属性。

1．animation-name 属性

animation-name 属性表示动画的名称，也是需要绑定选择器的 keyframes 名称，可以通过@keyframes 关键帧样式来找到对应的动画名称。animation-name 属性的语法格式如下所示。

```
animation-name: keyframename | none;
```

2．animation-duration 属性

animation-duration 属性表示动画的持续时间，单位可以设置成 s（秒）或 ms（毫秒）。animation-duration 属性的语法格式如下所示。

```
animation-duration: time;
```

animation-duration 属性的默认值是 0，这意味着没有动画效果，因此必须设置动画的持续时间。

3．animation-timing-function 属性

animation-timing-function 属性表示动画的速度曲线，指定动画将以何种状态或速度完成一个周期。animation-timing-function 属性的语法格式如下所示。

```
animation-timing-function: value;
```

animation-timing-function 与 transition-timing-function 的动画形式完全一样，属性的取值相同，默认情况下是 ease 形式。

4．animation-delay 属性

animation-delay 属性表示执行动画效果的延迟时间，默认值为 0，单位是 s（秒）或 ms（毫秒）。animation-delay 属性的语法格式如下所示。

```
animation-delay: time;
```

动画延迟时间的数值可以是负数，动画效果会从该时间点开始，之前的动作不执行。例如，将属性值设置为-2s 时，动画会马上开始，直接跳过前 2s 进入动画，即前 2s 的动画不执行。

5. animation-iteration-count 属性

animation-iteration-count 属性表示动画的执行次数。animation-iteration-count 属性的语法格式如下所示。

```
animation-iteration-count: number | infinite;
```

animation-iteration-count 属性值说明如表 7.13 所示。

表 7.13　　animation-iteration-count 属性值说明

值	说明
number	一个数值，定义应该播放动画的次数
infinite	指定动画应该播放无限次，即动画执行无限次

6. animation-direction 属性

animation-direction 属性表示是否应该轮流反向播放动画。animation-direction 属性的语法格式如下所示。

```
animation-direction: normal | reverse | alternate | alternate-reverse ;
```

animation-direction 属性值说明如表 7.14 所示。

表 7.14　　animation-direction 属性值说明

值	说明
normal	默认值，动画正向播放
reverse	动画反向播放
alternate	动画在奇数次（1、3、5…）正向播放，在偶数次（2、4、6…）反向播放
alternate-reverse	动画在奇数次（1、3、5…）反向播放，在偶数次（2、4、6…）正向播放

值得注意的是，如果动画被设置为只播放 1 次，则该属性将不起作用。动画循环播放时，每次都是从结束状态跳回到起始状态，再开始播放，而 animation-direction 属性可以重写该行为。

7. animation-fill-mode 属性

animation-fill-mode 属性可控制动画的停止位置。在正常情况下，动画结束后会回到初始状态，可通过 animation-fill-mode 属性设置动画结束时的停止位置。animation-fill-mode 属性的语法格式如下所示。

```
animation-fill-mode : none | forwards | backwards | both;
```

animation-fill-mode 属性值说明如表 7.15 所示。

表 7.15　　animation-fill-mode 属性值说明

值	说明
none	默认值。动画在执行之前和之后不会将任何样式应用到目标元素上
forwards	动画停止在结束状态，即停止在最后一帧
backwards	动画回到初始状态
both	动画遵循 forwards 和 backwards 的规则。也就是说，animation-fill-mode 相当于同时配置了 backwards 和 forwards，意味着在动画初始状态和动画结束状态，元素将分别应用动画第一帧和最后一帧的样式

animation-fill-mode 属性值设置为 backwards 时，要参考 animation-direction 属性的取值。当 animation-direction 属性值为 normal 或 alternate 时，回到初始状态；当 animation-direction 属性值为 reverse 或 alternate-reverse 时，停止在最后一帧。

8．animation-play-state 属性

animation-play-state 属性用于定义动画的播放状态。animation-play-state 属性的语法格式如下所示。

```
animation-play-state: paused | running ;
```

animation-play-state 属性值说明如表 7.16 所示。

表 7.16　　animation-play-state 属性值说明

值	说明
paused	表示暂停动画
running	默认值，表示播放动画

通常情况下，开发者会通过 JavaScript 方式控制动画的暂停和播放。

animation 属性的简写格式如下所示。

```
animation: name duration timing-function delay iteration-count direction fill-mode play-state;
```

值得注意的是，定义动画时，必须定义动画的名称和动画的持续时间。如果省略持续时间，则 animation-duration 属性值默认为 0，动画将无法执行。

9．过渡效果与动画效果的区别

transition 和 animation 都能在网页上实现动态效果，但它们之间是存在差异的，具体有以下 4 点。

① transition 需要事件触发，无法在网页加载时自动发生；animation 不需要事件触发，可直接实现动画效果。

② transition 是一次性的，不能重复发生，除非再次触发；animation 可执行无限次。

③ transition 只有两个状态，即开始状态和结束状态，不能定义中间状态；animation 可定义多个状态。

④ 一条 transition 规则只能定义一个属性的变化，不能涉及多个属性；animation 可定义多个属性的变化。

了解过渡效果和动画效果之间的区别，在设计网页的过程中，可以更好地选择合适的方式实现动画效果。

10．演示说明

使用@keyframes 规则和 animation 属性创建 1 个动画，要求元素的宽度、背景颜色和字体颜色能够不断地产生变化，具体代码如例 7.11 所示。

【例 7.11】创建动画。

```
1.  <!DOCTYPE html>
2.  <html lang="en">
```

```
3. <head>
4.     <meta charset="UTF-8">
5.     <title>创建动画</title>
6.     <style>
7.         /* 取消页面默认边距 */
8.         * {
9.             margin: 0;
10.            padding: 0;
11.        }
12.        /* 创建动画 */
13.        @keyframes color {
14.            0% {
15.                width: 250px;
16.                background-color: rgb(221, 209, 176);
17.                color: #000;
18.            }
19.            50% {
20.                width: 400px;
21.                background-color: rgb(170, 185, 166);
22.            }
23.            100% {
24.                width: 250px;
25.                background-color: rgb(123, 159, 186);
26.                color: #fff;
27.            }
28.        }
29.        .bj {
30.            width: 250px;
31.            height: 150px;
32.            font-size: 20px;
33.            margin: 30px;
34.            /*添加动画属性：动画名称、持续时间、速度曲线、延迟时间、执行次数、反向播放 */
35.            animation: color 8s linear .1s infinite reverse;
36.            -webkit-animation: color 8s linear .1s infinite reverse;
37.            -moz-animation: color 8s linear .1s infinite reverse;
38.        }
39.    </style>
40. </head>
41. <body>
42.     <div class="bj">锲而舍之，朽木不折；锲而不舍，金石可镂。</div>
43. </body>
44. </html>
```

使用@keyframes 规则和 animation 属性设置动画效果，运行效果如图 7.19 所示。

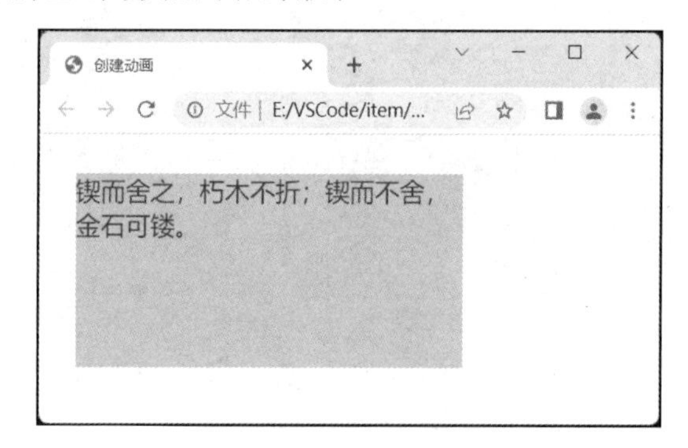

图 7.19　创建动画

7.4.3　案例：加载动画

1．页面结构分析简图

本案例是一个使用 animation 属性和@keyframes 规则实现 4 种不同加载动画的页面。该页面的实现需要用到<div>块元素和<p>段落标签，加载动画页面结构简图如图 7.20 所示。

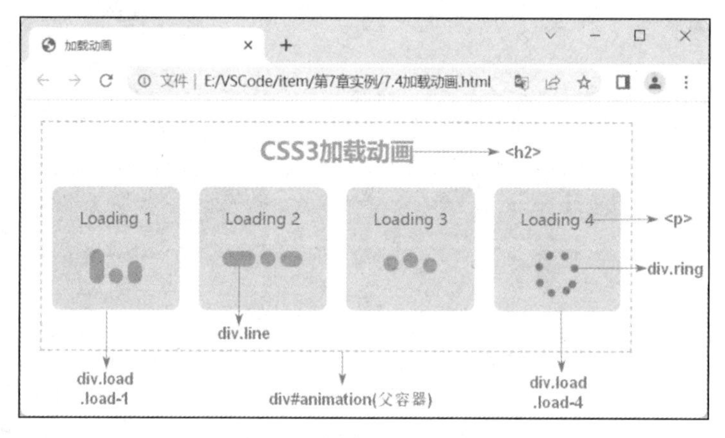

图 7.20　加载动画页面结构简图

2．代码实现

（1）主体结构代码

新建一个 HTML 文件，以外链方式在该文件中引入 CSS 文件。首先，在<body>标签中定义<div>父容器块，并添加 ID 名为“animation”；然后，在父容器中添加元素，制作 4 个不同的加载动画，具体代码如例 7.12 所示。

【例 7.12】加载动画。

```
1.  <!DOCTYPE html>
2.  <html lang="en">
3.  <head>
4.      <meta charset="UTF-8">
5.      <link type="text/css" rel="stylesheet" href="load.css">
6.      <title>加载动画</title>
```

```
7. </head>
8. <body>
9.     <!-- 父容器 -->
10.    <div id="animation">
11.        <!-- 大标题 -->
12.        <h2>CSS3 加载动画</h2>
13.        <!-- 加载动画 1 -->
14.        <div class="load load-1">
15.            <!-- 小标题 -->
16.            <p>Loading 1</p>
17.            <!-- 线条 -->
18.            <div class="line"></div>
19.            <div class="line"></div>
20.            <div class="line"></div>
21.        </div>
22.        <!-- 加载动画 2 -->
23.        <div class="load load-2">
24.            <p>Loading 2</p>
25.            <div class="line"></div>
26.            <div class="line"></div>
27.            <div class="line"></div>
28.        </div>
29.        <!-- 加载动画 3 -->
30.        <div class="load load-3">
31.            <p>Loading 3</p>
32.            <div class="line"></div>
33.            <div class="line"></div>
34.            <div class="line"></div>
35.        </div>
36.        <!-- 加载动画 4 -->
37.        <div class="load load-4">
38.            <p>Loading 4</p>
39.            <!-- 环 -->
40.            <div class="ring"></div>
41.        </div>
42.    </div>
43. </body>
44. </html>
```

在上述代码中，首先，在父容器中添加 4 个<div>子块元素，分别作为每个加载动画的容器；然后，在每个容器中添加 1 个<p>标签，作为每个加载动画的小标题。前 3 个加载动画容器均添加 3 个<div>子块元素，class 名为“line”，作为动画的线条；最后 1 个加载动画添加 1 个<div>子块元素，class 名为“ring”，作为动画的环。

（2）CSS 代码

新建一个 CSS 文件 load.css，在该文件中加入 CSS 代码，设置页面样式，具体代码如下所示。

```
1. /* 取消页面默认边距 */
2. *{
```

```
3.      margin: 0;
4.      padding: 0;
5.  }
6.  /* 父容器 */
7.  #animation{
8.      width: 600px;
9.      height: 220px;
10.     border: 2px dashed #bbb;     /* 添加虚线边框 */
11.     margin: 20px;                /* 添加外边距 */
12. }
13. /* 大标题 */
14. h2{
15.     color: #ae88c0;
16.     text-align: center;
17.     padding: 10px;               /* 添加内边距 */
18. }
19. /* 4个加载动画 */
20. .load{
21.     float: left;                 /* 设置左浮动 */
22.     width: 90px;
23.     height: 90px;
24.     margin: 10px;
25.     padding: 20px 20px 10px;     /* 添加上、左右、下内边距 */
26.     border-radius: 8px;          /* 添加圆角 */
27.     text-align: center;
28.     background-color: #d8d8d8;   /* 添加背景颜色 */
29. }
30. /* 小标题 */
31. .load p{
32.     color: #666;
33.     padding-bottom: 20px;        /* 添加下内边距 */
34. }
35. /* 线条 */
36. .line {
37.     display: inline-block;       /* 转化为内联块元素 */
38.     width: 15px;
39.     height: 15px;
40.     border-radius: 15px;
41.     background-color: #709de1;
42. }
43. /* 环 */
44. .ring{
45.     width: 10px;
46.     height: 10px;
47.     margin: 0 auto;
48.     padding: 10px;
49.     border: 8px dotted #986ab2; /* 添加点状边框 */
50.     border-radius: 100%;
51. }
```

```
52. /* 加载动画1，使用结构伪类选择器倒序匹配特定子元素 */
53. .load-1 .line:nth-last-child(1) {
54.     /* 添加动画：名称、持续时间、延迟时间、执行次数 */
55.     animation: loading-1 1.5s 1s infinite;
56. }
57. .load-1 .line:nth-last-child(2) {
58.     animation: loading-1 1.5s 0.5s infinite;
59. }
60. .load-1 .line:nth-last-child(3) {
61.     animation: loading-1 1.5s 0s infinite;
62. }
63. /* 加载动画2 */
64. .load-2 .line:nth-last-child(1) {
65.     animation: loading-2 1.5s 1s infinite;
66. }
67. .load-2 .line:nth-last-child(2) {
68.     animation: loading-2 1.5s 0.5s infinite;
69. }
70. .load-2 .line:nth-last-child(3) {
71.     animation: loading-2 1.5s 0s infinite;
72. }
73. /* 加载动画3 */
74. .load-3 .line:nth-last-child(1) {
75.     /* 添加动画：名称、持续时间、延迟时间、速度曲线、执行次数 */
76.     animation: loading-3 0.6s 0.1s linear infinite;
77. }
78. .load-3 .line:nth-last-child(2) {
79.     animation: loading-3 0.6s 0.2s linear infinite;
80. }
81. .load-3 .line:nth-last-child(3) {
82.     animation: loading-3 0.6s 0.3s linear infinite;
83. }
84. /* 加载动画4 */
85. .load-4 .ring {
86.     animation: loading-4 2s 0.3s cubic-bezier(0.17, 0.37, 0.43, 0.67) infinite;
87. }
88. /* 使用@keyframes规则定义动画1 */
89. @keyframes loading-1 {
90.     0% {
91.         height: 15px;
92.     }
93.     50% {
94.         height: 35px;
95.     }
96.     100% {
97.         height: 15px;
98.     }
99. }
100.    /* 定义动画2 */
```

```
101.    @keyframes loading-2 {
102.        0% {
103.            width: 15px;
104.        }
105.        50% {
106.            width: 35px;
107.        }
108.        100% {
109.            width: 15px;
110.        }
111.    }
112.    /* 定义动画 3 */
113.    @keyframes loading-3 {
114.        0% {
115.            transform: translate(0, 0);
116.        }
117.        50% {
118.            transform: translate(0, 15px);   /* 沿 Y 轴位移 15px */
119.        }
120.        100% {
121.            transform: translate(0, 0);
122.        }
123.    }
124.    /* 定义动画 4 */
125.    @keyframes loading-4 {
126.        0% {
127.            transform: rotate(0deg);
128.        }
129.        50% {
130.            transform: rotate(180deg);       /* 顺时针旋转 180 度 */
131.        }
132.        100% {
133.            transform: rotate(360deg);
134.        }
135.    }
```

在上述 CSS 代码中，使用 animation 属性和@keyframes 规则实现 4 种不同的加载动画是本节的重点内容。首先，通过结构伪类选择器倒序匹配前 3 个加载动画中的 3 个“.line”线条子元素，使用 animation 属性为每个线条子元素添加动画效果，并且每个线条子元素的动画延迟时间是不相同的；然后，使用@keyframes 规则为 4 个加载动画在不同的动画过程中设置不同的 CSS 样式，以达到不同的动画效果。

7.4.4 本节小结

本节主要讲解了使用@keyframes 规则创建动画以及使用 animation 属性设置动画的具体实现效果。通过本节的学习，希望读者可以使用 CSS3 的 animation 属性在网页中呈现多样化的动画效果。

7.5 本章小结

本章重点讲述了使用 CSS3 的动画属性和方法在网页中实现 CSS3 动画的方式，主要介绍了 transition、animation、2D 和 3D transform 变形方法的使用。

希望通过本章内容的分析和讲解，读者能够掌握 CSS3 动画的制作，灵活选用不同的动画实现方法，在网页中呈现多元化的动画效果。

7.6 习题

1. 填空题

（1）transition 属性有________、________、________和________4 个子属性。

（2）2D 变形主要有________、________、________和________4 种变形方法。

（3）perspective 属性可以简单理解为________，用来设置________之间的距离。

（4）在 3D 变形的 rotateZ()方法中，元素以________为原点，________旋转。

（5）animation 主要由________、________和________3 个部分组成。

2. 选择题

（1）能使动画反向播放的属性值是（　　）。

A．alternate-reverse　　B．alternate

C．reverse　　D．normal

（2）控制元素是否能在 3D 空间中呈现的属性是（　　）。

A．transform-style　　B．perspective

C．perspective-origin　　D．backface-visibility

（3）Firefox 浏览器的浏览器前缀是（　　）。

A．-webkit-　　B．-ms-

C．-moz-　　D．-o-

（4）控制动画持续时间的属性是（　　）。

A．animation-name　　B．animation-timing-function

C．animation-delay　　D．animation-duration

3. 思考题

（1）简述过渡效果与动画效果的区别。

（2）简述 perspective 属性值对透视效果的影响。

4. 编程题

（1）使用 animation 属性和@keyframes 规则制作一个无缝轮播图动画，每张图片右下角有对应的圆角序号，具体效果如图 7.21 所示。

图 7.21　无缝轮播图动画

（2）使用 transform 的缩放和旋转方法以及 transition 属性改变图标的样式效果，要求当光标移动到图标位置时，图标的背景颜色改变，图标放大 1.4 倍并旋转 90 度，具体效果如图 7.22 所示。

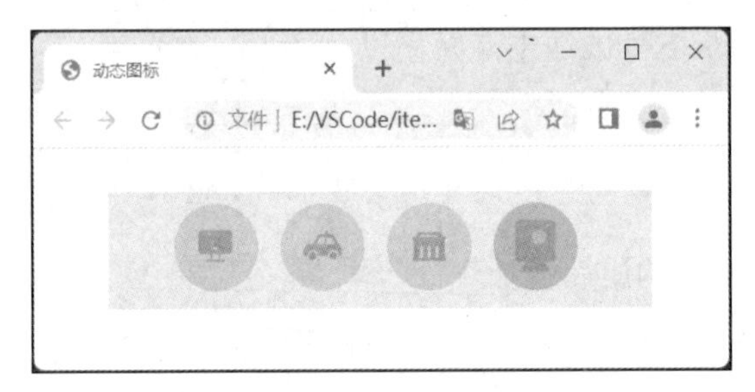

图 7.22　动态图标

第 8 章 实现移动端布局

本章学习目标

- 了解流式布局的特点，能够使用流式布局设计页面
- 掌握 Flex 布局的容器属性和项目属性的使用，合理设计页面布局
- 掌握 rem 单位和媒体查询，能够在不同的设备上实现页面大小的动态变化

随着智能手机的广泛应用，移动互联网成为当下热门的话题，而移动端开发也成为重要的发展方向。移动端布局和 PC（Personal Computer 个人计算机）端布局有很多不同之处。移动端设备的尺寸不一，需要对设备进行适配处理。移动端布局有流式布局、Flex 布局、rem 布局等，不同的网页可以使用不同的布局方式来呈现。

微课视频

8.1 流式布局

8.1.1 视口

视口（Viewport）和窗口（Window）是两种不同的概念。视口依赖于设备坐标，窗口依赖于逻辑坐标；视口是浏览器显示页面内容的屏幕区域，窗口是显示设备给定的大小。

1. 3 种视口简介

在 PC 端，视口仅表示浏览器的可视区域，视口宽度与浏览器窗口宽度保持一致。在移动端，视口与移动端浏览器的宽度并不关联。移动端视口较为复杂，下面主要从布局视口、视觉视口、理想视口等方面进行介绍。

（1）布局视口

布局视口（Layout Viewport）指的是网页的宽度，一般移动设备的浏览器都默认添加一个 viewport 元标签，用于设置布局视口。根据设备类型的不同，布局视口的默认宽度可能是 768px、980px 或 1024px，在移动设备中这些固定宽度并不适用。当在移动设备的浏览器中展示 PC 端的网页内容时，由于移动设备屏幕较小，网页不能像在 PC 端那样完美地展示，这也是布局视口存在的问题。PC 端网页在移动端浏览器中会出现左右方向上的滚动条，用户需要通过左右滑动滚动条才可查看页面完整内容。布局视口如图 8.1 所示。

布局视口的理想宽度指的是以 CSS 像素为单位计算的宽度，即屏幕的逻辑像素宽度，与设备的物理像素宽度并无关联。一个设备的逻辑像素在不同像素密度的设备屏幕上始终占据着相同的空间。

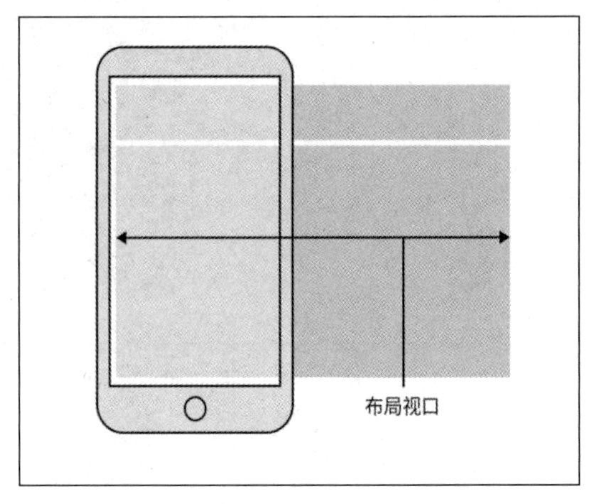

图 8.1　布局视口

（2）视觉视口

视觉视口（Visual Viewport）通俗来说就是用户当前所看到的区域。在 PC 端，浏览器窗口可随意改变大小，我们可直观地看到窗口发生的变化。在移动端，大部分手机、平板电脑的浏览器并不支持改变浏览器宽度，所以视觉视口就是其屏幕大小，视觉视口宽度和设备屏幕宽度始终保持一致。用户可通过手动缩放去操作视觉视口显示内容，但不会因此影响布局视口，布局视口仍保持原有宽度。视觉视口如图 8.2 所示。

（3）理想视口

布局视口的默认宽度并不是一个理想宽度，于是浏览器厂商引入了理想视口（Ideal Viewport）这个概念。理想视口实现了页面在设备中的最佳呈现，理想视口是布局视口的一个理想尺寸。显示在理想视口中的网页拥有最理想的浏览、阅读宽度，用户无须对页面进行缩放便可完美地浏览整个页面。理想视口如图 8.3 所示。

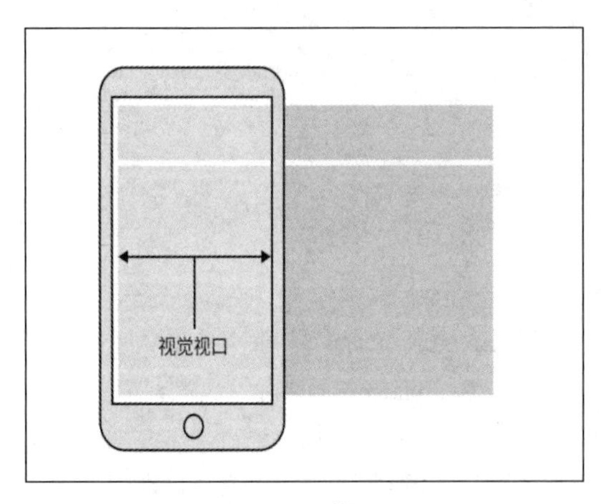

图 8.2　视觉视口

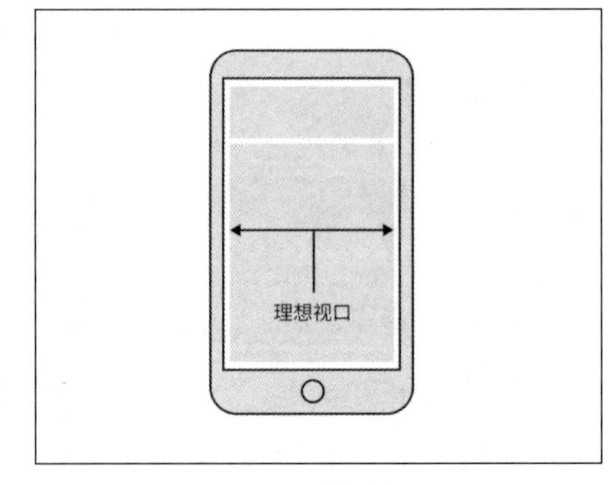

图 8.3　理想视口

2．使用视口

通过<meta>视口标签可以在不同的设备上设置视口，<meta>视口标签的语法格式如下所示。

```
<meta name="viewport" content="视口的属性">
```

完整视口的写法如下所示。

```
<meta name=viewport content="width=device-width,user-scalable=no,initial-scale=
1.0,minimum-scale=1.0,maximum-scale=1.0,minimal-ui">
```

<meta>标签的主要目的是实现布局视口的宽度与理想视口的宽度一致，简单理解就是设

备屏幕有多宽，布局视口就有多宽。<meta>标签中常用的属性及说明如表 8.1 所示。

表 8.1 <meta>标签中常用的属性及说明

属性	说明
width	设置布局视口的宽度，可指定固定值，如 600；也可指定特殊值，如 device-width，表示视口宽度为当前设备的宽度，单位为像素
height	与 width 相对应，设置布局视口的高度。该属性可设置为数值或 device-height，单位为像素
user-scalable	设置用户是否可以手动缩放，yes 表示可以手动缩放，no 表示禁止手动缩放
initial-scale	设置页面的初始缩放比例，即页面第一次加载时的缩放比例，属性值为大于 0 的数字
minimum-scale	设置允许用户缩放页面的最小比例，即最小缩放比，属性值为大于 0 的数字
maximum-scale	设置允许用户缩放页面的最大比例，即最大缩放比，属性值为大于 0 的数字
minimal-ui	<meta>标签新增的属性，可以使网页在加载时便可隐藏顶部的地址栏与底部的导航栏

3. 移动端特殊样式

移动端与 PC 端的显示页面是有所区别的，因此需要为全局页面设置特殊的样式。移动端特殊样式如下所示。

```
*{
    -webkit-tap-highlight-color: transparent;  /* 清除点击屏幕时的高亮显示 */
}
html, body {
    user-select: none;                         /* 禁止选中文本 */
        }
a, img {
    -webkit-touch-callout: none;               /* 禁止长按链接与图片弹出菜单 */
}
input{
    -webkit-appearance: none;  /* 取消文本框或按钮的默认外观样式，以便自定义外观 */
}
```

8.1.2 流式布局的应用

流式布局也叫百分比布局，是一种等比例缩放的布局方式，是移动端开发中经常使用的布局方式之一。流式布局的实现方法是将 CSS 固定像素宽度换算为百分比宽度，换算公式为“目标元素宽度/父盒子宽度=百分数宽度”。

1. 特点

流式布局的特点有以下 3 个方面。

① 盒子宽度自适应，使用百分比来定义，但高度使用固定 px 像素值定义。

② 盒子内的图标、字体大小等都是固定的，不是所有内容都是自适应的。

③ 在 CSS 中，需要使用 min-*和 max-*属性来设置盒子在设备中的最小宽度和最大宽度，

防止任意拉伸页面导致异常问题的发生。

2．演示说明

下面在移动端页面上，使用流式布局的百分比方式设置三个元素在页面上的宽度，分别展示 3 张不同的图片，具体代码如例 8.1 所示。

【例 8.1】流式布局。

```
1.  <!DOCTYPE html>
2.  <html lang="en">
3.  <head>
4.      <meta charset="UTF-8">
5.      <!-- 设置移动端视口 -->
6.      <meta name=viewport content="width=device-width,user-scalable=no,initial-
   scale=1.0,minimum-scale=1.0,maximum-scale=1.0,minimal-ui">
7.      <title>使用流式布局展示图片</title>
8.      <style>
9.          /* 清除页面默认边距 */
10.         *{
11.             margin: 0;
12.             padding: 0;
13.             -webkit-tap-highlight-color: transparent;  /* 清除点击屏幕时的高亮
    显示 */
14.         }
15.         /* 移动端特殊样式 */
16.         html, body {
17.             user-select: none;             /* 禁止选中文本 */
18.         }
19.         a, img {
20.             -webkit-touch-callout: none; /* 禁止长按链接与图片弹出菜单 */
21.         }
22.         input{
23.             -webkit-appearance: none;     /*取消文本框或按钮的默认外观样式，以便
    自定义外观*/
24.         }
25.         /* 设置整个页面 */
26.         body{
27.             width: 100%;
28.             min-width: 240px;             /* 移动端视口的最小宽度 */
29.             max-width: 600px;             /* 最大宽度 */
30.             margin: 0 auto;
31.             font-size: 16px;              /* 字体大小 */
32.             color: #778899;               /* 文字颜色 */
33.             font-family: -apple-system,Helvetica,sans-serif;   /* 字体风格 */
34.         }
35.         /* 标题 */
36.         h3{
37.             text-align: center;           /* 文本居中 */
```

```
38.             padding: 10px 0;                  /* 添加上下内边距 */
39.         }
40.         /* 设置移动端页面中的无序列表盒子 */
41.         ul{
42.             width: 100%;                      /* 宽度 100% */
43.             height: 150px;                    /* 高度 */
44.             list-style: none;                 /* 取消项目列表标记 */
45.         }
46.         /* 设置每一个子元素 */
47.         ul li{
48.             height: 150px;
49.             float: left;                      /* 向左浮动 */
50.             text-align: center;               /* 内容居中对齐 */
51.         }
52.         /* 分别设置第 1~3 个子元素在父盒子中的百分比宽度 */
53.         ul li:nth-child(1){
54.             width: 42%;
55.         }
56.         ul li:nth-child(2){
57.             width: 33%;
58.         }
59.         ul li:nth-child(3){
60.             width: 25%;
61.         }
62.         /* 统一设置每一个子元素中的图片 */
63.         ul li img{
64.             width: 100%;                      /* 图片宽度为自身父元素的 100% */
65.             height: 130px;
66.             vertical-align: top;              /* 清除图片底部的空白间隙 */
67.         }
68.     </style>
69. </head>
70. <body>
71.     <h3>桂林山水</h3>
72.     <ul>
73.         <li>
74.             <img src="../images/guilin-1.png" alt="">
75.             <span>漓江</span>
76.         </li>
77.         <li>
78.             <img src="../images/guilin-2.png" alt="">
79.             <span>相公山</span>
80.         </li>
81.         <li>
82.             <img src="../images/guilin-3.png" alt="">
83.             <span>象鼻山</span>
84.         </li>
85.     </ul>
86. </body>
87. </html>
```

使用流式布局在移动端页面展示图片，运行效果如图 8.4 所示。

图 8.4　流式布局

8.1.3　案例：顶部链接广告

1．页面结构分析简图

本案例是制作一个顶部链接广告的页面，使用流式布局的百分比方式依次划分各个子模块的宽度，以便对页面进行合理的排版。该页面的实现需要用到<div>块元素、<ul>无序列表、<img>图片标签和<a>超链接，顶部链接广告页面结构简图如图 8.5 所示。

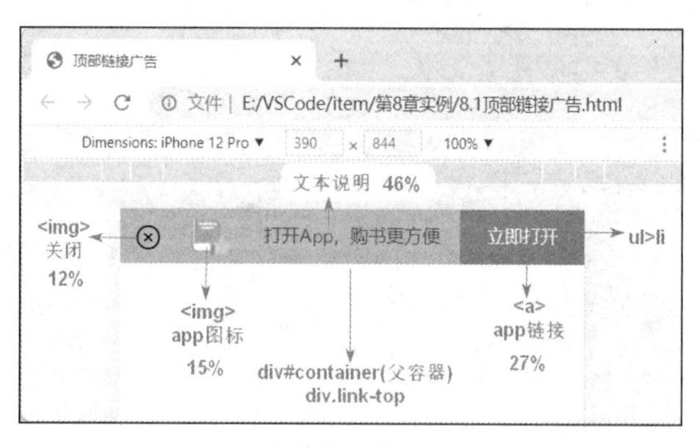

图 8.5　顶部链接广告页面结构简图

2．代码实现

（1）主体结构代码

新建一个 HTML 文件，以外链方式在该文件中引入 CSS 文件。首先，在<body>标签中定义<div>父容器块，并添加 ID 名为“container”，然后，在“.ling-top”顶部链接广告模块中添加无序列表，用来制作链接广告的 4 个子模块，具体代码如例 8.2 所示。

【例 8.2】顶部链接广告。

```
1.  <!DOCTYPE html>
2.  <html lang="en">
3.  <head>
4.      <meta charset="UTF-8">
5.      <meta http-equiv="X-UA-Compatible" content="IE=edge">
6.      <!-- 设置移动端视口 -->
7.      <meta name=viewport content="width=device-width,user-scalable=no,initial-
    scale=1.0,minimum-scale=1.0,maximum-scale=1.0,minimal-ui">
8.      <title>顶部链接广告</title>
9.      <link type="text/css" rel="stylesheet" href="fluid.css">
10. </head>
11. <body>
12.     <!-- 父容器 -->
13.     <div id="container">
14.         <!-- 顶部链接广告 -->
15.         <div class="link-top">
16.             <!-- App 链接模块 -->
17.             <ul>
18.                 <!-- 关闭 -->
19.                 <li>
20.                     <img src="../images/close.png" alt="">
21.                 </li>
22.                 <!-- App 图标 -->
23.                 <li>
24.                     <img src="../images/app.png" alt="">
25.                 </li>
26.                 <!-- 文本说明 -->
27.                 <li>
28.                     打开 App，购书更方便
29.                 </li>
30.                 <!-- App 链接 -->
31.                 <li>
32.                     <a href="#">立即打开</a>
33.                 </li>
34.             </ul>
35.         </div>
36.     </div>
37. </body>
38. </html>
```

（2）CSS 代码

新建一个 CSS 文件 fluid.css，在该文件中加入 CSS 代码，设置页面样式，具体代码如下所示。

```
1.  /* 取消页面默认边距 */
2.  *{
3.      margin: 0;
4.      padding: 0;
5.  }
6.  /* body 初始化样式 */
7.  body{
8.      width: 100%;
9.      max-width: 640px;          /* 最大宽度 */
```

```
10.     min-width: 320px;          /* 最小宽度 */
11.     margin: 0 auto;
12.     background-color: #fff;
13.     color: #666;
14.     font-size: 15px;
15.     font-family: -apple-system, Arial, Helvetica, sans-serif;
16.     line-height: 1.5;
17. }
18. /* 顶部链接广告 */
19. .link-top{
20.     height: 45px;              /* 设置固定高度 */
21. }
22. /* App 链接模块 */
23. .link-top ul{
24.     height: 45px;
25.     background-color: #aaa;
26.     list-style: none;          /* 取消项目列表标记 */
27. }
28. /* 统一设置 4 个子模块 */
29. .link-top ul>li{
30.     float: left;               /* 向左浮动 */
31.     height: 100%;
32.     line-height: 45px;
33.     text-align: center;
34. }
35. /* 使用流式布局依次设置 4 个子模块的宽度 */
36. /* 关闭 */
37. ul>li:nth-child(1){
38.     width: 12%;
39. }
40. ul>li:nth-child(1) img{
41.     width: 20px;
42.     vertical-align: middle;   /* 图片与内容中间对齐 */
43. }
44. /* App 图标 */
45. ul>li:nth-child(2){
46.     width: 15%;
47. }
48. ul>li:nth-child(2) img{
49.     width: 43px;
50.     vertical-align: middle;
51. }
52. /* 文本说明 */
53. ul>li:nth-child(3){
54.     width: 46%;
55.     color: #263450;
56. }
57. /* App 链接 */
58. ul>li:nth-child(4){
59.     width: 27%;
60.     background-color: #da5252;
61. }
62. ul>li:nth-child(4) a{
```

```
63.     text-decoration: none;    /* 取消文本修饰 */
64.     color: #fff;
65. }
```

在上述 CSS 代码中，首先，使用 CSS 属性为 body 页面设计初始化样式，必须使用 max-width 属性和 min-width 属性设置 body 页面的最大宽度和最小宽度，以保证页面布局在移动端的正常显示；然后，使用流式布局的百分比方式依次划分 4 个子模块的宽度，使用 CSS 属性自定义 4 个子模块中内容的样式。

8.1.4　本节小结

本节主要讲解了布局视口、视觉视口和理想视口的概念，视口的设置方式，以及流式布局的特点与使用方法。希望读者通过本节的学习，可以理解并掌握流式布局的使用方法，能够使用百分比方式在移动端进行合理的排版。

微课视频

8.2　Flex 布局

8.2.1　概述

弹性布局（Flexible Box，Flex）是一种当页面需要适应不同的屏幕大小以及设备类型时，可确保元素拥有恰当行为的布局方式。对容器中的子元素进行排列、对齐和分配空白空间，Flex 布局提供了一种更加有效的方式。

任何一个容器都可以使用 display 属性指定为 Flex 布局，示例代码如下所示。

```
块元素 display:flex;
内联元素 display:inline-flex;
```

采用 Flex 布局的元素称为 Flex 容器（flex container），简称容器。它的所有子元素自动成为容器成员，称为 Flex 项目（flex item），简称项目。容器默认存在两根轴，即水平的主轴（main axis）和垂直的交叉轴（cross axis，也称为侧轴）。主轴的开始位置（与边框的交叉点）叫作 main start，结束位置叫作 main end；交叉轴的开始位置叫作 cross start，结束位置叫作 cross end。项目默认沿主轴排列。单个项目占据的主轴空间叫作 main size，占据的交叉轴空间叫作 cross size。Flex 布局如图 8.6 所示。

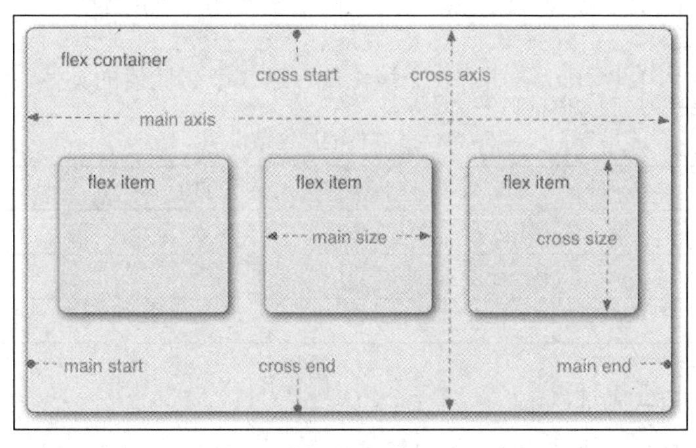

图 8.6　Flex 布局

8.2.2 容器属性

Flex 布局的容器属性有 6 个，分别为 flex-direction 属性、flex-wrap 属性、justify-content 属性、align-items 属性、flex-flow 属性和 align-content 属性。接下来将具体说明这 6 个容器属性。

1. flex-direction 属性

flex-direction 属性决定主轴的方向，即项目的排列方向，其语法格式如下所示。

```
flex-direction: row | row-reverse | column | column-reverse;
```

在上述语法中，flex-direction 属性有 4 个属性值，这 4 个属性值的具体说明如表 8.2 所示。

表 8.2 flex-direction 属性的属性值说明

属性值	说明
row	默认值，主轴为水平方向，起点在左端
row-reverse	主轴为水平方向，起点在右端
column	主轴为垂直方向，起点在上沿
column-reverse	主轴为垂直方向，起点在下沿

flex-direction 属性决定主轴的 4 种排列方向，如图 8.7 所示。

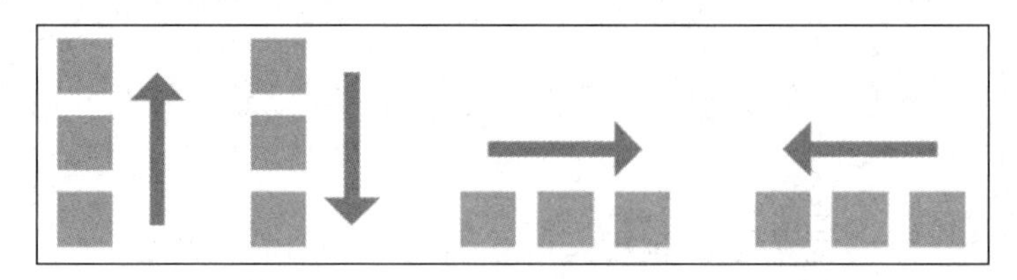

图 8.7 主轴排列方式

2. flex-wrap 属性

在默认情况下，项目都是排在一条轴线上的。flex-wrap 属性可用于定义当一条轴线排不下所有项目时项目的换行方式。flex-wrap 属性的语法格式如下所示。

```
flex-wrap: nowrap | wrap | wrap-reverse;
```

在上述语法中，flex-wrap 属性有 3 个属性值，这 3 个属性值的具体说明如表 8.3 所示。

表 8.3 flex-wrap 属性的属性值说明

属性值	说明
nowrap	默认值，不换行
wrap	换行，第一行在上方
wrap-reverse	换行，第一行在下方

3. justify-content 属性

justify-content 属性定义项目在主轴上的对齐方式，具体对齐方式与主轴的方向有关，其语法格式如下所示。

```
justify-content: flex-start | flex-end | center | space-between | space-around;
```

在上述语法中，justify-content 属性有 5 个属性值，这 5 个属性值说明如表 8.4 所示。

表 8.4　justify-content 属性值说明

属性值	说明
flex-start	默认值，左对齐
flex-end	右对齐
center	居中
space-between	两端对齐，项目之间的间隔都相等
space-around	每个项目两侧的间隔相等，因此项目之间的间隔比项目与边框之间的间隔大一倍

当主轴默认为水平方向且起点在左端时，justify-content 属性定义的项目在主轴上的对齐方式如图 8.8 所示。

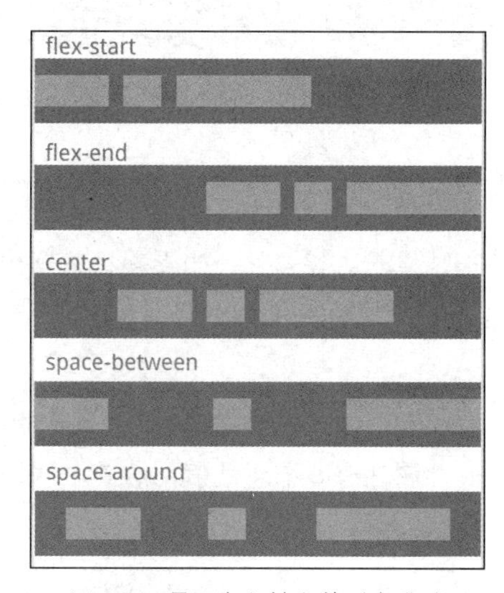

图 8.8　项目在主轴上的对齐方式

4. align-items 属性

align-items 属性定义项目在交叉轴（侧轴）上的对齐方式，在子项为单项时使用，具体的对齐方式与交叉轴的方向有关，其语法格式如下所示。

```
align-items: flex-start | flex-end | center | baseline | stretch;
```

在上述语法中，align-items 属性有 5 个属性值，这 5 个属性值说明如表 8.5 所示。

表 8.5　align-items 属性值说明

属性值	说明
flex-start	交叉轴的起点对齐
flex-end	交叉轴的终点对齐
center	交叉轴的中点对齐
baseline	项目第一行文字的基线对齐
stretch	默认值，伸缩。如果项目未设置高度或设为 auto，将占满整个容器的高度

当交叉轴（侧轴）方向为自上而下时，align-items 属性定义的项目在交叉轴上的对齐方式如图 8.9 所示。

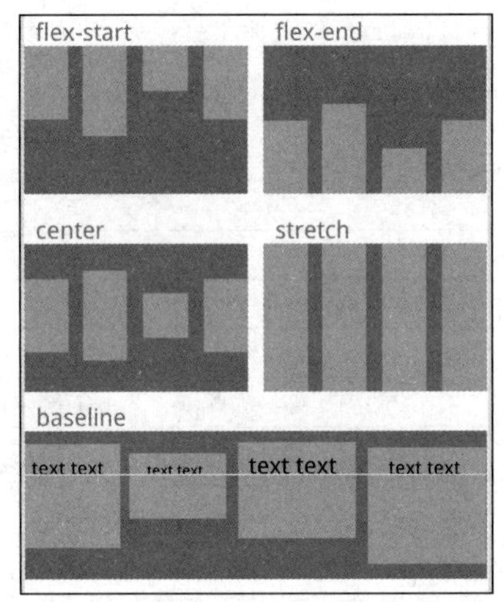

图 8.9　项目在交叉轴上的对齐方式

5．align-content 属性

align-content 属性定义多根轴线的对齐方式。如果项目只有一根轴线，该属性不起作用，即 flex-wrap 属性没有使用 wrap 换行，align-content 属性不起作用。align-content 属性的语法格式如下所示。

```
    align-content: flex-start | flex-end | center | space-between | space-around |
stretch;
```

在上述语法中，align-content 属性有 6 个属性值，这 6 个属性值说明如表 8.6 所示。

表 8.6　align-content 属性值说明

属性值	说明
flex-start	与交叉轴的起点对齐
flex-end	与交叉轴的终点对齐
center	与交叉轴的中点对齐
space-between	与交叉轴两端对齐，轴线之间的间隔平均分布
space-around	每根轴线两侧的间隔都相等，因此轴线之间的间隔比轴线与边框之间的间隔大一倍
stretch	默认值，拉伸，轴线占满整个交叉轴

align-content 属性定义的多根轴线的对齐方式如图 8.10 所示。

6．flex-flow 属性

flex-flow 属性是 flex-direction 属性和 flex-wrap 属性的简写形式，默认值为 row nowrap。flex-flow 属性的语法格式如下所示。

```
flex-flow: <flex-direction> || <flex-wrap>;
```

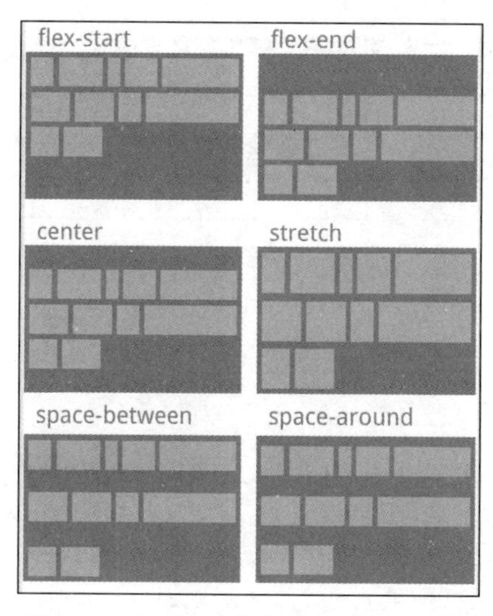

图 8.10　项目在多根轴线上的对齐方式

8.2.3　项目属性

上述的 6 个容器属性都是添加在父元素上的，而子元素也带有一些相关属性。Flex 布局的项目属性有 6 个，分别为 order 属性、flex-grow 属性、flex-shrink 属性、flex-basis 属性、flex 属性和 align-self 属性。接下来将具体说明这 6 个项目属性。

1．order 属性

order 属性定义项目的排列顺序。数值越小，排列越靠前，默认属性值为 0。order 属性的语法格式如下所示。

```
order: <integer>;
```

order 属性通过数值大小定义项目的排列顺序，如图 8.11 所示。

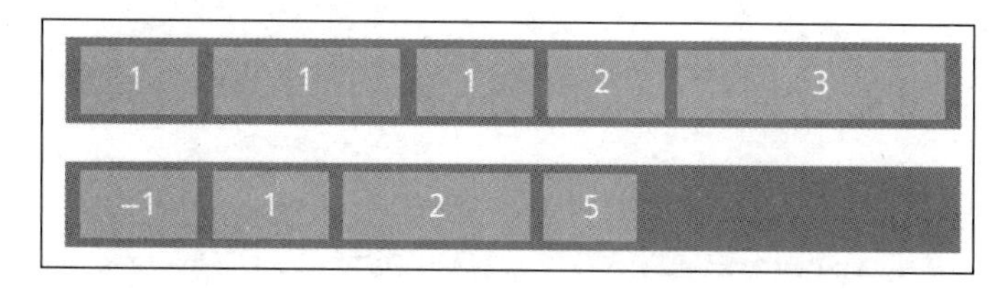

图 8.11　order 属性

2．flex-grow 属性

flex-grow 属性定义项目的放大比例，默认为 0，即容器内如果存在剩余空间，项目也不放大。flex-grow 属性的语法格式如下所示。

```
flex-grow: <number>; /* default 0 */
```

如果所有项目的 flex-grow 属性都为 1，则它们将等分剩余空间，如图 8.12 中的第 1 行所示。如果一个项目的 flex-grow 属性为 2，其他项目都为 1，则前者占据的剩余空间将比其他项多一倍，如图 8.12 中的第 2 行所示。

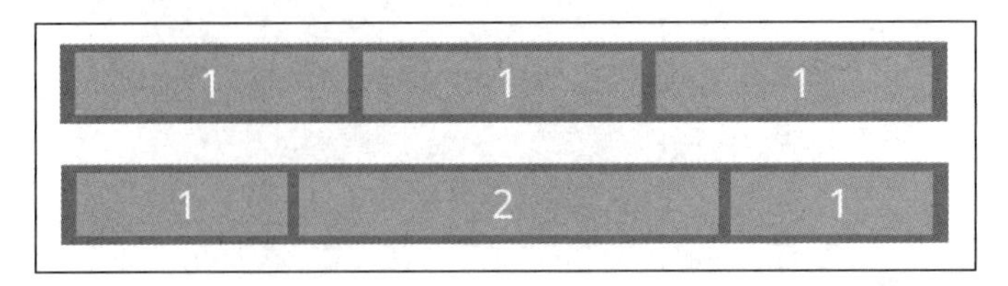

图 8.12　flex-grow 属性

3．flex-shrink 属性

（1）flex-shrink 属性简介

flex-shrink 属性定义项目的缩小比例，默认为 1，即如果容器空间不足，该项目将缩小。flex-shrink 属性的语法格式如下所示。

```
flex-shrink: <number>; /* default 1 */
```

如果所有项目的 flex-shrink 属性都为 1，当容器空间不足时，所有项目都将等比例缩小。如果一个项目的 flex-shrink 属性为 0，其他项目都为 1，则容器空间不足时，前者不缩小。负值对 flex-shrink 属性无效。

（2）演示说明

使用<ul>无序列表定义 1 个 Flex 布局的容器，其宽度为 600px；容器中 3 个项目的宽度皆为 250px，使用 flex-shrink 属性定义项目的缩小比例分别为 0、1 和 2。具体代码如例 8.3 所示。

【例 8.3】flex-shrink 属性。

```
1.  <!DOCTYPE html>
2.  <html lang="en">
3.  <head>
4.      <meta charset="UTF-8">
5.      <title>flex-shrink 属性</title>
6.      <style>
7.          /* 取消页面默认边距 */
8.          *{
9.              margin: 0;
10.             padding: 0;
11.         }
12.         /* 容器 */
13.         .flex{
14.             display: flex;          /* 指定为 Flex 布局 */
15.             width: 600px;
16.             height: 200px;
17.             background-color: #88499c;
18.             list-style: none;       /* 取消列表标记 */
19.             margin: 20px;           /* 为容器添加外边距 */
20.             align-items: center;    /* 交叉轴（侧轴）上的对齐方式，居中 */
21.         }
22.         /* 项目 */
23.         li{
24.             width: 250px;
25.             height: 120px;
26.             font-size: 20px;
```

```
27.             /* margin: 25px 10px; */
28.         }
29.         li:nth-child(1){
30.             background-color: #e2c6ad;
31.             flex-shrink: 0;  /* 项目的缩小比例，不缩小 */
32.         }
33.         li:nth-child(2){
34.             background-color: #d2a074;
35.             flex-shrink: 1;  /* 项目的缩小比例，1/(0+1+2) =1/3*/
36.         }
37.         li:nth-child(3){
38.             background-color: #e77f24;
39.             flex-shrink: 2;  /* 项目的缩小比例，2/(0+1+2) =2/3*/
40.         }
41.     </style>
42. </head>
43. <body>
44.     <!-- 容器 -->
45.     <ul class="flex">
46.         <!-- 项目 -->
47.         <li>A</li>
48.         <li>B</li>
49.         <li>C</li>
50.     </ul>
51. </body>
52. </html>
```

使用 flex-shrink 属性定义项目的缩小比例，运行效果如图 8.13 所示。

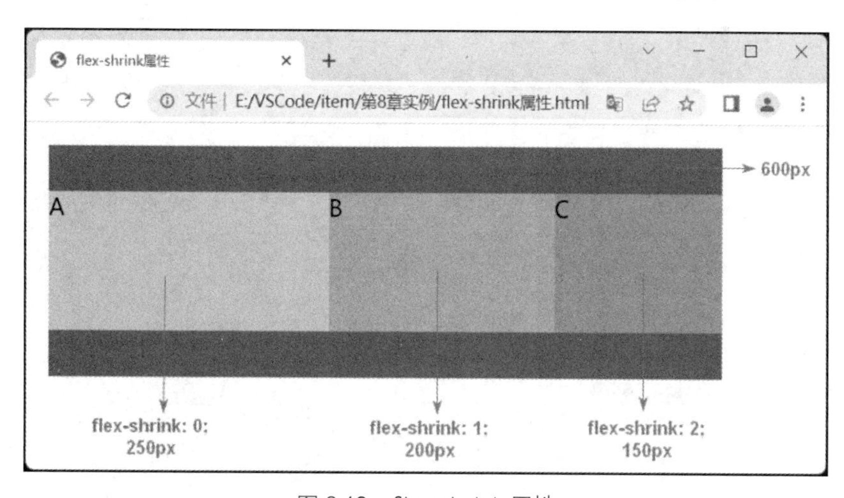

图 8.13　flex-shrink 属性

flex-shrink 的默认值为 1，如果没有显示定义该属性，将会自动按照默认值 1 在所有因子相加之后根据计算比例来进行空间收缩。在例 8.1 中，使用 flex-shrink 属性定义 A、B 和 C 这 3 个项目的缩小比例为 0∶1∶2，总共将容器的空间分为 3 份，即 0+1+2=3 份。容器的宽度为 600px，3 个项目的宽度总和为 250×3=750px，所以 3 个项目在容器中超出的宽度为 750−600=150px。按照比例进行缩小，第 1 个项目 A 的 flex-shrink 属性值为 0，宽度不缩小，其实际宽度仍为 250px；第 2 个项目 B 的 flex-shrink 属性值为 1，溢出量为“超出的宽度/所占的比例”，即 150×1/3=50px，其实际宽度为 250−50=200px；第 3 个项目 C 的 flex-shrink 属性值为 2，溢出量为“超出的宽度/所占的比例”，即 150÷(2/3)=100px，其实际宽度为 250−100=150px。

4．flex-basis 属性

flex-basis 属性定义在分配多余空间之前项目所占据的主轴空间（main size）。浏览器会根据 flex-basis 属性计算主轴是否有多余空间。它的默认值为 auto，即项目的原始大小。flex-basis 属性的语法格式如下所示。

```
flex-basis: <length> | auto; /* default auto */
```

如果将 flex-basis 属性设为与 width 属性或 height 属性一样的值（如 360px），则项目将占据固定空间。

5．flex 属性

flex 属性是 flex-grow 属性、flex-shrink 属性和 flex-basis 属性的简称，默认值为 0、1、auto。flex-shrink 属性和 flex-basis 属性为可选属性。当 flex 属性只写一个数值时，该数值代表项目中元素占据的份数，如“flex:1;”表示项目中的各个子元素平均分配该项目的空间。

flex 属性的语法格式如下所示。

```
flex: none | [ <'flex-grow'> <'flex-shrink'>? || <'flex-basis'> ]
```

flex 属性有 2 个快捷值，即 auto (1 1 auto)和 none (0 0 auto)。建议优先使用 flex 属性，而不是单独写 3 个分离的属性，因为浏览器会推算相关值。

6．align-self 属性

align-self 属性允许单个项目具备与其他项目不一样的对齐方式，可覆盖 align-items 属性。默认值为 auto，表示继承父元素的 align-items 属性。如果没有父元素，则等同于 stretch。align-self 属性的语法如下所示。

```
align-self: auto | flex-start | flex-end | center | baseline | stretch;
```

align-self 属性可以取 6 个值，除了 auto，其他值都与 align-items 属性完全一致。

8.2.4 案例：图书搜索专区的 Flex 布局

1．页面结构分析简图

本案例使用 Flex 布局制作一个图书搜索专区的页面。该页面的实现需要用到<div>块元素、<a>超链接、<input>控件、<img>图片标签和<span>内联元素，页面结构简图如图 8.14 所示。

2．代码实现

（1）主体结构代码

新建一个 HTML 文件，以外链方式在该文件中引入 CSS 文件。首先，在<body>标签中添加 3 个<div>块元素，分别为其添加 class 名，即“.search”顶部搜索框模块、“.banner”广告模块、“.nav”中部导航模块；然后，在这 3 个模块中添加相应内容，制作图书搜索专区页面，具体代码如例 8.4 所示。

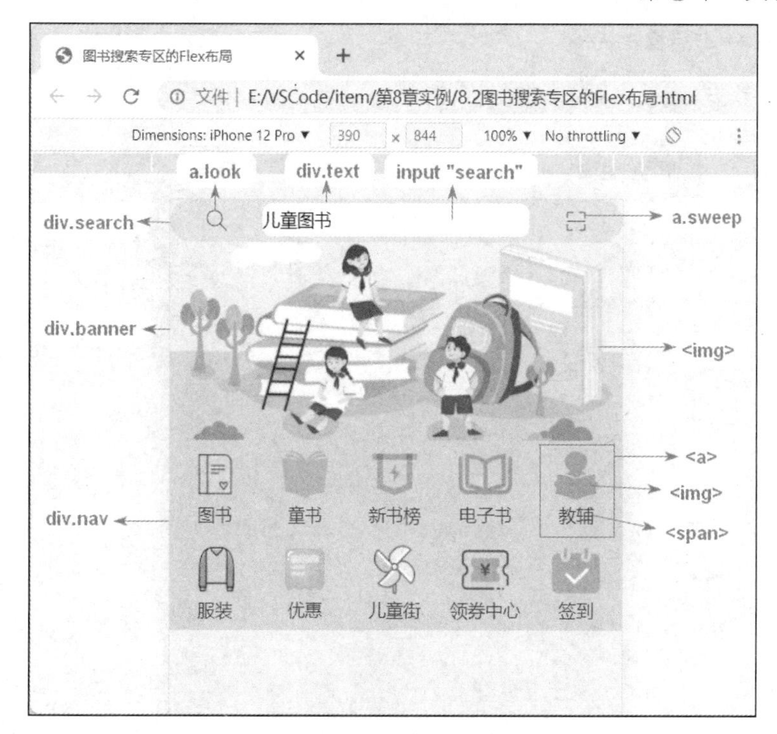

图 8.14　图书搜索专区页面的结构简图

【例 8.4】图书搜索专区的 Flex 布局。

```
1.  <!DOCTYPE html>
2.  <html lang="en">
3.  <head>
4.      <meta charset="UTF-8">
5.      <title>图书搜索专区的 Flex 布局</title>
6.      <!-- 设置移动端视口 -->
7.      <meta name=viewport content="width=device-width,user-scalable=no,initial-
    scale=1.0,minimum-scale=1.0,maximum-scale=1.0,minimal-ui">
8.      <!-- 引入 CSS 文件 -->
9.      <link type="text/css" rel="stylesheet" href="flex.css">
10. </head>
11. <body>
12.     <!-- 顶部搜索框模块 -->
13.     <div class="search">
14.         <!-- 搜索图标 -->
15.         <a href="#" class="look"></a>
16.         <!-- 输入框 -->
17.         <div class="text">
18.             <form action="">
19.                 <input type="search" value="儿童图书">
20.             </form>
21.         </div>
22.         <!-- 扫一扫 -->
23.         <a href="#" class="sweep"></a>
24.     </div>
```

```
25.     <!-- 广告模块 -->
26.     <div class="banner">
27.         <img src="../images/book.png" alt="">
28.     </div>
29.     <!-- 中部导航模块 -->
30.     <div class="nav">
31.         <a href="#">
32.             <img src="../images/nav-1.png" alt="">
33.             <span>图书</span>
34.         </a>
35.         <a href="#">
36.             <img src="../images/nav-2.png" alt="">
37.             <span>童书</span>
38.         </a>
39.         <a href="#">
40.             <img src="../images/nav-3.png" alt="">
41.             <span>新书榜</span>
42.         </a>
43.         <a href="#">
44.             <img src="../images/nav-4.png" alt="">
45.             <span>电子书</span>
46.         </a>
47.         <a href="#">
48.             <img src="../images/nav-5.png" alt="">
49.             <span>教辅</span>
50.         </a>
51.         <a href="#">
52.             <img src="../images/nav-6.png" alt="">
53.             <span>服装</span>
54.         </a>
55.         <a href="#">
56.             <img src="../images/nav-7.png" alt="">
57.             <span>优惠</span>
58.         </a>
59.         <a href="#">
60.             <img src="../images/nav-8.png" alt="">
61.             <span>儿童街</span>
62.         </a>
63.         <a href="#">
64.             <img src="../images/nav-9.png" alt="">
65.             <span>领券中心</span>
66.         </a>
67.         <a href="#">
68.             <img src="../images/nav-10.png" alt="">
69.             <span>签到</span>
70.         </a>
71.     </div>
72. </body>
73. </html>
```

在上述代码中，图书搜索专区分为顶部搜索框模块、广告模块和中部导航模块。顶部搜索框模块由 3 部分组成，即搜索图标、输入框和扫一扫部分；广告模块中嵌入 1 张图片；中部导航模块包含 10 个<a>超链接，作为图书搜索分类，每个<a>超链接中都具有图片和文字。

（2）CSS 代码

新建一个 CSS 文件 flex.css，在该文件中加入 CSS 代码，设置页面样式，具体代码如下所示。

```
1.  /* 取消页面默认边距 */
2.  *{
3.      margin: 0;
4.      padding: 0;
5.  }
6.  /* 设置整个 body 页面 */
7.  body{
8.      min-width: 320px;                    /* 规定最小和最大宽度 */
9.      max-width: 750px;
10.     width: 100%;
11.     line-height: 1.5;
12.     margin: 0 auto;
13.     background-color: #f2f2f2;
14.    }
15. /* 顶部搜索框 */
16. .search{
17.     display: flex;                       /* 指定为 flex 布局 */
18.     width: 100%;
19.     min-width: 320px;                    /* 规定最小和最大宽度 */
20.     max-width: 750px;
21.     height: 36px;
22.     background-color: #c7e5f8;
23.     position: fixed;                     /* 添加固定定位 */
24.     top: 0;
25.     left: 50%;                           /* 距离左侧偏移 50% */
26.     transform: translateX(-50%);         /* 向左位移自身 50%宽度 */
27.     border-radius: 30px;                 /* 添加圆角 */
28.    }
29. /* 搜索图标 */
30. .search .look{
31.     width: 20px;
32.     height: 20px;
33.     margin: 8px 30px;
34.     background: url("../images/glass.png") no-repeat;   /* 添加背景图片 */
35.     background-size: 20px 20px ;         /* 设置背景图片尺寸 */
36.    }
37. /* 输入框的父元素 */
38. .search .text{
39.     position: relative;                  /* 添加相对定位 */
40.     flex: 1;                             /* 得到搜索框模块的所有剩余空间 */
41.     height: 28px;
42.     background-color: #ccf;
43.     margin: 3px auto;
44.     border-radius: 8px;
```

```
45.     overflow: hidden;                    /* 消除添加圆角之后的异常问题 */
46. }
47. /* 输入框 */
48. .search .text input{
49.     position: absolute;                  /* 添加绝对定位 */
50.     top: 0;
51.     left: 0;
52.     width: 100%;
53.     height: 100%;
54.     outline: none;                       /* 取消点击文本框时的边框效果 */
55.     border: 0;                           /* 取消边框 */
56.     font-size: 15px;
57. }
58. /* 扫一扫 */
59. .search .sweep{
60.     width: 20px;
61.     height: 20px;
62.     margin: 8px 30px;
63.     background: url("../images/sao.png") no-repeat;
64.     background-size: 20px 20px ;
65. }
66. /* 广告模块 */
67. .banner{
68.     width: 100%;
69.     height: 60%;
70. }
71. /* 广告模块中的图片 */
72. .banner img{
73.     width: 100%;
74.     height: 100%;
75.     vertical-align: middle;              /* 清除图片底部的空白间隙 */
76. }
77. /* 中部导航模块 */
78. .nav{
79.     width: 100%;
80.     display: flex;                       /* 指定为 flex 布局 */
81.     flex-wrap: wrap;                     /* 换行 */
82. }
83. /* 导航模块中的<a>超链接 */
84. .nav a{
85.     width: 20%;
86.     height: 80px;
87.     text-align: center;
88.     text-decoration: none;               /* 取消文本修饰 */
89.     background-color: #a6e1ec;
90. }
91. /* 超链接中的图片 */
92. .nav a img{
93.     display: block;                      /* 转为块元素 */
94.     width: 46px;
95.     height: 46px;
```

```
96.     margin: 6px auto 0;
97. }
98. /* 超链接中的文字 */
99. .nav a span{
100.        display: block;
101.        font-size: 15px;
102.        color: #333;
103.    }
```

在上述 CSS 代码中，使用 Flex 布局设计页面的排版是本节的重点内容。首先，使用 display:flex 将顶部搜索框模块指定为 Flex 布局，并通过固定定位将其定位到页面的顶部居中位置；然后，应用 flex:1 使“.text”输入框结构获取搜索框模块的所有剩余空间，即得到搜索图标和扫一扫结构以外的所有剩余空间；最后，使用 display:flex 将中部导航模块指定为 Flex 布局，并使用 flex-wrap 属性允许其换行，从而使中部导航模块中的 10 个子模块整齐有序地依次排列。

8.2.5 本节小结

本节主要讲解了 Flex 布局的基本概念以及 6 个容器属性和 6 个项目属性的应用技巧。希望读者通过本节的学习，可以理解并掌握 Flex 布局的使用方法，能够使用 Flex 布局更加灵活地对页面进行排版。

8.3 rem 布局

微课视频

rem 布局的本质是等比缩放，一般是基于宽度。rem 布局能使整个页面的宽度、高度和字体随着页面的伸缩进行同步变化。使用 rem 单位+媒体查询可实现 rem 布局，媒体查询根据不同的屏幕大小为不同的 html 标签设置不同的字体大小，rem 可将需要改变大小的盒子或字体根据屏幕大小调整为相应的 rem 单位，从而在不同的设备上实现页面元素尺寸的动态变化。

8.3.1 rem 单位

rem（root em）是一个相对单位，类似于 em。em 作为 font-size 的单位时，代表其父元素的字体大小；em 作为其他属性的单位时，代表自身字体大小。rem 作用于非根元素时，它表示元素相对于根元素的字体大小。这意味着非根元素将根据根元素的字体大小进行缩放。rem 作用于根元素时，无论 rem 被应用到哪个元素上，它的值都是相对于浏览器默认字体大小的。例如，若将根元素设置为 font-size= 14px，非根元素设置为 width:2rem，则非根元素的 px 像素值为 28px。

rem 的优点是可以通过修改根元素（html）中的文字大小来修改页面中其他元素的大小，通过 rem 既可以做到只修改根元素就成比例地调整所有字体大小，又可以避免字体大小逐层复合的连锁反应。例如，浏览器默认的 html 字体大小为 16px，即 font-size=16px；如果需要设置元素字体大小为 14px，通过计算可得 14/16=0.875，因此元素只需设置 font-size=0.875rem。

8.3.2 媒体查询

1. 概述

响应式开发是利用 CSS 中的媒体查询功能来实现的，即@media 方式。使用@media 查询，可以针对不同的媒体类型和屏幕尺寸来定义不同的样式操作。媒体查询的语法格式如下所示。

```
@media 媒体类型 and|not|only 媒体特性{
    CSS code
}
```

媒体类型将不同的终端设备划分成不同的类型。and（与）、not（非）和 only（只有）为关键字，可将媒体类型或多个媒体特性连接在一起作为媒体查询的条件。and 可将多个媒体特性连接在一起；not 可排除某个媒体类型，可以省略；only 可指定某个特定的媒体类型，可以省略。媒体特性是设备自身具有的特性，如屏幕尺寸等。

媒体类型和媒体条件的取值说明如表 8.7 和表 8.8 所示。

表 8.7　　媒体类型取值说明

值	说明
all	用于所有设备
print	用于打印机和打印浏览
screen	用于电脑屏幕、平板电脑、智能手机等
speech	用于屏幕阅读器等发声设备

表 8.8　　媒体特性取值说明

值	说明
max-width	定义最大可见区域宽度
min-width	定义最小可见区域宽度
max-height	定义最大可见区域高度
min-height	定义最小可见区域高度
orientation	定义输出设备中的页面为 portrait 竖屏还是 landscape 横屏

2. 注意事项

媒体查询有 2 点需要注意的事项，如下所述。

① 媒体查询通常根据屏幕的尺寸按照从大到小或者从小到大的顺序来编写代码。建议按照从小到大的顺序，这是由于后面的样式会覆盖前面的样式。当屏幕尺寸区间有重合的地方时，可以省略重合区间的代码。

② min-width 最小值和 max-width 最大值都是包含等于的，在赋值时，一定要注意这一点。

3. 演示说明

在网页上，根据不同的屏幕尺寸将文字设置为不同的颜色。当屏幕尺寸小于 600px 时，文字颜色为黑色；当屏幕尺寸为 600px～800px 时，文字颜色为蓝色；当屏幕尺寸大于 800px 时，文字颜色为紫色。具体代码如例 8.5 所示。

【例 8.5】媒体查询。

```
1.   <!DOCTYPE html>
2.   <html lang="en">
```

```
3.  <head>
4.      <meta charset="UTF-8">
5.      <title>媒体查询</title>
6.  </head>
7.  <style>
8.      /* 设置屏幕背景颜色 */
9.      body{
10.         background-color: #eee9e9;
11.     }
12.     /* 设置文字段落 */
13.     p{
14.         width: 100%;            /* 宽度为屏幕的100% */
15.         text-align: center;     /* 文字居中显示 */
16.         font-size: 25px;
17.     }
18.     /* 屏幕尺寸小于600px时 */
19.     @media screen and (max-width: 599px) {
20.         p {
21.             color:#000;         /* 字体颜色为黑色 */
22.         }
23.     }
24.     /* 屏幕尺寸为600px~800px时 */
25.     @media screen and (min-width: 600px) {
26.         p {
27.             color:#4e77c3;      /* 字体颜色为蓝色 */
28.         }
29.     }
30.     /* 屏幕尺寸大于800px时 */
31.     @media screen and (min-width: 801px) {
32.         p {
33.             color:#9331b3;      /* 字体颜色为紫色 */
34.         }
35.     }
36. </style>
37. <body>
38. <p>
39.     望岳（唐·杜甫）<br>
40.     岱宗夫如何？齐鲁青未了。<br>
41.     造化钟神秀，阴阳割昏晓。<br>
42.     荡胸生层云，决眦入归鸟。<br>
43.     会当凌绝顶，一览众山小。<br>
44. </p>
45. </body>
46. </html>
```

当屏幕尺寸为600px～800px时，文字颜色变为蓝色，媒体查询的运行结果如图8.15所示。

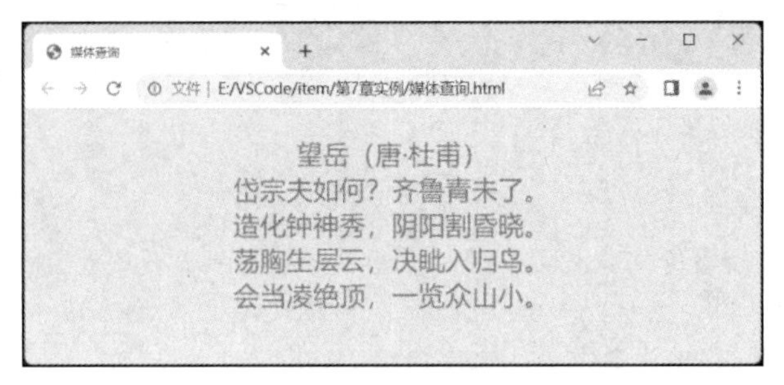

图 8.15　媒体查询

8.3.3　案例：图书官网首页的 rem 布局

1．页面结构分析简图

为了使页面能够更好地在不同的设备上进行等比例缩放，实现页面元素尺寸的动态变化，本案例使用 rem 布局并结合 Flex 布局制作一个图书官网首页的页面，即对 8.1 节和 8.2 节的案例加入 rem 布局进行改编。该页面的实现需要用到由<div>块元素、<a>超链接、<input>控件、<img>图片标签、<span>内联元素和<p>段落标签，页面结构简图如图 8.16 所示。

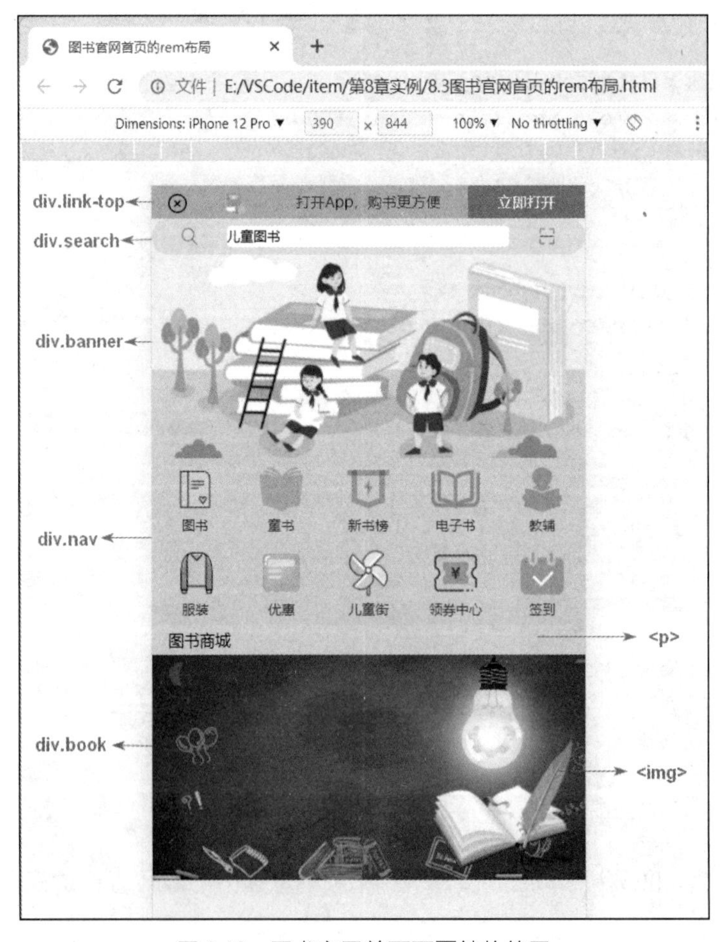

图 8.16　图书官网首页页面结构简图

2. 代码实现

（1）主体结构代码

新建一个 HTML 文件，以外链方式在该文件中引入 CSS 文件。首先，在<body>标签中定义<div>父容器块，并添加 ID 名为“container”；然后，在父容器中添加 5 个<div>块元素，分别为其添加 class 名，即“.link-top”顶部链接广告模块、“.search”顶部搜索框模块、“.banner”广告模块、“.nav”中部导航模块、“.book”图书商城模块；最后，在这 5 个模块中添加相应内容，制作图书官网首页的页面。具体代码如例 8.6 所示。

【例 8.6】图书官网首页的 rem 布局。

```
1.  <!DOCTYPE html>
2.  <html lang="en">
3.  <head>
4.      <meta charset="UTF-8">
5.      <title>图书官网首页的 rem 布局</title>
6.      <!-- 设置移动端视口 -->
7.      <meta name=viewport content="width=device-width,user-scalable=no,initial-
    scale=1.0,minimum-scale=1.0,maximum-scale=1.0,minimal-ui">
8.      <!-- 引入 css 文件 -->
9.      <link type="text/css" rel="stylesheet" href="rem.css">
10. </head>
11. <body>
12.     <!-- 父容器 -->
13.     <div id="container">
14.         <!-- 顶部链接广告模块 -->
15.         <div class="link-top">
16.             <!-- App 链接模块 -->
17.             <ul>
18.                 <!-- 关闭 -->
19.                 <li>
20.                     <img src="../images/close.png" alt="">
21.                 </li>
22.                 <!-- App 图标 -->
23.                 <li>
24.                     <img src="../images/app.png" alt="">
25.                 </li>
26.                 <!-- 文本说明 -->
27.                 <li>
28.                     打开 App，购书更方便
29.                 </li>
30.                 <!-- App 链接 -->
31.                 <li>
32.                     <a href="#">立即打开</a>
33.                 </li>
34.             </ul>
35.         </div>
36.         <!-- 顶部搜索框模块 -->
37.         <div class="search">
38.             <!-- 搜索图标 -->
```

```
39.                <a href="#" class="look"></a>
40.                <!-- 输入框 -->
41.                <div class="text">
42.                    <form action="">
43.                        <input type="search" value="儿童图书">
44.                    </form>
45.                </div>
46.                <!-- 扫一扫 -->
47.                <a href="#" class="sweep"></a>
48.            </div>
49.            <!-- 广告模块 -->
50.            <div class="banner">
51.                <img src="../images/book.png" alt="">
52.            </div>
53.            <!-- 中部导航模块 -->
54.            <div class="nav">
55.                <a href="#">
56.                    <img src="../images/nav-1.png" alt="">
57.                    <span>图书</span>
58.                </a>
59.                <a href="#">
60.                    <img src="../images/nav-2.png" alt="">
61.                    <span>童书</span>
62.                </a>
63.                <a href="#">
64.                    <img src="../images/nav-3.png" alt="">
65.                    <span>新书榜</span>
66.                </a>
67.                <a href="#">
68.                    <img src="../images/nav-4.png" alt="">
69.                    <span>电子书</span>
70.                </a>
71.                <a href="#">
72.                    <img src="../images/nav-5.png" alt="">
73.                    <span>教辅</span>
74.                </a>
75.                <a href="#">
76.                    <img src="../images/nav-6.png" alt="">
77.                    <span>服装</span>
78.                </a>
79.                <a href="#">
80.                    <img src="../images/nav-7.png" alt="">
81.                    <span>优惠</span>
82.                </a>
83.                <a href="#">
84.                    <img src="../images/nav-8.png" alt="">
85.                    <span>儿童街</span>
86.                </a>
87.                <a href="#">
88.                    <img src="../images/nav-9.png" alt="">
89.                    <span>领券中心</span>
```

```
90.             </a>
91.             <a href="#">
92.                 <img src="../images/nav-10.png" alt="">
93.                 <span>签到</span>
94.             </a>
95.         </div>
96.         <!-- 图书商城模块 -->
97.         <div class="book">
98.             <p>图书商城</p>
99.             <img src="../images/store.png" alt="">
100.            </div>
101.        </div>
102.    </body>
103.    </html>
```

（2）CSS 代码

新建一个 CSS 文件 rem.css，在该文件中加入 CSS 代码，设置页面样式，具体代码如下所示。

```
1.  /* 首先定义初始化 html 的文字大小 */
2.  html{
3.      font-size: 50px;
4.  }
5.  /* 根据浏览器中一些常见的屏幕尺寸，设置 html 的文字大小，其中页面划分的份数为 15 */
6.  @media screen and (min-width: 320px){
7.      html{
8.          font-size: 21.3px;    /* 字体大小为  页面元素值 / 划分的份数（15） */
9.      }
10. }
11. @media screen and (min-width: 360px){
12.     html{
13.         font-size: 24px;
14.     }
15. }
16. @media screen and (min-width: 375px){
17.     html{
18.         font-size: 25px;
19.     }
20. }
21. @media screen and (min-width: 390px){
22.     html{
23.         font-size: 26px;
24.     }
25. }@media screen and (min-width: 414px){
26.     html{
27.         font-size: 27.6px;
28.     }
29. }
30. @media screen and (min-width: 480px){
31.     html{
32.         font-size: 32px;
33.     }
```

```
34. }
35. @media screen and (min-width: 540px){
36.     html{
37.         font-size: 36px;
38.     }
39. }
40. @media screen and (min-width: 750px){
41.     html{
42.         font-size: 50px;
43.     }
44. }
45. /* 取消页面默认边距 */
46. *{
47.     margin: 0;
48.     padding: 0;
49. }
50. /* 设置整个 body 页面 */
51. body{
52.     min-width: 320px;       /* 规定最小和最大宽度 */
53.     max-width: 750px;
54.     width: 15rem;    /* 设置宽度的 rem 值，页面元素值 / html 字体大小（该页面为 50px） */
55.     line-height: 1.5;
56.     margin: 0 auto;
57.     background-color: #f2f2f2;
58.    }
59. /* 父容器 */
60. #container{
61.     min-width: 320px;       /* 规定最小和最大宽度 */
62.     max-width: 750px;
63.     width: 15rem;
64.     position: relative;     /* 添加相对定位 */
65.    }
66.  /* 顶部链接广告 */
67. .link-top{
68.     width: 15rem;
69.     height: 1.1rem;         /* 设置高度 */
70. }
71. /* App 链接模块 */
72. .link-top ul{
73.     height: 1.1rem;
74.     background-color: #aaa;
75.     list-style: none;       /* 取消项目列表标记 */
76. }
77. /* 统一设置 4 个子模块 */
78. .link-top ul>li{
79.     float: left;            /* 向左浮动 */
80.     height: 100%;
81.     line-height: 1.1rem;
82.     text-align: center;
83.     font-size: 0.5rem;
```

```
84. }
85. /* 使用流式布局依次设置 4 个子模块的宽度 */
86. /* 关闭 */
87. ul>li:nth-child(1){
88.     width: 12%;
89. }
90. ul>li:nth-child(1) img{
91.     width: 0.64rem;
92.     vertical-align: middle;      /* 图片与内容中间对齐 */
93. }
94. /* App 图标 */
95. ul>li:nth-child(2){
96.     width: 15%;
97. }
98. ul>li:nth-child(2) img{
99.     width: 1rem;
100.    vertical-align: middle;
101.    }
102.    /* 文本说明 */
103.    ul>li:nth-child(3){
104.        width: 46%;
105.        color: #263450;
106.    }
107.    /* app 链接 */
108.    ul>li:nth-child(4){
109.        width: 27%;
110.        background-color: #da5252;
111.    }
112.    ul>li:nth-child(4) a{
113.        text-decoration: none;   /* 取消文本修饰 */
114.        color: #fff;
115.    }
116.    /* 顶部搜索框 */
117.    .search{
118.        display: flex;           /* 指定为 flex 布局 */
119.        width: 15rem;
120.        height: 1.2rem;
121.        background-color: #c7e5f8;
122.        position: absolute;      /* 添加绝对定位 */
123.        top: 1.1rem;             /* 距离顶部为顶部链接广告模块的高度 */
124.        left: 50%;               /* 距离左侧偏移 50% */
125.        transform: translateX(-50%);            /* 向左位移自身 50%宽度 */
126.        border-radius: 0.6rem;   /* 添加圆角 */
127.       }
128.    /* 搜索图标 */
129.    .search .look{
130.        width: 0.64rem;
131.        height: 0.64rem;
132.        margin: 0.28rem 1rem;
133.        background: url("../images/glass.png") no-repeat;    /* 添加背景图片 */
134.        background-size: 0.64rem 0.64rem ;     /* 设置背景图片尺寸 */
135.       }
```

```
136.    /* 输入框的父元素 */
137.    .search .text{
138.        position: relative;         /* 添加相对定位 */
139.        flex: 1;                    /* 得到搜索框模块的所有剩余空间 */
140.        height: 0.7rem;
141.        background-color: #CCCCFF;
142.        margin: 0.25rem auto;
143.        border-radius: 0.15rem;
144.        overflow: hidden;           /* 消除添加圆角之后的异常问题 */
145.    }
146.    /* 输入框 */
147.    .search .text input{
148.        position: absolute;         /* 添加绝对定位 */
149.        top: 0;
150.        left: 0;
151.        width: 100%;
152.        height: 100%;
153.        outline: none;              /* 取消点击文本框时的边框效果 */
154.        border: 0;                  /* 取消边框 */
155.        font-size: 0.36rem;
156.    }
157.    /* 扫一扫 */
158.    .search .sweep{
159.        width: 0.64rem;
160.        height: 0.64rem;
161.        margin: 0.28rem 1rem;
162.        background: url("../images/sao.png") no-repeat;
163.        background-size: 0.64rem 0.64rem ;
164.    }
165.    /* 广告模块 */
166.    .banner{
167.        width: 15rem;
168.        height: 8rem;
169.    }
170.    /* 广告模块中的图片 */
171.    .banner img{
172.        width: 100%;
173.        height: 100%;
174.        vertical-align: middle;     /* 取消图片底部的空白间隙 */
175.    }
176.    /* 中部导航模块 */
177.    .nav{
178.        width: 15rem;
179.        display: flex;              /* 指定为 flex 布局 */
180.        flex-wrap: wrap;            /* 换行 */
181.    }
182.    /* 导航模块中的<a>超链接 */
183.    .nav a{
184.        width: 3rem;
185.        height: 2.8rem;
186.        text-align: center;
187.        text-decoration: none;      /* 取消文本修饰 */
```

```
188.         background-color: #a6e1ec;
189.     }
190.     /* 超链接中的图片 */
191.     .nav a img{
192.         display: block;           /* 转为块元素 */
193.         width: 1.7rem;
194.         height: 1.7rem;
195.         margin: 0.2rem auto 0;
196.     }
197.     /* 超链接中的文字 */
198.     .nav a span{
199.         display: block;
200.         font-size: 0.44rem;
201.         color: #333;
202.     }
203.     /* 图书商城模块 */
204.     .book{
205.         width: 15rem;
206.         height: 8.5rem;
207.     }
208.     .book p{
209.         height: 1rem;
210.         line-height: 1rem;
211.         background-color: #c8dce8 ;
212.         color: #000;
213.         text-indent: 0.55rem;
214.         font-size: 0.55rem;
215.     }
216.     .book img{
217.         width: 100%;
218.         height: 7.5rem;
219.     }
```

在上述的CSS代码中，首先，定义初始化html根元素的文字大小，根据浏览器中一些常见的屏幕尺寸设置html的文字大小，其中页面划分的份数为15；然后，规定整个body的最大和最小宽度，通过rem布局设置页面，使其等比例缩放，实现页面元素尺寸的动态变化；最后，在中部导航模块中，使用Flex布局并结合rem值将<a>超链接依次排列，使其等比例分布。

8.3.4 本节小结

本节主要讲解了rem单位、媒体查询以及rem布局的使用方法。通过本节的学习，希望读者可以掌握rem布局在移动端的使用原理，能够在不同的设备上实现页面元素尺寸的动态变化。

8.4 本章小结

本章重点讲述了实现移动端布局的方法，主要介绍了流式布局、Flex布局和rem布局以及视口、rem单位和媒体查询的使用方法。

希望通过本章内容的分析和讲解，读者能够了解并掌握以上这3种移动端布局方式，并合理使用这 3 种布局方式，设计出符合不同需求的页面。

8.5 习题

1. 填空题

（1）流式布局对页面以________方式划分区域进行排版。

（2）视口可分为________、________和________。

（3）容器有两根轴，即________和________。

（4）媒体查询可以针对不同的________和________来定义不同的样式操作。

（5）rem 布局的本质是________。

2. 选择题

（1）在 Flex 布局中，决定主轴方向属性的是（　　）。

A．flex-direction　　B．flex-flow

C．align-items　　D．align-content

（2）下列不属于 Flex 布局的容器属性的是（　　）。

A．flex-direction　　B．flex-flow

C．flex-grow　　D．justify-content

（3）在视口中，用户所看到的区域是（　　）。

A．布局视口　　B．视觉视口

C．理想视口

（4）下列不属于媒体查询中的关键字的是（　　）。

A．and　　B．not

C．only　　D．or

3. 思考题

（1）简述 rem 单位和 em 单位的区别。

（2）简述媒体查询中 3 个关键字的含义。

4. 编程题

使用 Flex 布局制作一个导航栏，具体实现效果如图 8.17 所示。

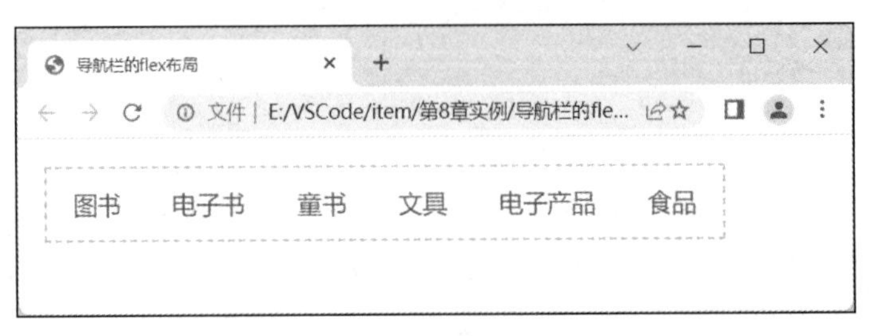

图 8.17　导航栏的 flex 布局

第9章 综合案例：智慧教辅

本章的主要内容是设计一个融合 HTML5 与 CSS3 技术的静态网页。实践是检验真理的唯一标准，将本书所学的知识点灵活地运用到一个综合案例中，有助于读者熟悉 Web 前端的基本开发流程，从而对项目的设计有更加深入的了解，为学习前端技术奠定坚实的基础。

9.1 案例分析

微课视频

9.1.1 案例概述

本案例以使读者易学易懂为宗旨，使用 HTML5 与 CSS3 技术制作一个教辅平台的相关网页。该案例包括头部导航、轮播图、关于我们、新闻中心、师资培训、视频教程、联系我们和页脚 8 个模块。每个模块的详情如下。

① 头部导航模块：主要由教辅平台 logo 和导航栏构成。使用 flex 布局对导航栏进行布局，单击其中一个导航列表项时，页面会自动跳转到相应模块所在的位置，即实现超链接的锚点功能。

② 轮播图模块：主要由匀速轮播图和项目数据栏构成。匀速轮播图由图片集合和焦点集合组成，图片以淡入淡出的效果实现轮播切换，同时每一个焦点与其相对应的图片保持同步，共同进行轮播切换。

③ 关于我们模块：主要由视频区域和信息内容区域构成。使用<video>标签在视频区域中添加一个视频文件。

④ 新闻中心模块：主要由新闻动态区域和新闻图片区域构成。新闻内容部分由阶段线条和新闻栏组成，每一段阶段线条对应一条新闻，使新闻动态区域的布局更为美观。当鼠标移入新闻内容部分时，新闻内容的背景颜色会发生变化，该效果由 CSS3 的 transition 实现。

⑤ 师资培训模块：主要由 6 个不同的师资功能块构成。每个师资功能块由项目图标和项目内容组成。项目图标的动画缩放效果通过 CSS3 的 animation 来实现。

⑥ 视频教程模块：主要由科目列表和视频列表构成。使用 Flex 布局对科目列表进行布局。视频列表由 6 个视频教程功能块组成，当光标移动到其中一个视频教程功能块上时，显示其视频按钮区域，该效果由 display 属性的显示与隐藏功能实现。视频教程功能块上的文本内容会由下往上进行移动，同时文本内容的颜色由黑色变为蓝色，该效果由 CSS3 的 transition

实现。

⑦ 联系我们模块：主要由表单区域和联系方式区域构成。表单区域由单行文本框、密码文本框、多行文本框和提交按钮组成。联系方式区域包含地址、联系电话、邮箱信息及其对应的图标。

⑧ 页脚模块：主要由文档的版权信息和回到顶部图标构成。使用固定定位将回到顶部图标定位在页面右下角的位置。当单击回到顶部图标时，页面可以跳转至页面顶部位置。

9.1.2 能力训练图

本案例主要有头部导航、轮播图、关于我们、新闻中心、师资培训、视频教程、联系我们和页脚 8 个模块，每个模块分别应用了不同的功能来实现相应的效果。教辅平台网页的能力训练图如图 9.1 所示。

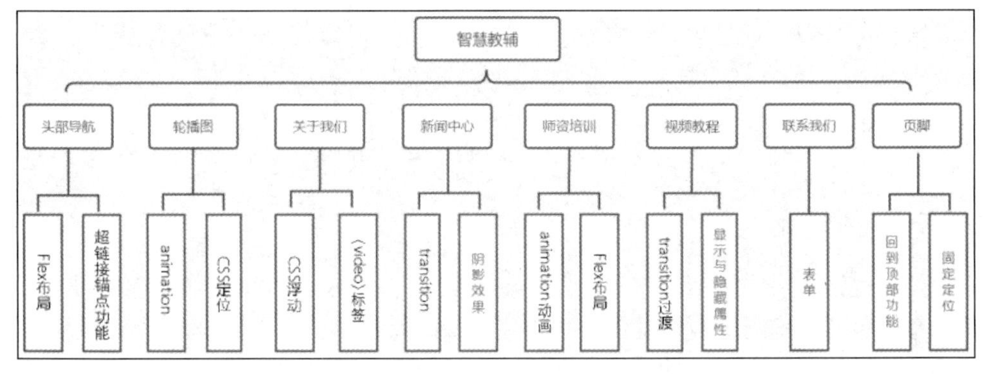

图 9.1　能力训练图

9.1.3 文件夹组织结构

一个清晰规范的文件夹组织结构可使开发者快速便捷地找到相应的文件，以便对网页进行管理和后期维护。在本案例中，项目的根目录文件夹被命名为“project”，根目录文件夹中包含 css 文件夹、images 文件夹和页面的 index.html 文件，具体的文件夹组织结构如图 9.2 所示。

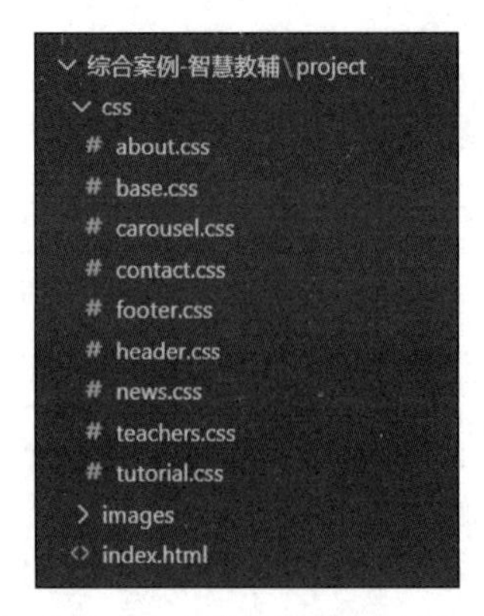

图 9.2　文件夹组织结构图

9.2 设计与实现

本节介绍教辅平台网页的页面设计与实现，主要包括各个模块的页面实现效果和代码实现。

9.2.1 网页的基础设置

在设计网页中各个模块的页面样式之前，需要先搭建好网页的基础架构，并重置浏览器默认样式。

首先，在 index.html 文件中通过外链方式引入 CSS 文件，即使用<link>标签引用扩展名为.css 的样式表，具体代码如下所示。

```
<link rel="stylesheet" href="css/base.css">
<link rel="stylesheet" href="css/header.css">
<link rel="stylesheet" href="css/carousel.css">
<link rel="stylesheet" href="css/about.css">
<link rel="stylesheet" href="css/news.css">
<link rel="stylesheet" href="css/teachers.css">
<link rel="stylesheet" href="css/tutorial.css">
<link rel="stylesheet" href="css/contact.css">
<link rel="stylesheet" href="css/footer.css">
```

然后，在 base.css 文件中重置浏览器默认样式，并使用 CSS 属性为网页元素设置公共样式。元素的公共样式 CSS 代码如下所示。

```
/* 统一设置每个模块中的 wrapper */
.wrapper {
    max-width: 1200px;
    height: auto;
    margin: 0 auto;
    position: relative
}
/* 统一设置每个模块中的大标题和标题信息 */
h1.title{
    color: #4e4e4e;
    font-family: lato_regular, arial;
    font-size: 24px;
    text-align: center;
    text-transform: uppercase;
    padding-top: 40px;
    letter-spacing: 1px;
}
p.msg{
    color: #666;
    font-size: 16px;
    text-align: center;
    text-transform: uppercase;
    padding: 15px 0 30px;
    letter-spacing: 1px;
}
```

```
/* 清除浮动 */
.clearfix {
    *zoom: 1;
}
.clearfix:after {
    content: "";
    display: table;
    clear: both;
}
```

最后，使用 CSS 属性设置各个模块的样式与布局，使页面的整体显示效果更规整、更美观。

9.2.2 头部导航模块

1. 模块效果图

头部导航模块由教辅平台 logo 和导航栏构成，其效果如图 9.3 所示。

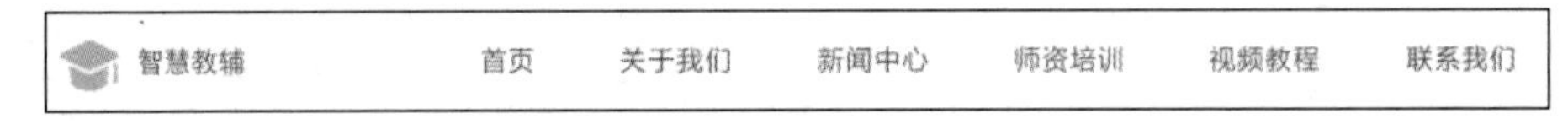

图 9.3 头部导航模块效果图

2. 代码实现

头部导航模块主要由教辅平台 logo 和导航栏构成。使用 Flex 布局对导航栏进行布局，单击其中一个导航列表项时，页面会自动跳转到相应模块所在的位置，即实现超链接的锚点功能。

（1）主体结构代码

【例 9.1】头部导航模块。

```
1.  <!-- 头部导航 -->
2.      <header>
3.          <div class="wrapper">
4.              <!-- 图标 -->
5.              <a href="#" class="sign"><span class="logo"></span>智慧教辅</a>
6.              <!-- 导航栏 -->
7.              <nav >
8.                  <ul class="nav_menu">
9.                      <li><a href="#carousel">首页</a></li>
10.                     <li><a href="#about">关于我们</a></li>
11.                     <li><a href="#news">新闻中心</a></li>
12.                     <li><a href="#teachers">师资培训</a></li>
13.                     <li><a href="#tutorial">视频教程</a></li>
14.                     <li><a href="#contact">联系我们</a></li>
15.                 </ul>
16.             </nav>
17.         </div>
18.     </header>
```

（2）CSS代码

在CSS文件夹下创建一个名为“header.css”的CSS文件，并在该文件中加入CSS代码，设置头部导航的页面样式，具体代码如下所示。

```
1.  /* 头部导航 */
2.  header {
3.      width: 100%;
4.      height: 70px;
5.      background: #fff;
6.  }
7.  header .wrapper {
8.      display: flex;
9.      justify-content:space-between;   /* 主轴两端对齐 */
10. }
11. /* 教辅平台 logo */
12. header .sign{
13.     width: 148px;
14.     height: 70px;
15.     line-height: 70px;
16.     font-size: 20px;
17.     font-family: "黑体";
18.     color: #333;
19. }
20. /* 教辅平台图标 */
21. .logo{
22.     display: inline-block;
23.     width: 48px;
24.     height: 48px;
25.     margin: 0 10px;
26.     background-image: url("../images/logo.png");
27.     background-size: cover;
28.     vertical-align: middle;
29. }
30. /* 导航栏 */
31. header nav{
32.     width: 800px;
33.     height: 70px;
34.     line-height: 70px;
35.     overflow: hidden;
36. }
37. .nav_menu{
38.     width: 100%;
39.     height: 100%;
40.     display: flex;
41.     justify-content:space-around;   /* 主轴方向两侧间隔相等 */
42. }
43. .nav_menu li{
44.     font-size: 18px;
45.     letter-spacing: 2px;            /* 字符间距 */
46. }
47. .nav_menu li a{
```

```
48.     color: #333;
49. }
50. .nav_menu li a:hover{
51.     color: #157fff;
52.     cursor: pointer;
53. }
```

9.2.3 轮播图模块

1. 模块效果图

轮播图模块主要由匀速轮播图和项目数据栏构成，其效果如图 9.4 所示。

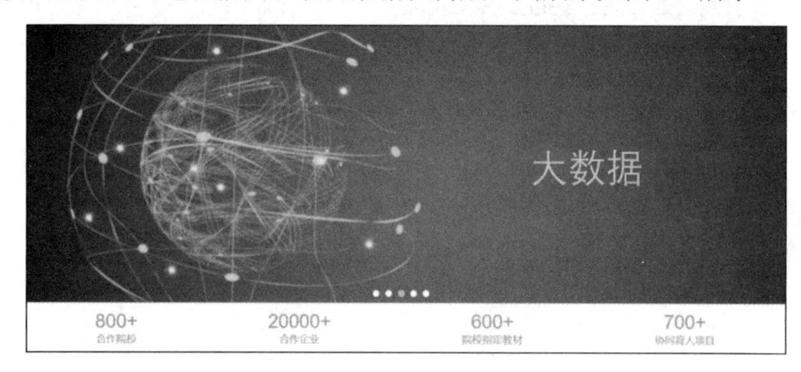

图 9.4 轮播图模块效果图

2. 代码实现

匀速轮播图由图片集合和焦点集合组成，图片以淡入淡出的效果实现轮播切换，同时每一个焦点与其相对应的图片保持同步，共同进行轮播切换。为了自适应屏幕的尺寸，轮播图模块的宽度使用百分比方式进行设置，即轮播图模块的宽度设置为 100%，宽度占满整个页面；轮播图模块中图片集合的高度使用 padding 属性进行设置，这是由于背景图片可以在 padding 内边距中显示，并且 padding 值是以父元素宽度为基准的百分比方式进行设置的。

（1）主体结构代码

【例 9.2】轮播图模块。

```
1.  <!-- 轮播图/首页 -->
2.      <section class="carousel" id="carousel">
3.          <!-- 图片滑动块 -->
4.          <div class="slider-container">
5.              <!-- 轮播图片集合 -->
6.              <ul class="slider">
7.                  <li class="slider-item slider-item1"></li>
8.                  <li class="slider-item slider-item2"></li>
9.                  <li class="slider-item slider-item3"></li>
10.                 <li class="slider-item slider-item4"></li>
11.                 <li class="slider-item slider-item5"></li>
12.             </ul>
13.             <!-- 焦点块 -->
14.             <div class="focus-container">
```

```
15.                 <!-- 焦点集合 -->
16.                 <ul class="focus clearfix">
17.                     <li><div class="focus-item focus-item1"></div></li>
18.                     <li><div class="focus-item focus-item2"></div></li>
19.                     <li><div class="focus-item focus-item3"></div></li>
20.                     <li><div class="focus-item focus-item4"></div></li>
21.                     <li><div class="focus-item focus-item5"></div></li>
22.                 </ul>
23.             </div>
24.         </div>
25.         <div class="wrapper">
26.             <!-- 项目数据 -->
27.             <div class="project_data">
28.                 <ul class="data_list">
29.                     <li>
30.                         <p>800+</p>
31.                         <span>合作院校</span>
32.                     </li>
33.                     <li>
34.                         <p>20000+</p>
35.                         <span>合作企业</span>
36.                     </li>
37.                     <li>
38.                         <p>600+</p>
39.                         <span>院校指定教材</span>
40.                     </li>
41.                     <li>
42.                         <p>700+</p>
43.                         <span>协同育人项目</span>
44.                     </li>
45.                 </ul>
46.             </div>
47.         </div>
48.     </section>
```

（2）CSS 代码

在 CSS 文件夹下创建一个名为“carousel.css”的 CSS 文件，并在该文件中加入 CSS 代码，设置轮播图模块的页面样式，具体代码如下所示。

```
1.  /* 轮播图/首页 */
2.  .carousel {
3.      width: 100%;
4.      background-color: #fff;
5.      overflow: hidden;
6.  }
7.  /*开始设置轮播图*/
8.  /* 图片滑动块 */
9.  .slider-container{
10.     width:100%;
11.     height: 38%;
12.     position:relative;
13. }
```

```
14. /*设置图片的高度，padding 可实现响应式*/
15. .slider,.slider-item{
16.     padding-bottom:38%;
17. }
18. /* 选择相邻同级元素，实现图片淡入淡出效果 */
19. .slider-item + .slider-item{
20.     opacity:0;
21. }
22. /* 每一张轮播图片 */
23. .slider-item{
24.     width:100%;
25.     position:absolute;
26.     /* 添加动画 */
27.     animation-name:fade;
28.     animation-timing-function: linear;
29.     animation-iteration-count: infinite;
30.     background-size:100%;
31. }
32. /* 焦点块 */
33. .focus-container{
34.     /*设置轮播焦点的位置*/
35.     position:absolute;
36.     bottom:2%;
37.     margin:0 auto;
38.     left:0;
39.     right:0;
40.     z-index:7;
41. }
42. /* 焦点集合 */
43. .focus-container .focus{
44.     margin-left:46%;
45. }
46. /* 每一个焦点的父元素 */
47. .focus-container li{
48.     width:10px;
49.     height:10px;
50.     border-radius:50%;
51.     float:left;
52.     margin-right:10px;
53.     background:#fff;
54. }
55. /* 焦点 */
56. .focus-item{
57.     width:100%;
58.     height:100%;
59.     border-radius:50%;
60.     background:#51B1D9;  /*设置当前焦点的颜色*/
61.     animation-name:fade;
62.     animation-timing-function: linear;
63.     animation-iteration-count: infinite;
64. }
```

```
65. /* 淡入淡出效果使用 opacity，淡入淡出非第 1 个焦点 */
66. .focus-item2,.focus-item3,.focus-item4,.focus-item5{
67.     opacity:0;
68. }
69. /*设置动画，修改每一个轮播图片的延迟时间*/
70. .slider-item,.focus-item{
71.     animation-duration: 20s;
72. }
73. .slider-item1,.focus-item1{
74.     animation-delay: -1s;
75. }
76. .slider-item2,.focus-item2{
77.     animation-delay: 3s;
78. }
79. .slider-item3,.focus-item3{
80.     animation-delay: 7s;
81. }
82. .slider-item4,.focus-item4{
83.     animation-delay: 11s;
84. }
85. .slider-item5,.focus-item5{
86.     animation-delay: 15s;
87. }
88. /* 整个过程 20s，一次停留使用 3s，一次淡入淡出使用 1s，折合成百分比也就是 15%和 5% */
89. @keyframes fade{
90.     0%{
91.         opacity:0;
92.         z-index:2;
93.     }
94.     5%{
95.         opacity:1;
96.         z-index: 1;
97.     }
98.     20%{
99.         opacity:1;
100.            z-index:1;
101.        }
102.        25%{
103.            opacity:0;
104.            z-index:0;
105.        }
106.        100%{
107.            opacity:0;
108.            z-index:0;
109.        }
110.    }
111.    /*依次设置不同的背景图片*/
112.    .slider-item1{
113.        background-image:url(../images/bar-1.png);
114.    }
115.    .slider-item2{
```

```
116.        background-image:url(../images/bar-2.png);
117.    }
118.    .slider-item3{
119.        background-image:url(../images/bar-3.png);
120.    }
121.    .slider-item4{
122.        background-image:url(../images/bar-4.png);
123.    }
124.    .slider-item5{
125.        background-image:url(../images/bar-5.png);
126.    }
127.    /* 开始设置项目数据区域 */
128.    .carousel .wrapper{
129.        height: 80px;
130.    }
131.    /* 项目数据 */
132.    .carousel .project_data{
133.        width: 100%;
134.        height: 80px;
135.        position: absolute;
136.        top: 0;
137.        left: 0;
138.    }
139.    .project_data>.data_list{
140.        display: flex;
141.        width: 1200px;
142.        height: 80px;
143.        justify-content: space-around;   /* 在主轴方向，项目两侧间隔相等 */
144.        align-items: center;             /* 在交叉轴方向中点对齐 */
145.    }
146.    .data_list>li{
147.        text-align: center;
148.    }
149.    .data_list>li>p{
150.        font-size: 30px;
151.        font-weight: 500;
152.        color: #157fff;
153.        margin-bottom: 5px;
154.    }
155.    .data_list>li>span{
156.        font-size: 16px;
157.        font-weight: 400;
158.        color: #666;
159.    }
```

9.2.4 关于我们模块

1. 模块效果图

关于我们模块主要由视频区域和信息内容区域构成，其效果如图 9.5 所示。

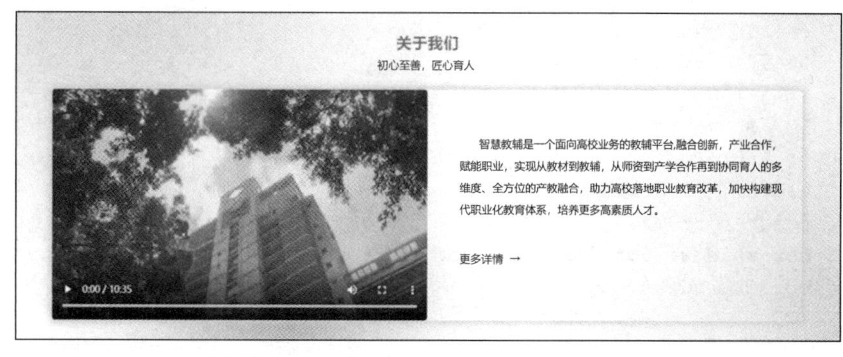

图 9.5　关于我们模块效果图

2. 代码实现

在关于我们模块中，使用<video>标签在视频区域中添加一个视频文件。

（1）主体结构代码

【例 9.3】关于我们模块。

```
1.  <!-- 关于我们 -->
2.      <section class="about" id="about">
3.          <div class="wrapper">
4.              <h1 class="title">关于我们</h1>
5.              <p class="msg">初心至善，匠心育人</p>
6.              <div class="info">
7.                  <!-- 视频区域 -->
8.                  <div class="info_video">
9.                      <!-- 视频 -->
10.                     <video src="images/about.mp4" preload controls></video>
11.                 </div>
12.                 <!-- 信息内容 -->
13.                 <div class="info_details">
14.                     <p>
15. 智慧教辅是一个面向高校业务的教辅平台，融合创新，产业合作，赋能职业，实现从教材到教辅、从师资
    到产学合作再到协同育人的多维度、全方位的产教融合，助力高校落地职业教育改革，加快构建现代职业化
    教育体系，培养更多高素质人才。
16.                     </p>
17.                     <a href="#about">更多详情 <span>→</span></a>
18.                 </div>
19.             </div>
20.         </div>
21.     </section>
```

（2）CSS 代码

在 CSS 文件夹下创建一个名为“about.css”的 CSS 文件，并在该文件中加入 CSS 代码，设置关于我们模块的页面样式，具体代码如下所示。

```
1.  /* 关于我们 */
2.  .about{
3.      width: 100%;
4.      height: 520px;
5.      background: url(../images/aboutBg.png) no-repeat;
```

```
6.      background-size: cover;
7.      overflow: hidden;
8.  }
9.  /* 平台信息 */
10. .about .info{
11.     width: 1200px;
12.     height: 360px;
13.     box-shadow: 0px 0px 10px 4px #c5c8dd; /* 阴影效果 */
14.     border-radius: 5px;
15. }
16. /* 视频区域 */
17. .info_video {
18.     width: 50%;
19.     height: 360px;
20.     border-radius: 5px;
21.     float: left;                          /* 向左浮动 */
22.     overflow: hidden;
23. }
24. /* 视频 */
25. .info_video video{
26.     width: 100%;
27.     height: 100%;
28.     /* object-fit 属性用于规定应如何调整 <img> 或 <video> 的大小来适应其容器 */
29.     object-fit: fill;
30. }
31. /* 信息内容 */
32. .info_details {
33.     box-sizing: border-box;               /* 转换为怪异盒模型 */
34.     width: 50%;
35.     height: 360px;
36.     float: left;                          /* 向左浮动 */
37. }
38. .info_details p {
39.     color: #222;
40.     font-family: lato_regular, arial;
41.     font-size: 16px;
42.     padding: 70px 50px;
43.     max-width: 500px;
44.     text-indent: 2em;
45.     letter-spacing: 1px;
46.     line-height: 30px
47. }
48. .info_details a {
49.     color: #666;
50.     font-family: lato_regular, arial;
51.     font-size: 16px;
52.     text-decoration: none;
53.     padding-left: 50px;
54. }
55. .info_details a:hover{
56.     color: #51a3de;
```

```
57. }
58. .info_details a span {
59.     margin-left: 10px
60. }
```

9.2.5　新闻中心模块

1. 模块效果图

新闻中心模块主要由新闻动态区域和新闻图片区域构成，其效果如图 9.6 所示。

图 9.6　新闻中心模块效果图

2. 代码实现

新闻内容部分由阶段线条和新闻栏组成，每一阶段线条对应一条新闻，使新闻动态区域的布局更为美观。当光标移入新闻内容部分时，新闻内容的背景颜色会发生变化，该效果由 CSS3 的 transition 实现。

（1）主体结构代码

【例 9.4】新闻中心模块。

```
1.  <!-- 新闻中心 -->
2.      <section class="news" id="news">
3.          <div class="wrapper">
4.              <h1 class="title">新闻中心</h1>
5.              <p class="msg">实时播报</p>
6.              <div class="news_hot">
7.                  <!-- 新闻动态 -->
8.                  <div class="news_dynamic">
9.                      <!-- 新闻动态标题头部 -->
10.                     <div class="news_header">
11.                         <p class="news_title">新闻动态</p>
12.                         <a href="#news">查看更多 &gt;</a>
13.                     </div>
14.                     <!-- 新闻内容 -->
15.                     <div class="news_content">
16.                         <!-- 阶段线条 -->
17.                         <ul class="cont_left">
```

```
18.                             <li>
19.                                 <span class="circle"></span>
20.                                 <span class="vertical_line"></span>
21.                             </li>
22.                             <!-- 此处省略雷同代码 -->
23.                         </ul>
24.                         <!-- 新闻栏 -->
25.                         <ul class="cont_right">
26.                             <li>
27.                                 <p class="dynamic_date">2022.10.1</p>
28.                                 <a class="dynamic_name  dynamic_name1" href=
    "#news">欢度国庆节，祝祖国生日快乐，越来越好！来与大家共同体验这举国欢庆的日子！</a>
29.                             </li>
30.                             <!-- 此处省略雷同代码 -->
31.                         </ul>
32.                     </div>
33.                 </div>
34.                 <!-- 新闻图片 -->
35.                 <div class="news_photo">
36.                     <p class="current">
37.                         <img src="images/news-1.png" alt="">
38.                     </p>
39.                 </div>
40.             </div>
41.         </div>
42.     </section>
```

（2）CSS 代码

在 CSS 文件夹下创建一个名为“news.css”的 CSS 文件，并在该文件中加入 CSS 代码，设置新闻中心模块的页面样式，具体代码如下所示。

```
1.  /* 新闻中心 */
2.  .news{
3.      width: 100%;
4.      height: 570px;
5.      background: url(../images/newsBg.png) no-repeat;
6.      background-size: cover;
7.      overflow: hidden;
8.  }
9.  .news .news_hot{
10.     width: 1200px;
11.     height: 388px;
12.     background-color: #fff;
13.     border-radius: 10px;
14.     box-shadow: 0px 0px 10px 6px #b9bdd7;
15.     overflow: hidden;
16.     position: relative;
17. }
18. .news_dynamic,.news_photo{
19.     float: left;          /* 向左浮动 */
20. }
21. /* 新闻动态 */
```

```
22. .news_dynamic{
23.     width: 55%;
24. }
25. /* 新闻动态标题头部 */
26. .news_dynamic .news_header{
27.     width: 520px;
28.     height: 24px;
29.     margin: 20px auto;
30.     display: flex;       /* 指定为 flex 布局 */
31.     justify-content: space-between;
32.     align-items: center;
33. }
34. .news_header .news_title{
35.     font-size: 18px;
36.     font-weight: 600;
37.     color: #8a4ea5;
38. }
39. .news_header>a{
40.     font-size: 13px;
41.     font-weight: 400;
42.     color: #999;
43. }
44. /* 新闻内容 */
45. .news_dynamic .news_content{
46.     width: 520px;
47.     height: 288px;
48.     background-color: #f8f2f2;
49.     border-radius: 5px;
50.     margin: 0 auto;
51.     display: flex;
52.     justify-content: flex-start;
53.     transition: all 3s;  /* 设置过渡效果、过渡的属性和持续时间 */
54. }
55. /* 新闻内容中需要实现的过渡效果 */
56. .news_dynamic .news_content:hover{
57.     background-color: #f5f5db;
58. }
59. /* 阶段线条 */
60. .news_content .cont_left{
61.     padding-left: 10px;
62. }
63. .cont_left li .circle{
64.     display: block;
65.     width: 8px;
66.     height: 8px;
67.     background: #fff;
68.     border-radius: 50%;
69.     border: 3px solid #a4cdff;
70. }
71. .cont_left li .vertical_line{
72.     display: block;
```

```
73.     width: 1px;
74.     height: 56px;
75.     border: 1px solid #dedede;
76.     margin-left: 5px;
77. }
78. /* 新闻栏 */
79. .news_content .cont_right{
80.     width: 486px;
81.     margin-left: 15px;
82. }
83. .news_content .cont_right li{
84.     height: 70px;
85.     margin-bottom: 2px;
86. }
87. .news_content .cont_right li .dynamic_date{
88.     font-size: 13px;
89.     font-weight: 400;
90.     color: #999;
91.     padding: 4px 0 14px;
92. }
93. .news_content .cont_right li .dynamic_name{
94.     display: block;
95.     font-size: 16px;
96.     font-weight: 400;
97.     color: #333;
98.     width: 486px;
99.     overflow: hidden;                /* 超出部分隐藏 */
100.        text-overflow: ellipsis;  /* 文本超出部分使用省略号 */
101.        white-space: nowrap;      /* 强制一行显示，不换行 */
102.    }
103.    .news_content .cont_right li .dynamic_name:hover{
104.        color: #65a9e8;
105.    }
106.    /* 新闻图片 */
107.    .news_photo{
108.        width: 45%;
109.        height: 100%;
110.        overflow: hidden;
111.    }
112.    .news_photo .current{
113.        width: 100%;
114.        height: 100%;
115.    }
116.    .news_photo img{
117.        width: 100%;
118.        height: 100%;
119.        vertical-align: middle;
120.    }
```

9.2.6　师资培训模块

1. 模块效果图

师资培训模块主要由 6 个不同的师资功能块构成，其效果如图 9.7 所示。

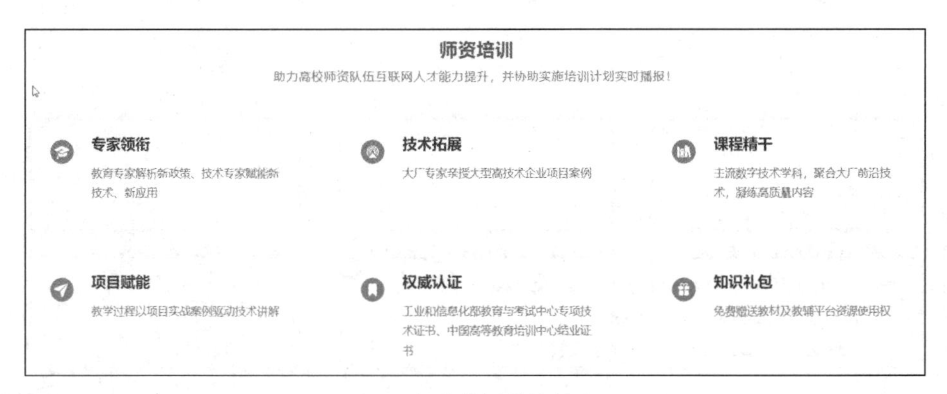

图 9.7　师资培训模块效果图

2. 代码实现

每个师资功能块由项目图标和项目内容组成。项目图标的动画缩放效果通过 CSS3 的 animation 来实现。

（1）主体结构代码

【例 9.5】师资培训模块。

```
1.  <!-- 师资培训 -->
2.      <section class="teachers" id="teachers">
3.          <div class="wrapper">
4.              <h1 class="title">师资培训</h1>
5.              <p class="msg">助力高校师资队伍互联网人才能力提升，协助实施培训计划实时
    播报</p>
6.              <!-- 师资列表 -->
7.              <ul class="teachers_list">
8.                  <li class="train">
9.                      <!-- 图标 -->
10.                     <div class="train_img">
11.                         <img src="images/train-1.png" alt="">
12.                     </div>
13.                     <div class="train_right">
14.                         <h3>专家领衔</h3>
15.                         <p>教育专家解析新政策，技术专家赋能新技术、新应用</p>
16.                     </div>
17.                 </li>
18.                 <!-- 此处省略雷同代码 -->
19.             </ul>
20.         </div>
21.     </section>
```

（2）CSS 代码

在 CSS 文件夹下创建一个名为“teachers.css”的 CSS 文件，并在该文件中加入 CSS 代码，设置师资培训模块的页面样式，具体代码如下所示。

```
1.  /* 师资培训 */
2.  .teachers{
3.      width: 100%;
4.      height: 500px;
5.  }
6.  /* 师资列表 */
7.  .teachers .teachers_list{
8.      width: 1200px;
9.      margin: 0 auto;
10.     margin-top: 20px;
11.     display: flex;     /* 指定为 Flex 布局 */
12.     justify-content: space-between;
13.     align-items: center;
14.     flex-wrap: wrap;   /* 换行 */
15. }
16. .teachers .teachers_list .train{
17.     width: 320px;
18.     height: 100px;
19.     background: #fff;
20.     border-radius: 4px;
21.     box-shadow: 0 0 23px 0 rgba(39, 127, 255, 0.1);
22.     margin-bottom: 40px;
23.     display: flex;
24.     justify-content: flex-start;
25.     align-items: top;
26.     padding: 20px;
27.     border: 1px solid #fff;
28.     overflow: hidden;
29. }
30. /* 光标移入，边框变色 */
31. .teachers .teachers_list .train:hover {
32.     border: 1px solid #51a3de;
33. }
34. /* 图标 */
35. .teachers_list .train .train_img{
36.     width: 40px;
37.     height: 40px;
38.     border-radius: 50%;
39.     margin-right: 20px;
40. }
41. .teachers_list .train .train_img img{
42.     width: 100%;
43.     height: 100%;
44.     /* 添加动画：名称、持续时间、延迟时间、速度曲线、执行次数 */
45.     animation: picture 2s linear infinite;
46. }
47. /* @keyframes 规则创建动画 */
```

```
48. @keyframes picture{
49.     0%{
50.         transform: scale(1);
51.     }
52.     50%{
53.         transform: scale(.85);   /* 图标缩小 */
54.     }
55.     100%{
56.         transform: scale(1);
57.     }
58. }
59. .teachers_list .train .train_right{
60.     width: 260px;
61.     height: 100%;
62. }
63. .teachers_list .train .train_right h3{
64.     font-size: 20px;
65.     color: #333;
66.     margin-bottom: 16px;
67. }
68. .teachers_list .train .train_right p{
69.     font-size: 15px;
70.     font-weight: 400;
71.     color: #666;
72.     line-height: 26px;
73. }
```

9.2.7　视频教程模块

1. 模块效果图

视频教程模块主要由科目列表和视频列表构成，其效果如图 9.8 所示。

图 9.8　视频教程模块效果图

2. 代码实现

视频列表由 6 个视频教程功能块组成，当光标移动到其中一个视频教程功能块上时，会显示其视频按钮区域，该效果由 display 属性的显示与隐藏功能实现。视频教程功能块上的文本内容会由下往上进行移动，同时文本内容的颜色由黑色变为蓝色，该效果由 CSS3 的 transition 实现。

（1）主体结构代码

【例 9.6】视频教程模块。

```
1.  <!-- 视频教程 -->
2.      <section class="tutorial" id="tutorial">
3.          <div class="wrapper">
4.              <h1 class="title">视频教程</h1>
5.              <p class="msg">全套 IT 视频教程，可在线学习和免费下载</p>
6.              <!-- 课程视频区域 -->
7.              <div class="video_course">
8.                  <!-- 科目列表 -->
9.                  <div class="subject">
10.                     <span class="label_subject">学科：</span>
11.                     <ul class="subject_list">
12.                         <li class="subject_item">
13.                             <a class="courseActive" href="#tutorial">全部</a>
14.                         </li>
15.                         <li class="subject_item">
16.                             <a href="#tutorial">Java</a>
17.                         </li>
18.                         <!-- 此处省略雷同代码 -->
19.                     </ul>
20.                 </div>
21.                 <!-- 视频列表 -->
22.                 <ul class="video_list">
23.                     <li class="video_item">
24.                         <div class="img_box">
25.                             <img src="images/video-1.png" alt="">
26.                             <!-- 播放按钮区域 -->
27.                             <div class="play">
28.                                 <img src="images/play.png" alt="">
29.                             </div>
30.                         </div>
31.                         <p class="title_box"> B/S 架构后台管理系统 </p>
32.                         <div class="info_box">
33.                             <span class="tag">项目</span>
34.                             <span class="num">2000+人学习</span>
35.                         </div>
36.                         <div class="text_box">
37.                             <p> 用 B/S 架构实现一个人事管理系统的设计与开发，主要包括
    后台数据库的建立和前台应用程序的开发。</p>
38.                         </div>
39.                     </li>
```

```
40.                 <!-- 此处省略雷同代码 -->
41.             </ul>
42.         </div>
43.     </div>
44. </section>
```

（2）CSS 代码

在 CSS 文件夹下创建一个名为“tutorial.css”的 CSS 文件，并在该文件中加入 CSS 代码，设置视频教学模块的页面样式，具体代码如下所示。

```
1.  /* 视频教程 */
2.  .tutorial{
3.     width: 100%;
4.     height: 850px;
5.     background: url("../images/newsBg.png") no-repeat;
6.     background-size: 100% 100%;
7.  }
8.  /* 课程视频区域 */
9.  .tutorial .video_course{
10.    width: 1200px;
11.    margin: 0 auto;
12.    margin-top: 10px;
13. }
14. /* 科目列表 */
15. .tutorial .video_course .subject{
16.    width: 1200px;
17.    height: 60px;
18.    background-color: #fff;
19.    border-radius: 6px;
20.    text-align: center;
21.    margin-bottom: 25px;
22.    display: flex;
23.    justify-content: flex-start;
24.    align-items: center;
25. }
26. .subject .label_subject{
27.    width: 150px;
28.    height: 40px;
29.    line-height: 40px;
30.    display: inline-block;
31.    font-weight: 600;
32. }
33. .subject .subject_list{
34.    flex: 1;                        /* 占据剩余空间 */
35.    height: 40px;
36.    line-height: 40px;
37.    display: flex;
38.    justify-content: flex-start;
39.    flex-flow: row wrap;
40. }
41. .subject .subject_list .subject_item{
42.    width: 100px;
```

```
43.     font-size: 15px;
44.     font-weight: 500;
45. }
46. /* 科目中的“全部”选项 */
47. .subject .subject_list .subject_item .courseActive{
48.     width: 100%;
49.     height: 100%;
50.     display: inline-block;
51.     background: #e9f3ff;
52.     border-radius: 4px;
53.     color: #157fff;
54. }
55. .subject .subject_list .subject_item a:hover{
56.     color: #157fff;
57.     cursor: pointer;
58. }
59. /* 视频列表 */
60. .tutorial .video_course .video_list{
61.     min-height: 70px;
62.     display: flex;
63.     justify-content: space-between;
64.     align-items: center;
65.     flex-flow: row wrap;
66.     margin-top: 20px;
67. }
68. .video_list .video_item{
69.     cursor: pointer;
70.     width: 280px;
71.     height: 268px;
72.     position: relative;
73.     background-color: #f3f3f0;
74.     overflow: hidden;
75.     margin: 0 50px 40px;
76.     border-radius: 6px;
77. }
78. .video_list .video_item .img_box{
79.     width: 100%;
80.     height: 162px;
81.     position: relative;
82. }
83. .video_list .video_item .img_box img{
84.     display: block;
85.     width: 100%;
86.     height: 100%;
87.     object-fit: cover;                /* 使图片自适应被裁剪 */
88. }
89. /* 播放按钮区域 */
90. .video_list .video_item .img_box .play{
91.     display: none;                    /* 隐藏该元素 */
92.     width: 100%;
93.     height: 100%;
```

```
94.    position: absolute;
95.    top: 0;
96.    left: 0;
97.    background: rgba(51,51,51,.5);
98. }
99. .video_list .video_item .img_box .play img{
100.        width: 40px;
101.        height: 40px;
102.        /* 设置图片位于正中位置 */
103.        position: absolute;
104.        top: 50px;
105.        left: 50%;
106.        transform: translateX(-50%);
107.    }
108.    /* 光标移入时显示该元素 */
109.    .video_list .video_item:hover .play{
110.        display: block;
111.    }
112.    .video_list .video_item .title_box{
113.        width: 100%;
114.        height: 22px;
115.        line-height: 22px;
116.        /* 文本超出元素则使用省略号 */
117.        white-space: nowrap;
118.        overflow: hidden;
119.        text-overflow: ellipsis;
120.        -o-text-overflow: ellipsis;
121.        font-size: 16px;
122.        padding: 0 14px;
123.        font-weight: bolder;
124.        margin-top: 16px;
125.    }
126.    .video_list .video_item .info_box{
127.        width: 100%;
128.        height: 24px;
129.        margin-top: 27px;
130.        line-height: 24px;
131.        padding-left: 14px;
132.        display: flex;
133.        justify-content: space-between;
134.    }
135.    .video_list .video_item .info_box .tag{
136.        background: rgba(255,54,49,.2);
137.        border-radius: 3px;
138.        color: #ff3631;
139.        line-height: 18px;
140.        padding: 3px 10px;
141.        font-size: 12px;
142.    }
143.    .video_list .video_item .info_box .num{
144.        font-size: 14px;
```

```
145.        font-family: PingFangSC-Regular,PingFang SC;
146.        font-weight: 400;
147.        color: #999;
148.        line-height: 24px;
149.        padding: 0 30px;
150.        text-shadow: 0 2px 6px rgba(0, 0, 0, 0.04);
151.    }
152.    .video_list .video_item .text_box{
153.        position: absolute;
154.        bottom: -128px;              /* 距离底部-128px，即自身的高度为 128px */
155.        left: 0;
156.        width: 100%;
157.        height: 128px;
158.        box-sizing: border-box;
159.        padding: 20px;
160.        background: #fff;
161.        font-size: 12px;
162.        font-family: PingFangSC-Regular,PingFang SC;
163.        font-weight: 400;
164.        color: #333;
165.        line-height: 23px;
166.        transition: all 2s;          /* 添加过渡效果 */
167.
168.    }
169.    .video_list .video_item .text_box p{
170.        overflow: hidden;
171.        text-overflow: ellipsis;
172.        display: -webkit-box;
173.        -webkit-line-clamp: 4;       /* 在第 4 行进行裁剪 */
174.        -webkit-box-orient: vertical;
175.    }
176.    /* 光标移入时，该元素实现过渡 */
177.    .video_list .video_item:hover .text_box{
178.        bottom: 0;                   /* 改变元素位置，元素向上移动 */
179.        color: #395288;
180.    }
```

9.2.8 联系我们和页脚模块

1. 模块效果图

联系我们模块主要由表单区域和联系方式区域构成，页脚模块主要由文档的版权信息和回到顶部图标构成，其效果如图 9.9 所示。

2. 代码实现

联系我们模块中的表单区域由单行文本框、密码文本框、多行文本框和提交按钮组成。在页脚中，使用固定定位将回到顶部图标定位在页面右下角的位置，当单击回到顶部图标时，页面可以跳转至页面顶部位置。

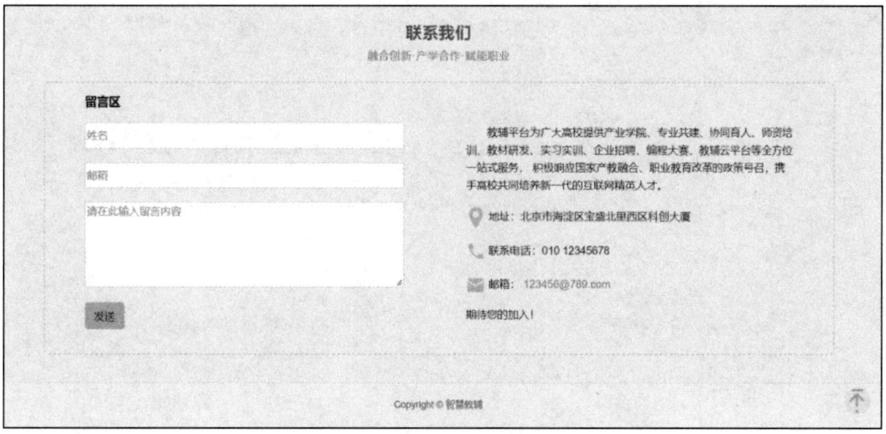

图 9.9 联系我们和页脚模块效果图

（1）主体结构代码

【例 9.7】联系我们和页脚模块。

```
1.  <!-- 联系我们 -->
2.      <section class="contact" id="contact">
3.          <div class="wrapper">
4.              <h1 class="title">联系我们</h1>
5.              <p class="msg">融合创新·产学合作·赋能职业</p>
6.              <!-- 内容 -->
7.              <div class="cta">
8.                  <!-- 表单区域 -->
9.                  <div class="come">
10.                     <p class="txt">留言区</button></p>
11.                     <!-- 表单 -->
12.                     <form action="" method="post" >
13.                         <p><input type="text" placeholder="姓名" ></p>
14.                         <p><input type="email" placeholder="邮箱"  ></p>
15.                         <p><textarea placeholder="请在此输入留言内容" ></textarea>
    </p>
16.                         <p class="submit-btn"><input type="submit" value=
    "发送"></p>
17.                     </form>
18.                 </div>
19.                 <!-- 联系方式 -->
20.                 <div class="way">
21.                     <p class="sum">
22.                         教辅平台为广大高校提供产业学院、专业共建、协同育人、师资培训、
    教材研发、实习实训、企业招聘、编程大赛、教辅云平台等全方位一站式服务，
23.                         积极响应国家产教融合、职业教育改革的政策号召，携手高校共同培
    养新一代的互联网精英人才。
24.                     </p>
25.                     <p>
26.                         <img src="images/address.png" alt="">
27.                          地址：北京市海淀区宝盛北里西区科创大厦
28.                     </p>
29.                     <p>
```

```
30.                          <img src="images/tel.png" alt="">
31.                          联系电话：010 12345678
32.                      </p>
33.                      <p>
34.                          <img src="images/email.png" alt="">
35.                          邮箱：
36.                          <a href="#">123456@789.com</a>
37.                      </p>
38.                      <p>期待您的加入！</p>
39.                  </div>
40.              </div>
41.          </div>
42.      </section>
43.
44.      <!-- 页脚 -->
45.      <footer>
46.          <p class="rights">Copyright &copy; 智慧教辅</p>
47.          <!-- 回到顶部 -->
48.          <a href="#" class="toTop"></a>
49.      </footer>
```

（2）CSS 代码

在 CSS 文件夹下创建 2 个 CSS 文件，文件名分别为“contact.css”和“footer.css”，并在文件中加入 CSS 代码，设置联系我们模块和页脚模块的页面样式，具体代码如下所示。

```
1.  /* 联系我们 */
2.  .contact{
3.      width: 100%;
4.      height: 570px;
5.      background-color: #ecf0f0;
6.  }
7.  /* 内容 */
8.  .contact .cta{
9.      width: 1200px;
10.     height: 400px;
11.     border: 2px dashed #ccc;
12.     border-radius: 8px;
13. }
14. /* 表单区域 */
15. .cta .come{
16.     float: left;
17.     width: 50%;
18. }
19. /* 留言区 */
20. .cta .txt {
21.     font-size: 18px;
22.     font-weight: 600;
23.     padding: 20px 0 0 60px;
24. }
25. .come form p{
26.     margin: 20px 0;
27.     text-align: left;
28. }
29. .come input{
30.     width: 80%;
```

```
31.     height: 35px;
32.     font-size: 16px;
33.     margin-left: 60px;
34.     border: 1px solid #ccc;
35.     border-radius: 3px;
36.     outline: none;
37.     font-family: lato_regular, arial;
38. }
39. /* 当文本框获得焦点时 */
40. .come input:focus{
41.     border-color: #157fff;
42. }
43. /* 文本域 */
44. .come textarea{
45.     width: 80%;
46.     height: 120px;
47.     font-size: 16px;
48.     border: 1px solid #ccc;
49.     border-radius: 3px;
50.     outline: none;
51.     margin-left: 60px;
52.     font-family: lato_regular, arial;
53. }
54. /* 当文本域获得焦点时 */
55. .come textarea:focus{
56.     border-color: #157fff;
57. }
58. /* 发送按钮 */
59. .come input[type="submit"]{
60.     width: 60px;
61.     height: 40px;
62.     background-color: #65bf95;
63.     border: none;
64.     outline: none;
65.     border-radius: 5px;
66.     display: block;
67. }
68. /* 联系方式 */
69. .contact .way{
70.     float: left;
71.     width: 45%;
72.     margin: 40px 0 0 20px;
73. }
74. .way p{
75.     font-size: 16px;
76.     margin: 20px;
77. }
78. .way .sum{
79.     line-height: 26px;
80.     text-indent: 2em;
81. }
82. .way p span{
83.     display: inline-block;
84.     width: 30px;
85.     height: 30px;
```

```
86. }
87. .way p img{
88.     width: 30px;
89.     height: 30px;
90.     vertical-align: middle;
91. }
92. /* 邮箱地址 */
93. .way p a{
94.     color: #157fff;
95. }
96. .way p a:hover{
97.     text-decoration: underline;
98. }
99.
100.    /* 页脚 */
101.    footer {
102.        padding: 20px 0;
103.        border-top: 1px #dedede solid;
104.        background: rgb(240, 242, 240);
105.        text-align: center
106.    }
107.    footer .rights {
108.        color: #3b3b3b;
109.        font-family: lato_regular, arial;
110.        font-size: 14px;
111.        line-height: 25px
112.    }
113.    /* 回到顶部 */
114.    footer a{
115.        display: block;
116.        width: 40px;
117.        height: 40px;
118.        border-radius: 50%;
119.        background-color: rgb(206,234,255);
120.        background-image: url("../images/top.png");
121.        background-size: cover;
122.        position: fixed;
123.        bottom: 20px;
124.        right: 20px;
125.    }
```

9.3 本章小结

本章主要讲解了智慧教辅平台项目的静态界面实现，该项目包括头部导航、轮播图、关于我们、新闻中心、师资培训、视频教程、联系我们和页脚 8 个模块，采用了 animation、transition、CSS 浮动与定位、video 等技术，并结合 Flex 弹性布局以及搭配多种 CSS 样式，共同实现了项目页面的整体布局效果。

通过该项目的实战学习，希望读者能够熟悉项目的基本开发流程，并能够使用 HTML5 和 CSS3 融合技术设计一个静态的项目页面，增强对前端的基础学习，为后面深入学习前端进阶技术奠定基础。